GENERAL EDUCATION

高等学校通识教育系列教材

C语言程序设计

冯志红　主编
王春娴　副主编

褚益清　李凤荣　马菲
常海燕　刘晶　刘洋　宁安良　编著

清華大学出版社
北京

内容简介

本书注重培养学生的逻辑思维能力和程序设计能力，是集知识性、实用性及趣味性为一体的 C 语言程序设计教材。

全书共分为 12 章，包括 C 程序设计概述，数据类型、运算符与表达式，顺序结构、选择结构和循环结构程序设计，数组，函数，编译预处理，指针，结构体、共用体和枚举类型，文件，位运算。本书由从事多年 C 程序设计教学的一线教师根据实践教学经验编写而成，内容全面，层次结构清晰，重点突出，逻辑严密，语言通俗易懂，例题丰富；每章后面均有习题供读者练习并附有部分习题答案供参考。

本书适合作为高等学校 C 语言程序设计课程教材，也可作为广大计算机爱好者自学和参考用书。

图书在版编目（CIP）数据

C 语言程序设计/冯志红主编. —北京：清华大学出版社，2017（2025.1 重印）
（高等学校通识教育系列教材）
ISBN 978-7-302-47273-5

Ⅰ. ①C… Ⅱ. ①冯… Ⅲ. ①C 语言 – 程序设计 – 高等学校 – 教材 Ⅳ. ①TP312.5

中国版本图书馆 CIP 数据核字（2017）第 125978 号

责任编辑：刘向威
封面设计：文 静
责任校对：焦丽丽
责任印制：丛怀宇

出版发行：清华大学出版社
网 址：https://www.tup.com.cn，https://www.wqxuetang.com
地 址：北京清华大学学研大厦 A 座　　邮 编：100084
社 总 机：010-83470000　　邮 购：010-62786544
投稿与读者服务：010-62776969，c-service@tup.tsinghua.edu.cn
质 量 反 馈：010-62772015，zhiliang@tup.tsinghua.edu.cn
印 装 者：北京鑫海金澳胶印有限公司
经 销：全国新华书店
开 本：185mm×260mm　　**印 张：**19.75　　**字 数：**478 千字
版 次：2017 年 8 月第 1 版　　**印 次：**2025 年 1 月第 12 次印刷
印 数：8851～9350
定 价：59.00 元

产品编号：074267-02

前　言

C 语言是目前使用非常广泛的高级程序设计语言。在对操作系统以及硬件进行操作的场合，C 语言明显优于其他高级语言，许多大型应用软件都是用 C 语言编写的。此外，C 语言绘图能力强，可移植性好，并具备很强的数据处理能力。因此，C 语言受到广大计算机专业人员、非专业人员的青睐。

本书以培养学生的逻辑思维能力和实践应用能力为出发点，从大量实例入手，采用通俗易懂的语言由浅入深地对 C 语言程序设计内容进行全面讲述，包括 C 语言的基础知识、语法规则、问题分析、算法设计、上机调试及运行。每章包括学习目标、知识点讲解、应用实例、思考题、小结和习题等内容。其中：学习目标部分明确应掌握的内容及应达到的目标；知识点部分详细讲解每个知识点，采用文字和图形结合的方式，通俗易懂；例题在选择和设计上紧扣知识点，并且形式多样，能够开拓思路，加深对知识点的掌握；思考题引导学生动脑思考，灵活运用所学知识；小结部分归纳本章重要知识点；习题包括选择题、填空题和编程题，可以检验学习的效果。

本书例题都是经过编者精心筛选的，所有例题程序都已在 Visual C++ 6.0 环境下运行通过，在其他 C 语言环境下也都可以运行通过。另外，本书配有电子教案，并提供例题源程序及课后习题参考答案，方便读者自学。

本书由冯志红主编，王春娴副主编。第 1 章、第 6 章和附录由冯志红编写；第 2 章、第 10 章由王春娴编写；第 3 章由刘洋编写；第 4 章由常海燕编写；第 5 章由马菲编写；第 7 章、第 9 章由褚益清编写；第 8 章由李凤荣编写；第 11 章由刘晶编写；第 12 章由宁安良编写。全书由冯志红负责统稿和定稿。

本书在编写过程中参考了大量的文献，在此，对参考文献的作者表示衷心的感谢！同时，对在本书出版中付出努力的清华大学出版社的有关同志表示诚挚的谢意！

由于作者水平有限，书中难免存在错误和不妥之处，敬请专家和广大读者批评指正。

编　者

2017 年 1 月

目　录

第1章　C程序设计概述

学习目标

1．了解程序设计语言的基本概念及C语言的发展、特点和应用领域。

2．了解C程序的基本结构、结构特点及书写规范。

3．理解算法的概念及特性，掌握算法的常用描述方法。

4．掌握结构化程序设计的方法及C语言三大基本结构。

5．熟悉C程序设计的一般步骤、调试运行C程序的过程及C语言的编译环境。

计算机之所以能自动、高效地完成各种各样的工作，是因为它能执行事先设计好的相应程序，可以说，计算机的一切操作都是由程序控制的，离开程序，计算机将一事无成。这些程序都是用程序设计语言编写的，根据维基百科的资料，称得上相对“主流”（有人用、有文档）的程序设计语言至少有600种，但是，由于C语言具有独特的优势，使其得到了广泛的应用。本章主要介绍程序设计概述、C程序的结构、算法及其描述、结构化程序设计方法以及C程序的实现过程。

1.1　程序设计概述

1.1.1　程序设计语言

人与人之间交流使用的语言有很多种，可以是汉语、英语、法语和俄语等。人与计算机交流也通过语言，就是计算机语言。程序设计语言就是一种计算机语言。要了解程序设计语言先要了解指令和程序的概念。指令是指示计算机执行某种操作的命令，程序是一系列按一定顺序排列的指令，程序设计语言是用于编写计算机程序的语言。执行程序的过程就是计算机的工作过程。自20世纪60年代以来，世界上公布的程序设计语言已有上千种之多，但只有很少一部分得到了广泛的应用。程序设计语言的发展历程可以分为四大阶段，每一个阶段都大大提高了程序设计的效率。

1．第一代程序设计语言，机器语言——面向机器的语言

机器语言是最底层的计算机语言，又称为二进制语言。用机器语言编写的程序，每一条指令都是“二进制”（0和1）形式的指令代码，计算机硬件可以直接识别这些指令代码。

机器语言指令示例：

```
0000,0000,000000010000  代表  LOAD A,16
0001,0001,000000000001  代表  STORE B,1
```

因为机器语言程序是直接针对计算机硬件编写的，所以它的执行效率比较高。但对于不同的计算机硬件（主要是 CPU），其机器语言是不相通的，使用一种计算机的机器指令编写的程序，不能在另一种计算机上执行。使用机器语言编写程序，要求编程人员熟记所用计算机的全部指令代码及其含义，因此用机器语言编写程序的难度较大，容易出错，而且程序的直观性较差。除了计算机生产厂家的专业人员外，绝大多数程序员已经不再使用机器语言编写程序。

2. 第二代程序设计语言，汇编语言——面向机器的语言

为了便于理解与记忆，人们采用能“帮助记忆”的英文缩写符号（称为指令助记符）来代替机器语言中的指令代码，这种语言称为汇编语言或符号语言。

汇编语言指令示例：

```
MOV  AX,BX
```

表示把寄存器 BX 的内容送到 AX 中。

因为汇编语言采用了助记符，所以它比机器语言直观，容易理解和记忆，但是计算机不能直接识别用汇编语言编写的程序，并且汇编语言也依赖于计算机硬件，因此汇编语言程序的可移植性较差。

汇编语言不像其他大多数的程序设计语言一样被广泛用于程序设计。它通常被应用在底层、硬件操作和程序优化要求高的场合。驱动程序、嵌入式操作系统和实时运行程序都需要汇编语言。

3. 第三代程序设计语言，高级语言——面向过程、面向对象的语言

机器语言和汇编语言是低级语言，两种语言都是面向机器的。高级语言基本脱离了机器的硬件系统，具有良好的通用性和可移植性，高级语言的指令接近自然语言和数学公式，编写的程序称之为源程序，计算机不能直接执行源程序，需要翻译成目标程序（二进制程序）才能执行。高级语言包括很多编程语言，如流行的 Java、C、C++、C#、Pascal 等，这些语言的语法、指令格式都不相同。

C 语言指令示例：

```
y=x+10;
```

表示将变量 x 的值和 10 相加，结果存放到变量 y 中。

高级语言分面向过程的语言和面向对象的语言两种。面向过程的语言以过程或函数为基础，在编写程序时需要具体指定每一个过程的细节，这种语言对底层硬件、内存等操作比较方便，C 语言就是面向过程的语言。面向对象的语言由面向过程的语言发展而来，它的操作以对象为基础，但正是这个特性使它对底层的操作不是很方便。可以说面向过程就是什么事都自己做，面向对象就是什么事都指挥对象去做。当程序规模小时用面向过程的语言还可以，当程序规模比较大时用面向对象的语言比较方便。

4. 第四代程序设计语言——非过程化语言

第四代程序设计语言（Fourth-Generation Language，4GL）是非过程化语言，前三代语言编程时需要指出“怎么做（运行步骤）”，而 4GL 只需要说明“做什么（目标）”，不需描述算法细节。数据库查询和应用程序生成器是 4GL 的两个典型应用。用户可以用数据库查询语言（SQL）对数据库中的信息进行复杂的操作。用户只需将要查找的内容在什么地方、根据什么条件进行查找等信息告诉 SQL，SQL 将自动完成查找过程。应用程序生成器则是根据用户的需求“自动生成”满足需求的高级语言程序。4GL 是面向应用、为最终用户设计的一类程序设计语言。它具有缩短应用程序开发周期、降低维护成本、最大限度地减少调试过程中出现的问题以及对用户友好等优点。真正的 4GL 应该说还没有出现。目前的 4GL 大多是指基于某种语言环境的具有 4GL 特征的软件工具产品，如 PowerBuilder、FOCUS 等。

1.1.2 C 语言的发展

C 语言的原型是 ALGOL 60 语言（也称为 A 语言）。

1963 年，英国的剑桥大学将 ALGOL 60 语言发展成为 CPL（Combined Programming Language）语言。

1967 年，英国剑桥大学的 Matin Richards 对 CPL 语言进行了简化，产生了 BCPL 语言。

1970 年，美国贝尔实验室的 Ken Thompson 对 BCPL 语言进行了修改，并为它起了一个有趣的名字 B 语言，还用 B 语言写了第一个 UNIX 操作系统。

1973 年，美国贝尔实验室的 Dennis M. Ritchie 在 B 语言的基础上设计出了一种新的语言，他取了 BCPL 的第二个字母作为这种语言的名字，这就是 C 语言。之后不久，他将 UNIX 操作系统的内核和应用程序全部改成用 C 语言编写。

1977 年，Dennis M. Ritchie 发表了不依赖于具体机器系统的 C 语言编译文本《可移植的 C 语言编译程序》。

1978 年，Brian W. Kernighian 和 Dennis M. Ritchie 合著了著名的 *The C Programming Language* 一书，该书介绍的 C 语言成为后来广泛使用的 C 语言版本的基础，人们称之为 K&R C。之后，C 语言被移植到各种机型上，并得到了广泛的支持，使 C 语言在当时的软件开发中几乎一统天下。

1987 年，随着微型计算机的日益普及，出现了许多 C 语言版本。由于没有统一的标准，使得不同版本的 C 语言之间出现了一些不一致的地方。为了改变这种情况，美国国家标准局 ANSI（American National Standards Institute）制定了第一个 C 语言标准，1989 年，这个标准被正式采用，称为 C89，也称 ANSI C。1990 年，该标准被国际标准化组织 ISO（International Standard Organization）采纳，成为国际标准（ISO/IEC 9899:1990），称为 C90，也称 ISO C。

1999 年，ISO 制定了新版本的 C 语言标准（ISO/IEC 9899:1999），称为 C99。

2011 年，ISO 又制定了新版本的 C 语言标准（ISO/IEC 9899:2011），称为 C11，它是 C 语言的最新标准。

目前流行的 C 语言编译系统大多是以 ANSI C 为基础进行开发的，但不同版本的 C 编译系统所实现的语言功能和语法规则略有差别。

目前，C/C++市场占有率较高。C++是在 C 语言的基础上发展起来的一种面向对象的编程语言，二者在很多方面是兼容的，C++主要在 C 语言的基础上增加了面向对象和泛型的机制，提高了开发效率，因此，更适用于大型软件的编写。C++支持面向过程编程、面向对象编程和泛型编程，而 C 语言仅支持面向过程编程。就面向过程编程而言，C++和 C 几乎是一样的。由于 C 语言相对简单，各大高校都将 C 语言作为一门重要的课程，学习了 C 语言，再去学习 C++，就会达到事半功倍的效果。

在 C 语言的发展过程中出现了各种各样的编译系统，常用的有微软公司的 Microsoft Visual C++、GCC 和 Win-TC，Borland 公司的 Turbo C 2.0、Borland C++等。这些编译系统的基本部分是相同的，但也存在着一些差别，所以请读者注意自己所用的 C 编译系统的特点和规则（可参阅相应的手册）。本书使用的上机环境是 Visual C++ 6.0。

1.1.3 C 语言的特点

从第一种高级语言问世到现在已经出现过几百种高级语言了，但是有的很快就被淘汰了，而 C 语言至今一直很流行，因为它具有强大的功能和突出的特点。C 语言的主要特点如下：

（1）C 语言简洁、紧凑，使用灵活、方便。C 语言共有 32 个关键字（见附录 A），9 种控制语句，程序书写自由，主要用小写字母表示。

（2）运算符丰富，数据处理能力强。C 语言的运算符极其丰富，共有 34 个运算符（见附录 B），包含的范围很广泛，可以实现其他高级语言难以实现的运算。

（3）数据结构丰富，功能强大。C 语言的数据类型有整型、实型、字符型、数组类型、指针类型、结构体类型、共用体类型等，能实现各种复杂数据结构的运算。尤其是指针类型，使程序效率更高。

（4）C 语言是结构化、模块化的语言。C 语言有三大基本结构：顺序、选择和循环，使程序完全结构化。C 语言采用函数作为程序的基本组成单位，便于实现程序的模块化，使程序层次清晰，便于使用、维护及调试。

（5）语法限制不太严格、程序设计自由度大。例如，对数组下标不做越界检查；整型和字符型通用；一条语句可以分写在多行，也可多条语句写在一行。

（6）允许直接访问物理地址，可以直接对硬件进行操作。C 语言既具有高级语言的功能，又具有低级语言的许多功能，可以对位、字节和地址进行操作，因此，可以用于编写系统软件，也可对硬件进行编程。

（7）程序生成的目标代码质量高，执行效率高。

（8）可移植性好。C 语言适合于多种操作系统，如 DOS、UNIX、Windows 等，也适用于多种机型。

1.1.4 C 语言的应用领域

C 语言是目前使用非常广泛的高级程序设计语言，既可用于编写系统软件又可用于编写应用软件。实际上，C 语言几乎可以应用到程序开发的任何领域。下面是一些常用的应用领域：

（1）操作系统。Linux 和 UNIX 等操作系统的内核都是用 C 语言编写的，很多运行在电路板上的嵌入式操作系统基本都是用 C 语言结合汇编语言编写的。

（2）嵌入式应用开发。手机、PAD 等电子产品内部的应用软件很多是用 C 语言开发的。

（3）复杂运算软件。由于 C 语言本身具有丰富的运算功能，又接近底层语言，所以，可以利用 C 语言编写复杂且高效的运算软件。常用于科学计算的 MATLAB 软件，其中一部分就是用 C 语言编写的。

（4）游戏开发。利用 C 语言可以开发很多游戏，如贪吃蛇、俄罗斯方块、雷神之锤等。

（5）图形处理。C 语言具有很强的绘图能力和数据处理能力，可以用于制作动画、绘制二维图形和三维图形等。

学好任何一门计算机语言都不容易，学习 C 语言也是一样。但是，各种计算机语言之间都是相通的，学好了 C 语言再去学习其他语言就比较容易了。

1.2　C 程序的结构

1.2.1　C 程序的基本结构

下面通过几个简单的示例，了解一下 C 语言程序的基本结构，然后在此基础上了解 C 程序的结构特点。

【例 1-1】 在显示器屏幕上输出一行信息。

```
#include <stdio.h>
void main()                         /* main称为主函数，本行是函数头 */
{                                   /* 函数体开始 */
   printf("This is the first C program\n");/* 在屏幕上输出一行信息后换行 */
}                                   /* 函数体结束 */
```

程序运行结果：

```
This is the first C program
```

说明：程序中/*……*/部分为注释部分，增加程序的可读性，程序执行时不起作用。

【例 1-2】 从键盘输入两个整数，求它们的和并输出。

```
#include <stdio.h>      /* scanf和printf包含在文件stdio.h中，这两个函数使用频繁，
                          所以该行可省 */
void main()
{
   int a, b, sum;         /* 定义三个整型变量，用于存放输入的两个数及它们的和 */
   scanf("%d, %d", &a, &b); /* 从键盘输入两个数，分别存放到变量a和变量b中 */
   sum=a + b;               /* 对变量a和变量b求和，结果存放到变量sum中 */
   printf("%d\n", sum);     /* 输出和sum，然后换行 */
}
```

程序运行结果：

```
3,6↙（说明：↙表示从键盘上按Enter键）
9
```

【例 1-3】 main 函数调用其他函数输出两行*号。

```
void print_star()                        /* 用户自己定义的函数，本行是函数头 */
{
```

```
    printf("********************\n");  /* 输出一行*号，后换行 */
}
void main()
{
    print_star();                      /* main函数调用print_star函数 */
    print_star();
}
```

程序运行结果：

```
********************
********************
```

说明：函数是实现某个功能的模块代码，上面三个程序中 scanf 和 printf 都是系统自带的库函数，C 系统包含很多库函数，每个函数完成不同的功能，它们被分类存放在不同的.h 文件（头文件）中，使用前要在 C 源文件的最前面用#include 将其所在的.h 文件包含进来，在调用的时候，输入正确的参数即可实现函数的功能。常用的标准库函数及其功能见附录 C。库函数不能实现的功能，用户可以自己定义函数实现，如例 1-3 中的 print_star 函数。

上面三个程序都比较小，只包含一个源程序，若一个 C 程序比较大，可以按功能将其分成多个源程序进行编写。从以上三个程序看出，函数是程序的基本组成单位，每一个 C 程序都必须有且只能有一个 main 函数（又称主函数），其他函数可以没有也可以有多个。函数的顺序没有要求，main 函数可以放在其他函数之前，也可以放在其他函数之后，但是执行程序时，都是从 main 函数开始。例 1-1 和例 1-2 只包含一个 main 函数，例 1-3 包含一个 main 函数和一个 print_star 函数。

每个函数都是由函数头和函数体构成。函数定义的一般形式如下：

```
[函数类型] 函数名([形式参数表]) /* 函数头 */
{
    声明部分;                      /* 函数体 */
    执行部分;
}
```

其中，函数定义的第一行是函数头部分，加“[ ]”的部分表示该部分内容可以省略，函数头下面用“{}”括起来的部分是函数体部分。有关函数的内容将在第 7 章详细介绍。

此外，一些符号如“;”“:”“%”“( )”以及空格符和回车符等，也是 C 程序的重要组成部分，称之为语法符号简称语法符，所有语法符并不参与程序运行过程的运算。有些语法符是 C 语言运算符中没有的，而有些语法符与 C 语言运算符形式一样，但功能不同。

本书对常见的语法符进行了汇总，见附录 D，希望引起读者的注意，并能正确地使用。

1.2.2 C 程序的结构特点

通过 1.2.1 节的程序示例可以看出，C 语言程序结构具有以下几个主要特点：

（1）一个 C 程序由一个或多个源程序文件组成。

（2）每个源程序文件可包含一个或多个函数。一个 C 程序必须有且只能有一个 main

函数（主函数），其他函数可以没有也可以有多个。函数的顺序没有要求，执行程序时，都是从 main 函数开始。

（3）每一个函数都是由函数首部（函数头）和函数体组成。函数首部即函数的第一行，包含函数的类型、函数名和函数形式参数表。函数体是函数头下面{}中包含的部分，一般由声明部分和执行部分组成。其中，声明部分包括对函数中用到的变量或数组的定义和对调用函数的声明，执行部分是完成函数具体功能的程序段。

（4）C 程序书写格式自由，一行可以写多条语句，一条语句也可分写在多行。语句用分号结束。分号是 C 语句的必要组成部分。

（5）C 语言没有输入输出语句，输入输出都是通过系统自带的库函数实现的。

（6）C 程序中可以有预处理命令（include 命令仅是其中一种），预处理命令通常放在程序的最前面。

（7）为了提高程序的可读性，可在程序中添加注释。注释可单独占一行也可出现在一行程序的末尾。若为行注释可采用两种形式：① /* 注释内容 */；② // 注释内容。若为程序段做注释只能采用/* 程序段 */形式，段注释常用于程序调试。

注意：两种注释形式中，/ 和 * 之间，以及 / 和 / 之间均不允许有空格。

1.2.3 C 程序的书写规范

C 语言程序书写自由度大，且每个人的书写习惯不尽相同，但是，为了使程序清晰，便于阅读、理解和维护，在书写程序时，应尽量遵循以下规范，养成良好的编程习惯。

（1）一个声明或语句单独占一行。例如：

```
float x;
```

（2）嵌套语句块。语句块通常表示程序的某一层次结构，应用{ }括起来，{ }一般与该结构语句的第一个字母对齐，并单独占一行。例如：

```
for(i=1;i<=n;i++)
{
    t=t*i;
    s=s+t;
}
```

（3）缩进。低一层次的语句或说明可比高一层次的语句或说明缩进若干空格后书写，一般用 Tab 键缩进。例如（2）中{ }内的两条语句，相对 for 缩进一个层次。

（4）命名。变量、函数、数组等的命名选择有意义的小写字母表示，不要使用人名、地名和汉语拼音。符号常量的命名用大写字母，如果符号常量由多个单词构成，两个不同单词间可用下画线连接。例如：

```
float  average;                /* average为变量名 */
#define  LEN  80               /* 用#define定义符号常量，常量名为LEN */
#define  MAX_LEN  100
```

（5）空格。有些位置建议加空格，有些位置建议不加空格，有些位置一定不能加空格，有些位置必须加空格。

建议加空格的几种情况：①逗号后面，例如：int x, y, z; ②二目运算符的两边，例如：a > b; ③类型与指针说明符*之间，例如：char *p; ④代码中间的分号后面，例如：for(i=1; i<=n; i++)。

建议不加空格的几种情况：①在结构体成员引用符号“.”和“->”的左右两边，例如：pstu->name，stu1.age；②不在行尾添加空格；③函数名和左括号之间，例如：max(x, y); ④指针说明符号*和变量名之间，例如：int *p;。

两个符号组成的运算符中间一定不能加空格，否则会出现语法错误，例如：a += b;。

关键字和变量名之间必须加空格，否则会出现语法错误，例如：char ch;。

（6）注释。注释必须做到清晰、准确地描述内容。对于程序中复杂的部分必须有注释加以说明。注释量要适中，过多或过少都易导致阅读困难。

1.3　算法及其描述

1.3.1　算法的概念

在现实生活中，我们做任何事情都有一定的步骤。为解决某一个问题而采取的方法和步骤，称为算法。而计算机领域的算法称为计算机算法，计算机算法可以分为如下两类：

（1）数值运算算法，用于求解数值，例如：求一元二次方程的根。

（2）非数值运算算法，涉及领域较广，主要用于事务管理，例如：档案管理。

瑞士著名计算机科学家尼古拉斯·沃斯（Niklaus Wirth）提出了一个著名的公式：

算法+数据结构=程序

可见算法在程序设计中的重要性，而这里的数据结构是程序中数据的类型和数据之间的组织形式。如果将数据结构看作血肉骨架，则算法就相当于思想灵魂。本书在后面的章节中会涉及一些数据结构的知识，如数组、链表等，在此不做单独的介绍。

算法是一个基本的概念，但也很深奥，它可以小到从一组数据中查找某个数，也可大到如何控制飞行器的姿态，现在的人工智能的智能程度也完全依赖于算法。本书不可能介绍所有的算法，只能通过一些典型算法的例子，介绍如何设计一个算法，如何描述一个算法，逐渐地渗透。

对同一个问题来说，算法有多种，有的算法步骤少，有的算法步骤多，一般来说，希望采用简单的、步骤少的算法。因此，在设计算法的时候，既要保证算法的准确性又要考虑算法的质量。

1.3.2　算法的特性

算法具有五个基本的特性。

1. 有穷性

算法在执行有限的步骤之后，应自动结束而不应无限循环，并且每一个步骤都应在可接受的时间内完成。

实际编程时经常会出现死循环的情况，这就不满足有穷性。当然，这里有穷的概念并不是纯数学意义的，而是指实际应用中的合理范围。如果让计算机去执行一个历时上千年才结束的算法，这虽然是有穷的，但超过了合理的限度，人们认为它不是有效的算法。

2. 确定性

算法中的每一个步骤都具有确定的含义，不会出现二义性。算法在一定条件下，只有一条执行路径，相同的输入只能有唯一的输出结果。

3. 有效性

算法中的每一个步骤都应该能有效地执行，并得到确定的结果。例如：算法中有除法操作，则 0 不能做除数，若不能排除这种情况，这个算法就是无效的。

4. 零个或多个输入

所谓输入是指在执行算法时需要从外界获得的必要信息。尽管对于绝大多数算法来说，输入数据都是必要的，但对于个别情况，如打印“*********”这样的内容，不需要任何输入数据，因此，算法可以不输入数据。

5. 一个或多个输出

算法的目的是为了求解，这里的“解”就是输出。输出可以是打印、显示、磁盘输出等。没有输出的算法是没有意义的。

有些算法可以直接使用别人已经设计好的，此时，只需知道算法的要求给以必要的输入即可得到输出结果，但是，对于程序设计人员来说，必须要会自己设计算法，并且根据算法编写程序。

1.3.3 算法的描述

为了使算法更清晰易懂，在利用计算机语言编写程序代码前，通常要用一种好的工具将采用的算法描述出来。描述算法的方法有很多，常用的有自然语言、传统流程图、N-S 流程图、伪代码等。下面通过一个实例分别对这些算法描述工具进行介绍。

【例 1-4】 计算 1000 以内的所有奇数和，即 1+3+5+7+…+999 的和。

分析：本题是一个循环累加求和的问题，从第二项开始，每一项和前一项的值相差 2。可以设置两个变量：一个变量为 sum，用来保存每次累加的和，初始值为 0；另一个变量为 i，用来保存要累加到 sum 的当前项，初始值为 1。问题的求解过程就是不断地将 i 累加到 sum 中，每加完一次，i 值加 2，直到 i 超过 999 为止，最后输出结果 sum。

1. 用自然语言描述算法

自然语言就是人们日常使用的语言。用自然语言描述例 1-4 的算法如下：

步骤 1：当前项 i 置初值 1，累加和 sum 置初值 0；

步骤 2：判断 i 的值，若 i<1000，则执行步骤 3；否则，转步骤 5 执行；

步骤 3：i 加到 sum；

步骤 4：i 值加 2，转步骤 2 执行；

步骤 5：输出结果 sum，算法结束。

用自然语言描述算法通俗易懂，但文字冗长，容易出现歧义。此外，用自然语言描述分支和多重循环等算法，很不方便，容易出现错误。因此，除了比较简单的算法外，一般不用自然语言描述算法。

2. 传统流程图描述算法

流程图是用几何图形表示不同的操作，用流程线表示算法执行的流向。美国国家标准化协会规定了常用的流程图符号及其功能，如表 1-1 所示。

用传统流程图描述例 1-4 的算法如图 1-1 所示。

表 1-1　常用的流程图符号及其功能

流程图符号	符 号 名 称	符 号 功 能
	起止框（圆弧形框）	表示算法的开始或结束
	处理框（矩形框）	表示一般的处理功能
	判断框（菱形框）	表示对给定的条件进行判断，决定执行后面的哪个操作
	输入输出框（平行四边形框）	表示算法的输入或输出
	流程线（指向线）	表示算法执行的流向
	连接点（圆圈）	表示将画在不同位置圈中标志相同的流程连在一起
	注释框	对流程图中某些框的操作做必要的补充说明，帮助读者更好地理解流程图，不反映流程和操作

用传统流程图描述算法形象直观、容易理解，但占用篇幅较大，流程指向随意，较大的流程图不易读懂，画流程图既费时又不方便。

3. N–S 流程图描述算法

1973 年，美国学者 I. Nassi 和 B. Shneiderman 提出了一种新的流程图。在这种流程图中，完全去掉了带箭头的流程线，全部算法写在一个矩形框内，在该框内还可以包含其他的从属结构，这种流程图就是 N-S 流程图。

用 N-S 流程图描述例 1-4 的算法如图 1-2 所示。

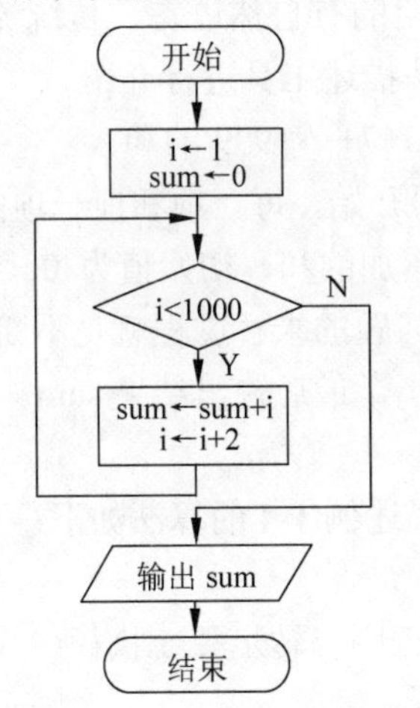

图 1-1　例 1-4 算法的传统流程图

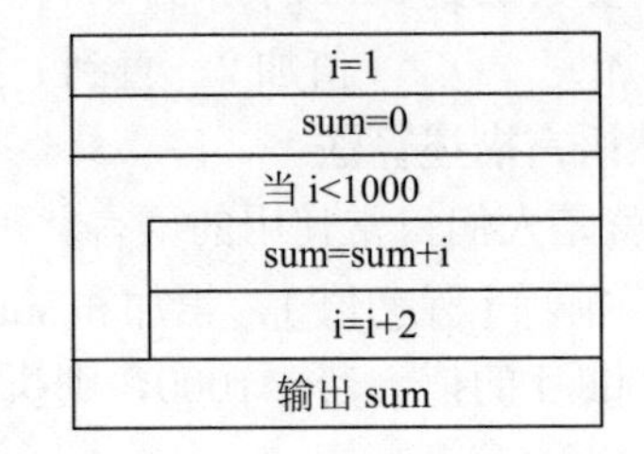

图 1-2　例 1-4 算法的 N-S 流程图

用传统流程图和 N-S 流程图表示算法直观易懂，但画起来比较费事，在设计一个算法时，可能需要反复修改，而修改流程图是比较麻烦的。

4. 伪代码描述算法

伪代码是用介于自然语言和计算机语言之间的文字和符号来描述算法，它与一些高级编程语言（如 C 语言）类似，但是不需要遵循编写程序时的严格规则。伪代码用一种从顶到底，易于阅读的方式表示算法，结构清晰、代码简单。

用伪代码描述例 1-4 的算法如下：

```
begin (算法开始)
    i=1;
    sum=0;
    当 (i<1000)
    {
        sum=sum+i;
        i=i+2;
    }
    输出 sum
end (算法结束)
```

1.4 结构化程序设计

在传统流程图中，对流程线的使用没有严格的限制，流程线可以任意转向，使得流程图毫无规律，这样的算法难以阅读和理解。为了提高算法的质量，必须限制箭头的滥用。1966 年，Bohra 和 Jacopini 提出了三种基本结构，任何一个复杂的算法都由这三种基本结构组合而成，这样的算法称为结构化算法。

1.4.1 结构化程序设计方法

结构化程序设计（Structured Programming）的概念最早是由 E. W. Dijikstra 提出的，其实质是控制编程的复杂性。结构化程序设计的基本思想是：把一个复杂问题的求解过程分阶段进行，每个阶段处理的问题都控制在人们容易理解和处理的范围内。具体做法是：在分析问题时，采用“自顶向下、逐步细化”的方法；在设计方案时，采用“模块化设计”的方法；在编写程序时，采用“结构化编码”的方法。

“自顶向下、逐步细化”就是在设计程序时，先考虑总体，后考虑细节，是对问题的解决过程逐步具体化的一种思想方法。例如，编写一本教材，首先要考虑总体，将一本教材分成几章，然后再将每章分成几节，每节分成几段，直到确定每段写哪些文字为止。用这种方法考虑周全、结构清晰、层次分明。但是，在下一层展开之前要保证本层的正确性，这样，如果每一层设计都没有问题，则整个算法就是正确的。

例如，从三个数中找出最大数，可将这个过程描述为：

S1：输入 3 个数 a,b,c（调用函数 scanf 即可实现）；

S2：找出 3 个数中的最大值 max（需要细化）；

S3：输出 max（调用函数 printf 即可实现）。

S1 和 S3 比较简单，不需要细化，进一步将 S2 细化，过程如下：

S2.1：将 a,b 中的大数放入 max（使用 if 即可实现）；

S2.2：将 max 和 c 中的大数放入 max（使用 if 即可实现）。

“模块化设计”就是将一个复杂的任务分解为若干个相对简单的子任务。在 C 语言程序设计中，每个子任务相当于一个模块，分别用一个函数实现，这样，不同的模块就可由不同的人员编写，缩短程序的开发周期。此外，每个模块功能相对独立，若一个模块出现问题，直接修改这个模块即可，提高了程序的可靠性。

“结构化编码”就是采用支持结构化算法的高级语言编写程序，C 语言支持结构化程序设计，它的算法由三大基本结构组成。

1.4.2 C 语言三大基本结构

任何一个 C 程序都可由顺序、选择和循环三种基本结构构造而成。

顺序结构是最简单的程序结构，它的传统流程图和 N-S 流程图如图 1-3（a）和图 1-3（b）所示。顺序结构的执行顺序是自上而下，依次执行，即执行完 A 操作接着执行 B 操作。

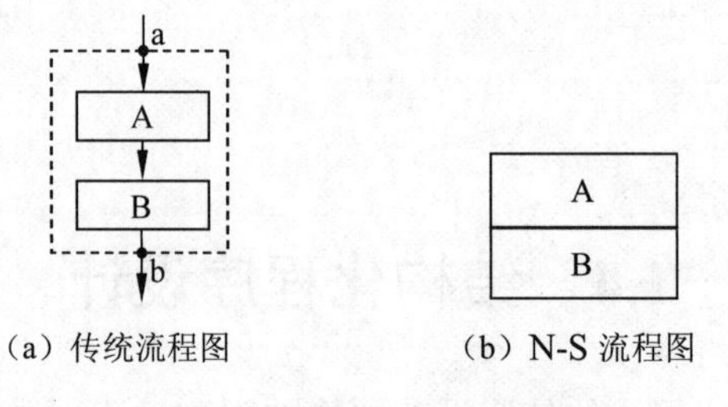

（a）传统流程图　　（b）N-S 流程图

图 1-3　顺序结构流程图

选择结构又称为分支结构，它的传统流程图和 N-S 流程图如图 1-4（a）和图 1-4（b）所示。选择结构的执行顺序是给定的条件成立时执行 A 操作，不成立时执行 B 操作。

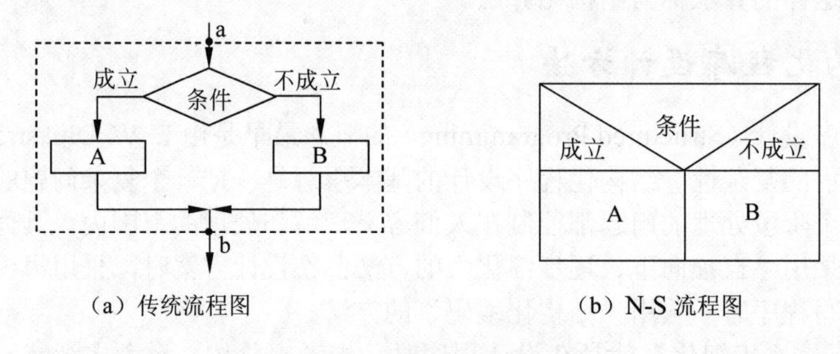

（a）传统流程图　　（b）N-S 流程图

图 1-4　选择结构流程图

循环结构又称为重复结构，就是在达到指定条件前，反复执行某一部分操作。循环结构分两类：当型循环（while）结构，流程图如图 1-5（a）和图 1-5（b）所示，当给定的条件成立时，反复执行 A 操作，直到条件不成立为止；直到型循环（until）结构，流程图如图 1-6（a）和图 1-6（b）所示，反复执行 A 操作，直到给定的条件成立为止。

顺序、选择和循环三种基本结构是结构化程序设计的三大基本结构，它们具有以下共同的特点：

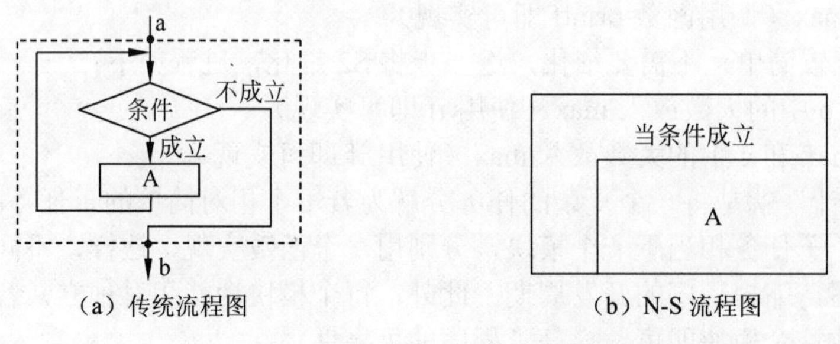

（a）传统流程图　　（b）N-S 流程图

图 1-5　当型循环结构流程图

（1）只有一个入口 a 和一个出口 b。

（2）结构内的每一部分都有机会被执行。

（3）结构内不存在“死循环”(无终止的循环)。

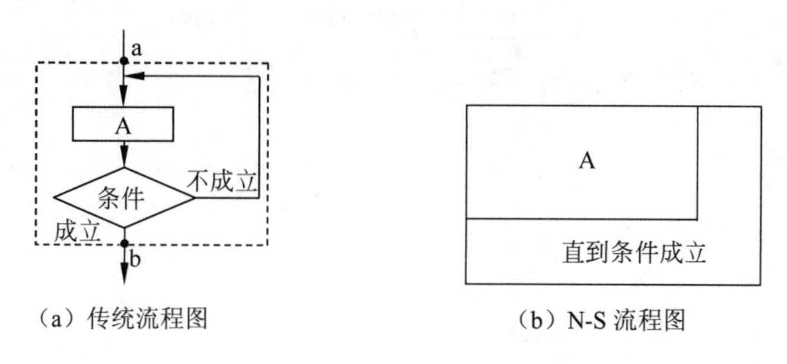

（a）传统流程图　　（b）N-S 流程图

图 1-6　直到型循环结构流程图

1.5　C 程序的实现过程

1.5.1　C 程序设计的一般步骤

设计一个 C 语言程序一般要经过问题分析、算法设计、编写程序、调试运行等多个步骤。

1. 问题分析

问题分析是程序设计的第一步，其任务是对于给定的一个问题，要清楚这个问题要完成什么样的功能，哪些条件是已知的，哪些是要求解的，已知条件和要求的解之间存在什么样的关系等，最终确定数据的组织形式以及解决问题的方案。

2. 算法设计

在对给定的问题分析后，要确定采用的具体算法，并选择一种合适的算法描述工具进行描述。这一步是程序设计的关键，决定程序执行的效率。

3. 编写程序

编写程序就是根据确定的数据结构和算法，按照 C 语言的语法、语义和规则实现算法的每一个步骤。最终的程序要保证语法和逻辑都是正确的，才能得到正确的结果，这一步需要上机验证。

4. 调试运行

将编写的源程序输入到计算机编译和运行，如果有问题，按提示进行修改和调试，直到运行结果正确为止。

1.5.2　调试运行 C 程序的过程

调试运行程序是必不可少的一步，通过调试运行能保证程序的正确性，调试运行 C 程序的一般过程如图 1-7 所示。

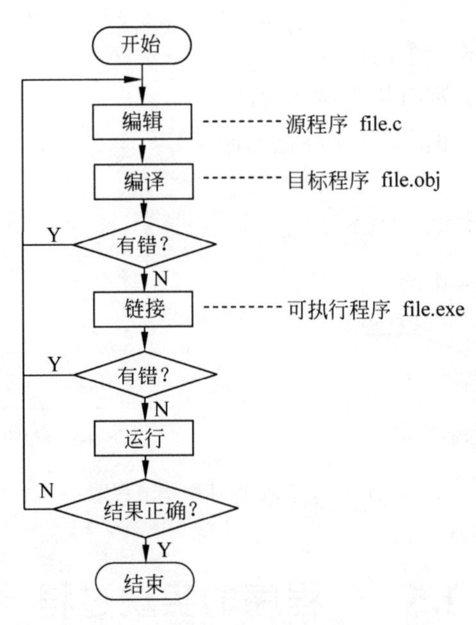

图 1-7　调试运行 C 程序的一般过程

编写好的程序上机调试运行一般要经过四个步骤：（1）编辑。将编写好的程序输入到编译环境并保存，设保存的源程序文件名为 file.c。（2）编译。C 语言源程序不能被计算机直接执行，需要翻译成二进制文件，这个过程叫编译，编译后的文件名为 file.obj，这个过程要进行语法检查，若有错需要修改源程序，无错才可以进行下一步。（3）链接。将目标程序和库函数等进行链接，生成可执行文件 file.exe，若有错需要修改源程序，无错进行下一步。（4）运行。将程序结果输出，若有错需要修改源程序，无错程序运行结束。

1.5.3　C 语言的编译环境

前面介绍过 C 语言的编译环境有多种，本书采用 Visual C++ 6.0 作为编译环境。Visual C++ 6.0 是支持标准 C/C++规范的最后版本。在 Visual C++ 6.0 环境下，编程人员可以完成 C 语言程序的编辑、编译、链接、调试和运行等全部任务。Visual C++ 6.0 有标准版、专业版和企业版三种，它们的基本功能是相同的，本书以简体中文企业版作为开发环境，对于软件的安装和构成，在此不做介绍。下面具体介绍利用 Visual C++ 6.0 上机运行 C 语言源程序的操作过程。

1. 创建工程与文件

（1）启动 Visual C++ 6.0 环境

单击“开始”→“程序”→Microsoft Visual C++ 6.0→Microsoft Visual C++ 6.0，可以启动 Visual C++ 6.0 环境，启动后界面如图 1-8 所示。

（2）创建工程

单击菜单“文件”→“新建”，弹出“新建”对话框，在左侧的“工程”选项卡中选择 Win32 Console Application 项，然后在右侧的“工程名称”框中输入工程名称，如 FirstC，在“位置”下方单击按钮[...]，可以更改工程保存的位置，在下方的“平台”中勾选 Win32 复选框，如图 1-9 所示。

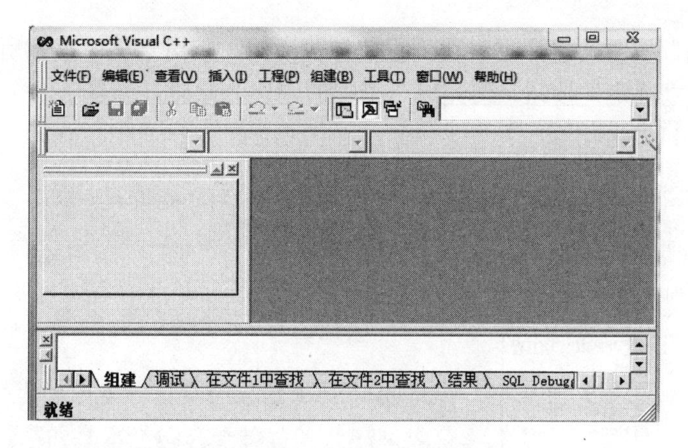

图 1-8　Visual C++ 6.0 启动后的界面

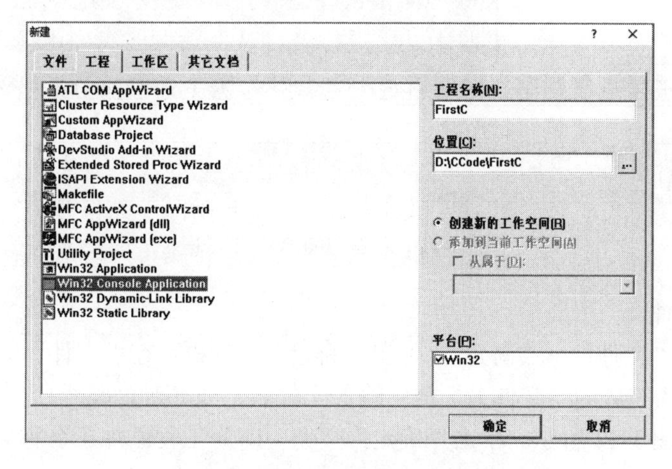

图 1-9　创建 Win32 控制台应用程序工程

单击“确定”按钮，弹出 Win32 Console Application 向导对话框。在该对话框中选择要创建的控制台程序类型，如单击选择“一个空工程”项，如图 1-10 所示。

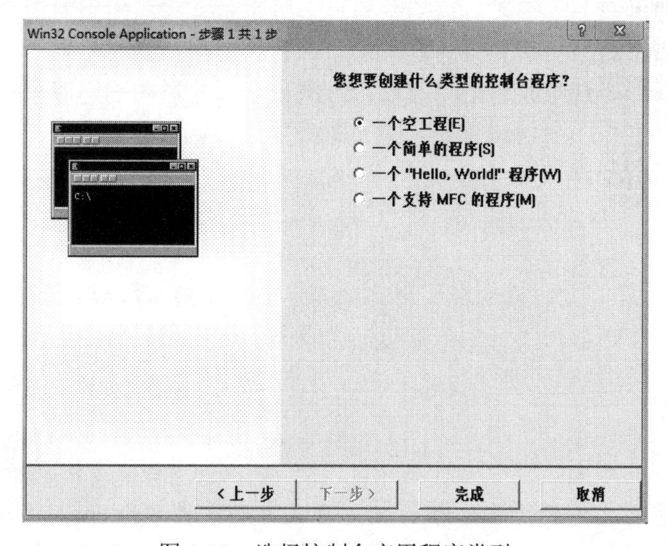

图 1-10　选择控制台应用程序类型

单击“完成”按钮，将弹出新建工程信息对话框，该对话框中显示所创建的新工程的相关信息。单击“确定”按钮，便完成了工程的创建。此时，创建了一个空的 Win32 控制台工程，如图 1-11 所示。

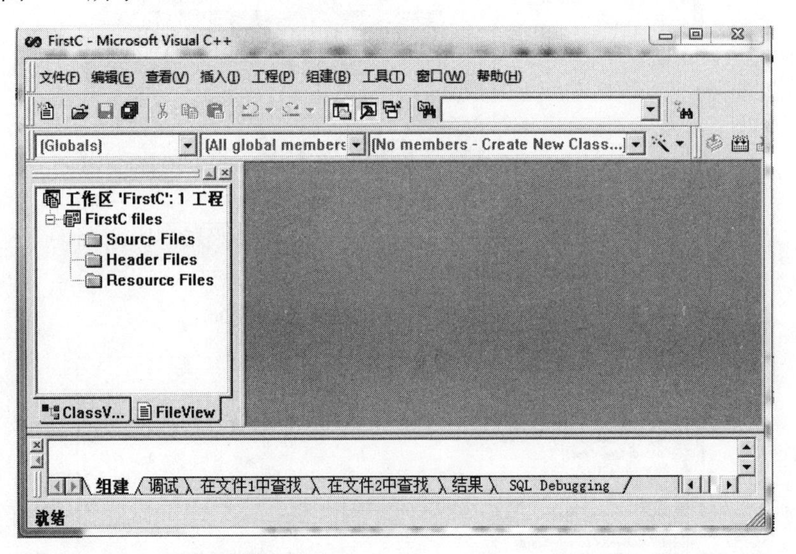

图 1-11　创建空的 Win32 工程

（3）添加文件

单击菜单项“文件”→“新建”，弹出“新建”对话框，在“文件”选项卡中选择 C++ Source File 项，在右边的“文件名”框中输入文件名，如 FirstC.c，勾选上面的“添加到工程”复选框，如图 1-12 所示。单击“确定”按钮，即为工程添加了名称为 FirstC.c 的 C 源文件。

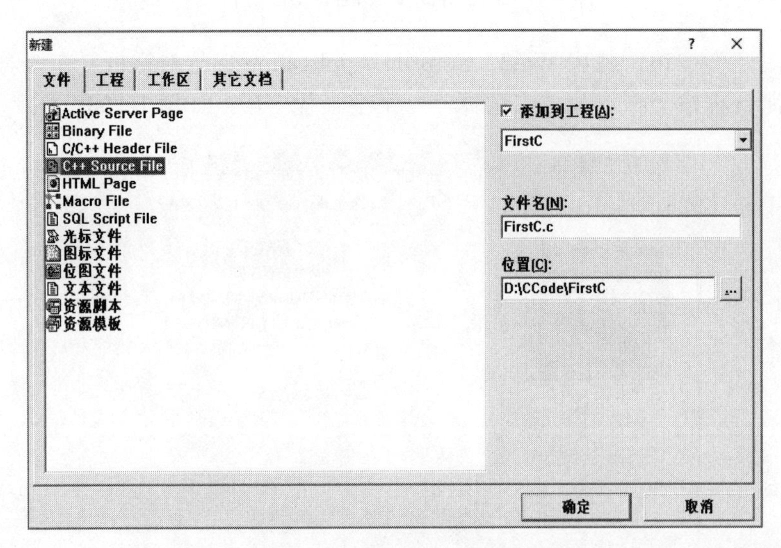

图 1-12　向工程添加文件

注意：C 语言源文件的扩展名为.c，C++源文件的扩展名为.cpp。添加文件时若不指定文件的扩展名，则系统默认为 C++源文件。本书用.c 源文件进行调试运行。

添加完成后，在集成环境左侧工作区窗口的 FileView 选项卡对应的面板中，可以看到添加的 FirstC.c 源文件，如图 1-13 所示。

图 1-13　FileView 面板

2. 编辑、编译、链接与运行

C 语言源程序的编辑、编译、链接与运行操作界面如图 1-14 所示。

（1）编辑

在右侧的代码编辑区输入 FirstC.c 文件的源代码。单击“保存”按钮，此时，源文件已经编辑完成。

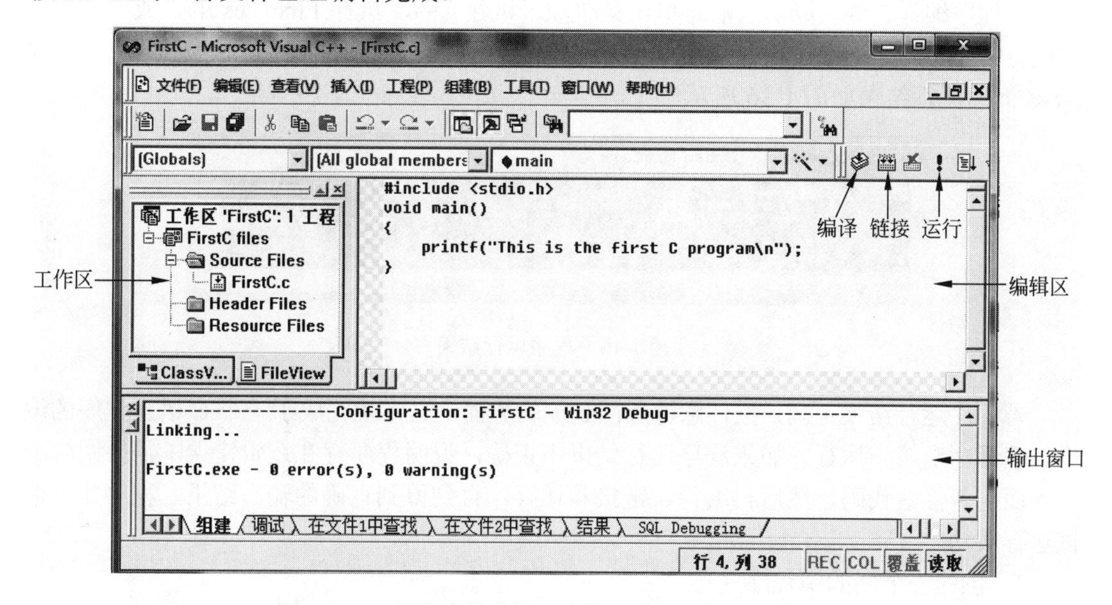

图 1-14　C 源程序的编辑、编译、链接与运行操作界面

（2）编译

单击菜单项“组建”→“编译[FirstC.c]”，或者单击工具栏上的 Compile（ ）按钮，或者按组合键 Ctrl+F7，将自动完成对当前源文件的编译，生成目标文件 FirstC.obj。

（3）链接

单击菜单项“组建”→“组建[FirstC.exe]”，或者单击工具栏上的 Build（ ）按钮，或者按功能键 F7，将自动完成对当前目标文件的链接，生成可执行文件 FirstC.exe。

注意：编译和链接过程也可一次进行，即直接执行链接，此时，系统会自动完成对当前源文件的编译和链接过程。

编译、链接后，若程序没有错误，将在编辑窗口下方的输出窗口显示“0 error(s), 0 warning(s)”，表示程序编译、链接成功。

如果程序有语法错误或者链接错误，将会在输出窗口给出相应的出错信息，如图 1-15 所示。该窗口提示程序在右大括号“}”前丢失一个分号“;”。此时，需要根据提示的错误信息修改源程序，然后再进行编译、链接，如果仍有错误，则需要继续修改，直到输出窗口显示“0 error(s), 0 warning(s)”为止。

```
--------------------Configuration: FirstC - Win32 Debug--------------------
Compiling...
FirstC.c
D:\CCode\FirstC\FirstC.c(5) : error C2143: syntax error : missing ';' before '}'
执行 cl.exe 时出错.

FirstC.exe - 1 error(s), 0 warning(s)
组建 / 调试 / 在文件1中查找 / 在文件2中查找 / 结果 / SQL Debugging
```

图 1-15　编译或链接出错

（4）运行

当程序编译、链接成功之后，单击菜单项“组建”→“执行[FirstC.exe]”，或者单击工具栏上的 BuildExecute（ ! ）按钮，或者按组合键 Ctrl+F5，执行程序并查看结果。程序 FirstC.c 的运行结果如图 1-16 所示。

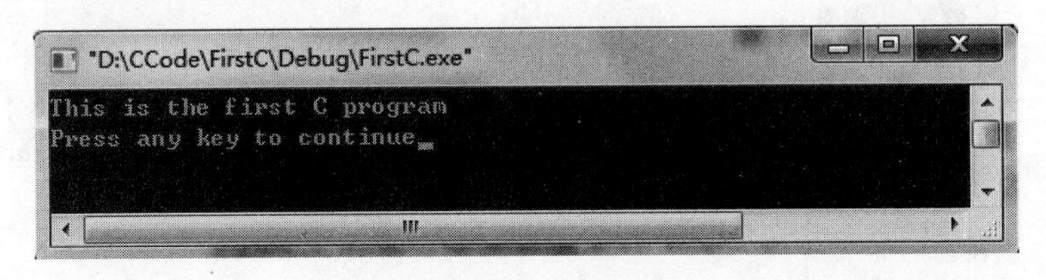

图 1-16　程序运行结果

若程序运行结果正确，按任意键返回到编辑界面，这样就完成了一个 C 语言程序的编辑、编译、链接和运行。如果程序运行结果不正确，说明程序存在逻辑错误，需要回到编辑界面重新修改代码，然后再编译、链接和运行，直到得到正确的输出结果，程序才算调试运行成功。

3. 创建一个新的源程序

如果一个 C 程序已经调试运行成功了，需要再编辑调试下一个新程序，则需要单击菜单项“文件”→“关闭工作空间”回到图 1-8 所示的初始界面，然后重复前面的步骤，直到运行得到正确的结果。

所有程序调试运行成功之后，若不需要进行新程序的调试和运行，则单击菜单项“文件”→“退出”，或者单击标题栏右上角的“关闭”按钮，关闭 VC 的集成开发环境。

本 章 小 结

1. 程序设计语言的发展可以分为四大阶段：第一代机器语言、第二代汇编语言、第三代高级语言和第四代语言 4GL。4GL 语言主要面向基于数据库应用的领域。C 语言是面向过程的高级语言。

2. C 语言有很多特点，如语言简洁、紧凑，语法限制不太严格，数据处理能力强，可对硬件进行操作，可移植性好等。C 语言应用范围广泛，可用于操作系统内核开发、嵌入式开发、复杂运算、游戏开发和图形处理等领域。

3. C 程序主要由函数组成，每个 C 程序必须有且只能有一个 main 函数，不管 main 函数在程序中的位置如何，程序都是从 main 函数开始执行。

4. 算法具有五个基本的特性：有穷性，确定性，有效性，零个或多个输入，一个或多个输出。常用的算法描述工具有自然语言、传统流程图、N-S 流程图和伪代码等。

5．结构化程序设计在分析问题时，采用“自顶向下、逐步细化”的方法；在设计方案时，采用“模块化设计”的方法；在编写程序时，采用“结构化编码”的方法。

6．C 语言结构化程序设计的三大基本结构是顺序结构、选择结构和循环结构，任何一个复杂的 C 程序都可由三种基本结构构造而成。

7．设计一个 C 语言程序一般要经过问题分析、算法设计、编写程序、调试运行等多个步骤。调试运行 C 程序一般要经过四个步骤：编辑、编译、链接和运行。

8．使用 Visual C++ 6.0 调试运行 C 程序需要先建立工程，然后建立文件，运行结束要关闭工作空间才可以调试运行下一个新程序。

习　题　一

一、单项选择题

1．能被计算机直接执行的语言是（　　）。

A．机器语言　　B．汇编语言　　C．高级语言　　D．Java 语言

2．下面对 C 语言特点描述不正确的是（　　）。

A．C 语言兼有高级语言和低级语言的双重特点，执行效率高

B．C 语言既可以用于编写应用程序，又可以用于编写系统软件

C．C 语言的可移植性较差

D．C 语言是一种模块化程序设计语言

3．C 语言程序的基本组成单位是（　　）。

A．语句　　B．字符　　C．函数　　D．过程

4．以下述叙正确的是（　　）。

A．在 C 程序中，main 函数可有可无

B．C 程序的每行中只能写一条语句

C．C 语言本身没有输入输出语句

D．在对一个 C 程序进行编译的过程中，可发现注释中的拼写错误

5．C 语言程序的执行，总是起始于（　　）。

A．程序中的第一条可执行语句　　B．程序中的第一个函数

C．main 函数　　D．包含文件中的第一个函数

6．下列说法中正确的是（　　）。

A．C 程序书写时，不区分大小写字母

B．C 程序书写时，一行只能写一条语句

C．C 程序书写时，一条语句可分成几行书写

D．C 程序书写时每行必须有行号

7．不属于 C 语言程序三大基本结构的是（　　）。

A．顺序结构　　B．选择结构　　C．条件结构　　D．循环结构

二、填空题

1．C 语言没有输入/输出语句，输入/输出都是通过系统自带的________实现的。

2．算法的五个基本特性：________性、确定性、有效性、________输入、一个或多个输出。

3．________是用介于自然语言和计算机语言之间的文字和符号来描述算法，它与一些高级编程语言（如 C 语言）类似，但是不需要遵循编写程序时的严格规则。

4．C 语言源程序文件的后缀是________，经过编译后，生成文件的后缀是________，经过链接后，生成文件的后缀是________，利用 Visual C++ 6.0 创建文件时，若不指定文件的扩展名，则默认的扩展名是________。

三、编程题

1．在显示器屏幕上输出以下信息（输出包括上下两行*号）。

```
**************************
        1．输入
        2．输出
        3．查找
        0．退出
**************************
```

2．从键盘输入 3 个整数，求出它们的积并输出。

第2章　数据类型、运算符与表达式

学习目标

1．掌握各种常用数据类型的类型标识符、取值范围。

2．掌握各种常用数据类型的常量表示形式以及符号常量的定义方法。

3．掌握标识符的命名规则、变量的定义及使用方法。

4．掌握常用运算符的运算规则、优先级、结合方向及各类表达式的求值。

5．掌握常用的数据类型转换方法。

数据类型和运算符是C语言程序设计中最基础的知识。C语言把数据分成多种类型，并提供多种运算符实现对不同类型数据的处理。本章主要介绍C语言的基本数据类型、常量、变量、运算符及表达式、数据类型的转换等。

2.1　数据类型

数据是对计算机程序所处理的信息的总称。根据数据描述信息的含义，将数据分为不同的种类，称为数据类型。在程序设计语言中，不同数据类型的常量、变量其表示方法、取值范围、在内存中所占用的存储空间大小等都有专门的规定。

C语言中，数据类型可分为：基本数据类型（也称为简单数据类型）、构造数据类型、指针类型、空类型四大类。基本数据类型又包含整型、实型（也称为浮点型）、字符型和枚举型；构造类型又包含数组、结构体和共用体。C语言数据类型的分类如图2-1所示。

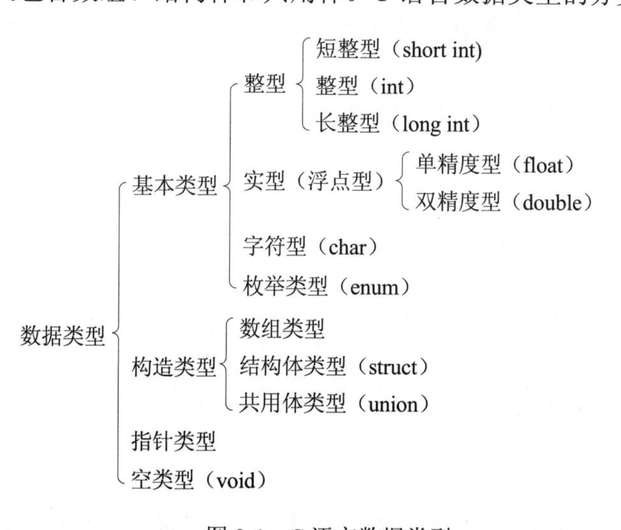

图2-1　C语言数据类型

2.2 标识符、常量与变量

2.2.1 关键字与标识符

1. 关键字

关键字也称为保留字，是C语言规定的具有特定意义的字符串。例如，int 表示整数类型，if 表示条件语句。

C 语言常用的关键字详见附录 A。

2. 标识符

在 C 程序中使用的变量、函数等，都要有一个名字，这些名字统称为标识符。除库函数的函数名由系统定义外，其余都由用户自己命名。C 语言标识符的命名遵循如下规则：

（1）标识符只能由字母（A～Z、a～z）、数字（0～9）和下画线（_）组成。

（2）标识符的第一个字符必须是字母或下画线。

（3）标识符不能与关键字同名。

例如，area、X2、num_1 都是正确的标识符，3xy、a#b、if 都是错误的标识符。

需要说明的是：

（1）标识符命名时严格区分大小写字母。例如，Num 和 num 是两个不同的标识符。C 语言程序员通常将变量名用小写字母命名，常量名用大写字母命名。

（2）标识符虽然可由程序员按照规则随意定义，但由于标识符是用于标识某个量的符号，因此，命名时应尽量有相应的意义，以便于阅读和理解，做到“见名知意”。例如，表示累加和可以用 sum 做变量名，表示圆的半径可以用 r 做变量名。

2.2.2 常量与变量的概念

在 C 程序中，基本数据类型的数据通常以两种形式出现，即常量形式和变量形式。

1. 常量

常量是指在程序执行过程中其值不能发生改变的量。例如，234、−19.8、'a'、"Program"等。

常量就其表示形式而言，又分为直接常量和符号常量。

（1）直接常量

直接常量也称为字面常量，是在程序中直接引用的数据，分为数值型常量和字符型常量。数值型常量又分为整型常量和实型常量；字符型常量又分为字符常量和字符串常量。

（2）符号常量

符号常量是用标识符代表一个常量，需要先定义后使用。符号常量一经定义，在程序中就不能为它重新赋值。

符号常量定义的一般形式为：

```
#define 符号常量 字符序列
```

其中，#define 是编译预处理命令，称为宏定义命令，其功能是把该标识符（符号常量）定义为其后的字符序列。关于编译预处理命令详见第 8 章。

习惯上，符号常量的标识符用大写字母表示，变量的标识符用小写字母表示，以示区别。

符号常量的标识符定义后，在程序中所有出现该标识符的地方均用相应的字符序列替换。

例如：

```
#define PI 3.14159
```

该命令定义了符号常量 PI，它代表常数 3.14159，在程序预处理时，程序中凡是出现 PI 的地方都用 3.14159 替换。例如，2*PI 就等价于 2*3.14159。

2. 变量

变量是程序运行过程中其值可以变化的量，变量需要先定义后使用。

变量定义的一般形式为：

```
类型说明符    变量名列表;
```

需要说明的是：

（1）类型说明符可以是 int、float、double、char 等，详见 2.2.3～2.2.5 节的介绍。

（2）变量名由用户自己命名，遵循标识符的命名规则。

（3）变量名列表中有多个变量时，各变量名之间用逗号分隔。

（4）一个变量在同一个作用域内不能重复定义。

（5）变量名代表了内存中的一个存储单元，用于存放变量的值。存储单元的大小（字节数）由变量的数据类型决定。

例如：

```
int i, k,score;      /* 定义3个int型变量，变量名分别为i、k和score */
double x1,sum;       /* 定义2个double型变量，变量名分别为x1和sum */
char ch;             /* 定义1个char型变量，变量名为ch */
```

2.2.3 整型常量与变量

1. 整型常量

整型常量即整数，C 语言中整型常量有三种表示形式：十进制、八进制和十六进制。

（1）十进制整数。十进制整数的书写格式与数学上的整数相同。例如，123、0、−89 等。

（2）八进制整数。八进制整数的书写格式是以 0 开头，并由数字 0～7 组成的数字序列。例如，027 表示一个八进制整数，相当于十进制的 23。

（3）十六进制整数。十六进制整数是以 0X（或 0x）开头，并由数字 0～9、字母 A～F（或 a～f）组成的数字、字母序列。例如，0x3D 表示一个十六进制整数，相当于十进制的 61。

关于八进制数、十六进制数与十进制数的相互转换方法详见附录 F。

整型常量还分为不同的数据类型。程序中常用的整数类型有：

（1）基本整型（int）。例如：123、−4567、0。

（2）长整型（long int）。长整型数书写时需要在整数后面加后缀 L 或 l，例如：23L。

（3）无符号整型（unsigned int）。无符号整型数书写时需要在整数后面加后缀 U 或 u，例如：123U。

2. 整型变量

（1）整型变量的分类

整型变量分为短整型（short int）、基本整型（int）和长整型（long int）三种。不同类型的整型变量在内存中占用的存储空间大小不同，因此能够存储数值的范围也不同。

整型变量又分为有符号整型变量和无符号整型变量两类，分别使用修饰符 signed 和 unsigned 说明。

任意一个类型的整型变量既可以是有符号的，也可以是无符号的，因此，整型变量共有 6 种数据类型，如表 2-1 所示。

表 2-1 整型变量分类表

类型标识符		类型名称	所占字节数（位数）	取值范围
完整形式	简写形式			
signed int	int	有符号基本整型	4（32）	$-2^{31}\sim2^{31}-1$
signed short int	short	有符号短整型	2（16）	$-2^{15}\sim2^{15}-1$
signed long int	long	有符号长整型	4（32）	$-2^{31}\sim2^{31}-1$
unsigned int	unsigned	无符号基本整型	4（32）	$0\sim2^{32}-1$
unsigned short int	unsigned short	无符号短整型	2（16）	$0\sim2^{16}-1$
unsigned long int	unsigned long	无符号长整型	4（32）	$0\sim2^{32}-1$

说明：表中各类型变量所占的字节数是针对 VC++ 6.0 编译器而言的，后续章节中如无特别说明，均指该编译器。

（2）整型变量的存储方式

整数在内存中是以二进制补码形式存储的。C 语言中，一个 int 型数据在内存中占 4 字节（32 位），其中，最高位是符号位，其他位是数值位，最高位为 0 时表示正数，最高位为 1 时表示负数；无符号整数存储时所有位都是数值位。

关于补码的概念和求法详见附录 F。

例如：

```
int i,k;          /* 定义整型变量i和k */
unsigned u;       /* 定义无符号整型变量u */
i=13; k=-13;      /* 为变量i赋值13，为变量k赋值-13 */
u=20;             /* 为变量u赋值20 */
```

则变量 i 在内存中的存放形式如下：

0	000 0000	0000 0000	0000 0000	0000 1101

最高位 0 为符号位，表示正数。

变量 k 在内存中的存放形式如下：

1	111 1111	11111111	11111111	11110011

最高位 1 为符号位，表示负数。

变量 u 在内存中的存放形式如下：

0000 0000	0000 0000	0000 0000	00010100

所有数据位都表示数值。

2.2.4 实型常量与变量

1. 实型常量

C 语言中的实型常量，通常也称为浮点数。实型常量有两种表示形式：十进制小数形式和指数形式。

（1）十进制小数形式。该格式的写法与数学中小数的写法类似，由正负号、数字 0～9 和小数点组成。如果小数点前面只有数字 0 或小数点后面只有数字 0，可以省写 0，但不能同时省写。正号也可以省略不写。

例如，−34.57、0.28、23.、.789 都是正确的实数。

（2）指数形式。数学上形如 $a\times10^b$ 的实数可以写成 C 语言中的指数形式，一般形式为：

```
aEb
```

其中，a 为十进制小数或整数，b 为十进制整数，E 可以用小写字母 e，正号可以省略。

例如，−1.23E5、2e−8、1e−6 都是正确的实数。

需要说明的是，上述两种书写格式的实数都是 double 型常量。如果使用 float 类型的常量，需要在实数后加 F（或 f）后缀，例如，−1.23f。

2. 实型变量

实型变量主要有单精度型和双精度型两种，类型标识符分别为 float 和 double，两种实数类型的主要区别如表 2-2 所示。

表 2-2　实型变量分类表

类型标识符	类 型 名 称	所占字节数（位数）	有效数字个数	取 值 范 围
float	单精度型	4（32）	6～7 个	约为 -3.4×10^{38}～$+3.4\times10^{38}$
double	双精度型	8（64）	15～16 个	约为 -1.7×10^{308}～$+1.7\times10^{308}$

2.2.5 字符型常量与变量

1. 字符型常量

字符型常量有以下两种表示形式。

（1）普通字符。用一对单引号括起来的单个字符。例如，'A'、'5'、'#'。

（2）转义字符。转义字符有两种：一种转义字符形如'\字符'，这类转义字符中允许使用的字符是由系统规定的，每个转义字符都有指定的含义；另一种形如'\ddd'或'\xhh'，其中 ddd 是 1～3 位的八进制整数，hh 是 1～2 位的十六进制整数。

常用的转义字符如表 2-3 所示。

表 2-3 常用的转义字符

转义字符	功 能	转义字符	功 能
\n	换行	\\	反斜杠字符 \
\t	Tab	\'	单引号字符 '
\b	退格	\"	双引号字符 "
\r	回车	\ddd	代表 ASCII 码值为八进制整数 ddd 的字符
\a	响铃	\xhh	代表 ASCII 码值为十六进制整数 hh 的字符

西文字符的 ASCII 码值详见附录 E 的 ASCII 表。

注意：

（1）'a'与'A'是不同的字符。'a'的 ASCII 码值为 97，'A'的 ASCII 码值为 65。同一个英文字母的大小写 ASCII 码值相差 32。

（2）'0'与'\0'是不同的字符。'0'是数字字符，其 ASCII 码值为 48，'\0'是 ASCII 码值为 0 的字符，称为空字符。

2. 字符型变量

字符型变量的类型标识符是 char，每个字符型变量在内存中占用 1 个字节，可以存放一个字符。字符型变量在内存中实际存放的是字符的 ASCII 码值。由于 ASCII 码值是一个 0～127 的正整数，所以字符型数据可以参加整型数据所允许的任何运算。

【例 2-1】 字符变量的使用。

```
void main()
{
    char c1,c2;
    c1='A';
    c2=c1+32;
    printf("c2=%d,%c\n",c2,c2); /* %d输出c2的ASCII码值，%c输出c2存放的字符 */
}
```

程序运行结果：

```
c2=97,a
```

2.2.6 字符串常量

字符串常量是用一对双引号括起来的字符序列。每个字符串在内存中存放时，占用一段连续的存储空间，每个字符占 1 个字节，系统自动在字符串末尾添加空字符'\0'，作为串结束符。

例如，字符串"Program"在内存中占 8 个字节，存储形式如图 2-2 所示。

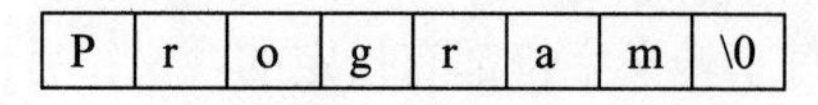

图 2-2 字符串存储示意图

字符串中'\0'之前的字符的个数称为字符串长度。

例如：

```
"Hello world"        长度为11，在内存中占12字节
"A+2"                长度为3，在内存中占4字节
""                   长度为0，该字符串称为空串，在内存中占1字节
"xy\nabc"            长度为6，其中转义字符\n为1个字符，在内存中占7字节
```

注意：

（1）'a'与"a"的区别。'a'是字符，占 1 个字节，而"a"是字符串，占 2 个字节。

（2）不能将一个字符串赋值给一个 char 型变量。

2.2.7 变量初始化

变量初始化也称为变量赋初值，是指在定义变量的同时给变量指定一个初始值。变量初始化的一般形式为：

```
类型说明符    变量1= 值1[, 变量2= 值2, …];
```

其中，各变量的初始值可以是常量，也可以是已经赋初值的变量。例如：

```
int a=3,b=4;                  /* 变量a的值为3，变量b的值为4 */
double x=1.5,y=x;             /* 变量x和y的值均为1.5 */
int i=7,j=7,k=7;              /* 变量i、j、k的值均为7 */
```

注意：上例不能写成如下形式：

```
int i=j=k=7;
```

2.3 运算符与表达式

C 语言提供了丰富的运算符，详见附录 B。一个运算符所要求的运算对象个数称为运算符的目数或元数。例如，算术运算符“*”要求两个运算对象参加运算，即 a*b，则该运算符称为双目运算符或二元运算符。运算符与运算对象构成表达式，计算表达式所得的结果称为表达式的值，该值的数据类型称为表达式的类型。

C 语言规定了运算符的优先级和结合性。表达式求值过程中，如果相邻的运算符优先级不同，则按照优先级从高到低计算，如果相邻运算符优先级相同，则按照结合方向计算。

本章只介绍几种基本运算符，在以后的各章中将陆续介绍其他常用运算符。

2.3.1 算术运算符与表达式

1. 双目算术运算符

C 语言中有 5 个双目算术运算符，这些运算符的功能及运算规则如表 2-4 所示。

表 2-4　双目算术运算符

运　算　符	示　　例	功　　能	优　先　级	结 合 方 向
*	a*b	乘	3	自左至右
/	a/b	除		
%	a%b	求余（模）		
+	a+b	加	4	自左至右
–	a–b	减		

关于双目算术运算符，有如下说明：

（1）/ 运算中，如果参加运算的两个数均为整数，则相除的结果仍为整数，采用“截尾取整”法，即直接舍弃小数部分，保留整数部分。例如：8/5 的结果为 1；8.0/5 的结果为 1.6。

（2）%运算要求参加运算的两个数必须是整数。求余运算的运算规则是两数的绝对值相除后取余数，结果的符号与第一个操作数相同。例如：5%3 结果为 2；−5%3 结果为−2；5%−3 结果为 2；−5%−3 结果为−2。

2. 自增、自减运算符

自增运算符和自减运算符都是单目运算符，这些运算符的功能及运算规则如表 2-5 所示。

表 2-5　自增、自减运算符

<table>
<tr><th>运　算　符</th><th colspan="2">示　　例</th><th>功　　能</th><th>优　先　级</th><th>结 合 方 向</th></tr>
<tr><td rowspan="2">++</td><td>++a</td><td>前缀运算</td><td rowspan="2">自增 1</td><td>2</td><td rowspan="2">自右至左</td></tr>
<tr><td>a++</td><td>后缀运算</td><td>仅高于逗号运算符</td></tr>
<tr><td rowspan="2">--</td><td>--a</td><td>前缀运算</td><td rowspan="2">自减 1</td><td>2</td><td rowspan="2">自右至左</td></tr>
<tr><td>a--</td><td>后缀运算</td><td>仅高于逗号运算符</td></tr>
</table>

关于自增、自减运算符，有如下说明：

（1）操作数只能是变量。

（2）前缀自增（或自减）运算与后缀自增（或自减）运算的优先级是不同的。特别是当它们出现在较复杂的表达式或语句中时，由于不同的编译系统有不同的处理方法，结果往往是不同的，因此，应尽量避免在复杂的表达式或语句中使用它们。

【例 2-2】　前缀运算与后缀运算的使用。

```
void main()
{
  int a=3,b,c=10,d;
  b=++a;                    /* 前缀运算，变量a先自增1，然后赋值给变量b */
  d=c++;                    /* 后缀运算，变量c先赋值给变量d，然后自增1 */
  printf("%d,%d,%d,%d\n",a,b,c,d);
}
```

程序运行结果：

```
4,4,11,10
```

3. 算术表达式

由算术运算符将操作数连接起来，并符合 C 语言语法规则的式子，称为算术表达式，其中，操作数可以是常量、变量、函数等。算术表达式值的类型就是算术表达式的类型。

将数学公式转换为 C 语言表达式时，要注意运算符的写法和优先级问题。例如，数学公式 $\frac{-b+\sqrt{b^2-4ac}}{2a}$ 转换为 C 语言表达式应该是 (−b+sqrt(b*b−4*a*c))/(2*a)。其中，sqrt 是求算术平方根的标准库函数，使用该函数时需在程序首部包含 math.h 头文件。

算术表达式求值时，如果参与运算的两个操作数数据类型不同，要先将操作数转换为相同的类型，然后再运算。关于不同类型数据的混合运算问题，详见 2.4 节。

2.3.2 赋值运算符与表达式

1. 赋值运算符

赋值运算符有两类：简单赋值运算符和复合赋值运算符，这些运算符的功能及运算规则如表 2-6 所示。

表 2-6 赋值运算符

<table>
<tr><th>运 算 符</th><th colspan="2">示 例</th><th>功 能</th><th>优 先 级</th><th>结 合 方 向</th></tr>
<tr><td>=</td><td colspan="2">a=3</td><td>将数值 3 赋值给变量 a</td><td>14</td><td>自右至左</td></tr>
<tr><td>+=</td><td>a+=b</td><td>等价于 a=a+b</td><td rowspan="5">复合赋值</td><td rowspan="5">14</td><td rowspan="5">自右至左</td></tr>
<tr><td>−=</td><td>a−=b</td><td>等价于 a=a−b</td></tr>
<tr><td>*=</td><td>a*=b</td><td>等价于 a=a*b</td></tr>
<tr><td>/=</td><td>a/=b</td><td>等价于 a=a/b</td></tr>
<tr><td>%=</td><td>a%=b</td><td>等价于 a=a%b</td></tr>
</table>

2. 赋值表达式

由赋值运算符将一个变量与一个表达式连接起来的式子称为赋值表达式。以简单赋值运算符“=”为例，赋值表达式的一般形式为：

```
变量 = 表达式
```

关于赋值表达式，有如下说明：

（1）赋值表达式中的赋值运算符可以是简单赋值运算符也可以是复合赋值运算符。

（2）赋值表达式的功能是将赋值符右侧表达式的值赋值给左侧的变量。

（3）赋值符左侧变量的值是整个赋值表达式的值。

例如：

（1）设有变量定义语句 int a;，则赋值表达式 a=5+3 的计算结果是变量 a 的值 8，整个赋值表达式的值也为 8。

（2）设有变量定义语句 int a=3;，则赋值表达式 a+=a−=a*5 的计算结果是变量 a 的值 −24，整个赋值表达式的值也为−24。

3. 赋值中的类型转换

在赋值表达式中，如果赋值运算符两侧的数据类型不相同，且都是数值型或字符型时，系统自动将赋值符右侧值的类型转换成左侧变量的类型，转换规则详见 2.4.1 节。

2.3.3 逗号运算符与表达式

逗号运算符“,”的作用是将若干个表达式连接起来，构成逗号表达式。逗号表达式的一般形式为：

```
表达式1,表达式2,…,表达式n
```

逗号表达式的计算顺序是从左到右逐一计算各表达式的值，并以表达式 n 的值作为整个逗号表达式的值。

逗号运算符是所有运算符中优先级最低的。

例如：

```
int a,b,c,d;
a=2,b=5,c=a+b,d=a-b;
```

执行上述语句后，变量 a、b、c、d 的值分别是 2、5、7、−3，整个逗号表达式的值是−3。

逗号运算只是把多个表达式连接起来，在许多情况下，使用逗号运算符的目的只是想将多条赋值语句简化为一条语句书写，而不是要使用逗号表达式中最后那个表达式的值。逗号运算常用于 for 循环语句，用于给多个变量置初始值，或用于对多个变量的值进行修正。

2.3.4 测试类型长度运算符

C 语言程序在不同的编译系统上运行时，同一类型的数据在内存中所占用的存储空间可能是不同的，为此，C 语言提供了测试类型长度运算符 sizeof，以测试各种类型数据在内存中所占用的存储空间字节数，其一般形式为：

```
sizeof(测试对象)
```

其中，“测试对象”可以是类型说明符、变量、常量、表达式等。

sizeof 运算符的功能是：当测试对象为类型说明符时，求该类型的变量在内存中所占的字节数；当测试对象为变量时，求该变量在内存中所占的字节数；当测试对象为常量或表达式时，求该常量或表达式的值在内存中所占的字节数。

例如，sizeof(float)的结果为 4，sizeof(37)的结果为 4，sizeof(2.1*3.5)的结果为 8。

sizeof 是单目运算符，优先级为 2 级，结合方向为自右至左。

2.4 数据类型转换

C 语言允许一个表达式中包含多种数据类型的操作数，但实际运算时，要先将不同类型的操作数转换为同一种数据类型。数据类型的转换有两种，一种是自动类型转换，一种是强制类型转换。

2.4.1 自动类型转换

自动类型转换发生在不同数据类型的操作数混合运算时，由编译系统自动完成。自动类型转换遵循以下规则：

（1）在赋值运算中，赋值符左侧变量的数据类型与右侧表达式值的类型不同时，右侧表达式值的类型将自动转换为左侧变量的数据类型。

（2）除赋值运算外，其他运算符两侧操作数的类型不同时，则先转换成同一类型，然后进行运算。转换的规则是低类型数据自动转换成高类型数据。数据类型的高低通常是按照取值范围的最大值决定的，取值范围的最大值较大的，认为是较高级别的数据类型。

综合上述规则，数据类型的相互转换有下列几种情况。

（1）实型数转换为整型时，舍弃小数部分。

例如：

```
int a;
a=123.76;
```

执行上述语句后，变量 a 的值是 123。

（2）整型、字符型数转换为实型时，数值不变，但将以浮点形式存放在内存，即增加小数部分，小数部分的值为 0。字符型数据在内存中存放的是 ASCII 码值，属于整型数据，所以将字符型数据转换为实型时，也遵循该转换规则。

例如：

```
double x;
x=3+5;
```

执行上述语句后，变量 x 的值为 8.0。

（3）字符型数转换为整型时，由于字符型数据在内存中占 1 个字节，而 short 型占 2 字节、int 型和 long 型均占 4 字节，故将字符的 ASCII 码值放到整型变量的低 8 位中（第 1 字节），高位的字节按照以下两种情况处理（以 char 型数据赋值给 int 型变量为例说明）：

① 如果字符型数据的最高位为 0，则整型变量高位的 3 个字节（24 位）中全部补 0。

例如，将字符型数据'\15'赋值给 int 型变量 a，变量 a 的内存存放情况如下：

0	000 0000	0000 0000	0000 0000	0000 1101

故变量 a 的值是 13。

② 如果字符型数据的最高位为 1，则整型变量高位的 3 个字节（24 位）中全部补 1。

例如，将字符型数据'\325'赋值给 int 型变量 a，变量 a 的内存存放情况如下：

1	111 1111	1111 1111	1111 1111	1101 0101

该二进制数据是−43 的补码表示，因此变量 a 的值是−43。关于补码的求法，详见附录 F。

（4）int、short、long、unsigned 等整型数转换为字符型时，只把整型数据的低 8 位转换为字符型数据，其他数据位舍弃。

例如：

```
char ch = 321;
```

整数 321 的内存存放情况如下：

0	000 0000	0000 0000	0000 0001	0100 0001

舍弃高 24 位后，剩余的低 8 位“0100 0001”是大写字母“A”的 ASCII 码值 65，所以变量 ch 的值是字符'A'。

（5）int 型数据转换为 unsigned int 型时，内存存放情况不变，只是把 int 型数据的最高位（符号位）也作为 unsigned 型数据的数值。

（6）将 double 型数据转换为 float 型时，数据精度可能会损失。

2.4.2 强制类型转换

强制类型转换是使用运算符将一个表达式值的类型转换为所需的数据类型。强制类型转换的一般形式为：

(类型说明符)(表达式)

例如，表达式(int)(5.7+2.2)的结果为 7。

说明：若表达式为单个的变量、常量或函数调用，表达式两侧的括号可以省写。

【例 2-3】 数据类型的转换。

```
void main()
{
    int k=7,n;
    double a=1.7,b=2.6,c=5.3;
    double x,y;
    n=a+(b+c)/2;                          /* ①编译时该语句有警告错误 */
    x=a+(int)(b+c)/2;
    y=k%3;
    printf("n=%d,x=%f,y=%f\n",n,x,y);
}
```

程序运行结果：

```
n=5,x=4.700000,y=1.000000
```

说明：该程序编译时，语句①处会提示存在警告错误“warning C4244: '=' : conversion from 'double' to 'int', possible loss of data”。产生该错误的原因是赋值符右侧表达式“a+(b+c)/2”值的类型为 double 型，将 double 型数值赋给左侧的 int 型变量，会降低数据精度，故编译系统给出错误警告。

本 章 小 结

1. C 语言中的数据有类型之分。不同类型的变量在内存中所占用存储空间的字节数不同。不同类型的常量有多种书写格式。

2．程序中的变量必须先定义后使用，变量定义时可以对其赋初始值。

3．C 语言有丰富的运算符，使用的时候，要注意运算符的功能及运算规则。

4．不同类型的数据混合运算时，系统会将低级别类型自动转换为高级别类型，然后进行运算，以保证运算精度不损失。

5．赋值运算总是将赋值符右侧表达式值的类型自动转换为左侧变量的类型。

习 题 二

一、单项选择题

1．下列字符序列中，可用作 C 语言标识符的是（ ）。

A．x_y　　B．2x　　C．double　　D．x.y

2．下列数据中，错误的整型常量是（ ）。

A．073　　B．0x12AB　　C．3e2　　D．123L

3．下列数据中，正确的 double 型常量是（ ）。

A．.23　　B．−1.4e0.5　　C．e6　　D．0x23.6

4．下列数据中，正确的字符常量是（ ）。

A．'ab'　　B．"a"　　C．"7"　　D．'\n'

5．下列运算符中，要求运算对象必须为整型数据的是（ ）。

A．/　　B．%　　C．自增运算++　　D．sizeof

6．设 a、b 均为整数，且 b≠0，则表达式 a−a/b*b 的值为（ ）。

A．0　　B．a

C．a 被 b 整除后的余数　　D．a 被 b 整除后的商

7．设有变量定义语句 int j,k=4;，执行表达式 j=k--后，变量 j、k 的值分别是（ ）。

A．4 和 4　　B．4 和 3　　C．3 和 4　　D．3 和 3

8．设有定义 char a; int b; float c; double d;，则表达式 a+b−c/d 的数据类型是（ ）。

A．char 型　　B．int 型　　C．float 型　　D．double 型

9．以下符合 C 语言语法的语句是（ ）。

A．k=b+c=1;　　B．k=5=m+1;　　C．k=2*4,k*4;　　D．y=float(k);

10．执行语句 printf("%d\n",(int)(2.5+3.0)/3);后，输出结果是（ ）。

A．0　　B．1

C．2　　D．有语法错误，不能通过编译

二、填空题

1．已知字母 a 的 ASCII 码值为 97，下列程序的输出结果是________。

```
#include <stdio.h>
void main()
{
    char c1=97,c2=98;
```

```
    printf("%d,%c",c1,c2+1);
}
```

2. 下列程序的输出结果是________。

```
#include <stdio.h>
void main()
{
    int k=017, g=111;
    printf("%d,",++k);
    printf("%x\n",g++);
}
```

3. 下列程序的输出结果是________。

```
#include <stdio.h>
void main()
{
    int m=7,n=4;
    float a=38.4,b=6.4,x;
    x=m/2+n*a/b+1/2;
    printf("%.1f\n",x);
}
```

第3章　顺序结构程序设计

学习目标

1．了解C语言的几种语句。

2．掌握格式输入/输出函数scanf()、printf()和单字符输入/输出函数getchar()、putchar()的使用。

3．熟练掌握顺序结构程序的编写。

顺序结构程序按照语句书写顺序依次执行，是结构化程序设计中最简单的结构。本章主要介绍格式输入/输出函数、单字符输入/输出函数以及顺序结构程序的编写，通过本章的学习，让大家学会编写简单的C程序，体验编程乐趣。

3.1　C语言语句

C语言语句必须以分号“;”结束，分号“;”是C语句的重要组成部分。C语言程序由函数构成，而函数由语句构成，C语言语句从功能上分为声明语句和执行语句，如图3-1所示。

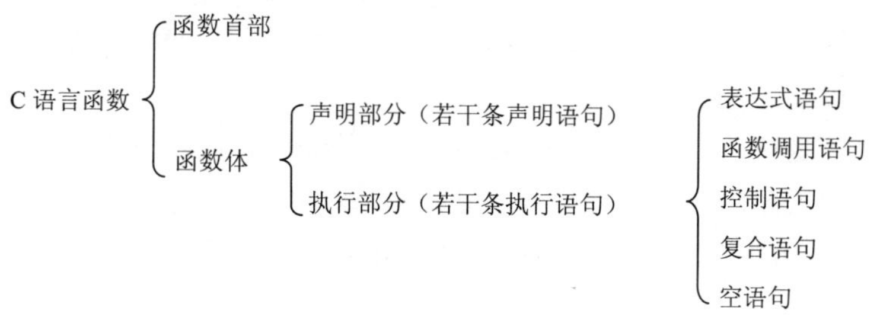

图3-1　C语言语句

3.1.1　声明语句

C语言规定，任何变量（或数组）必须先定义后使用，所以在函数体的开始位置一般都是声明语句，除非程序中不使用变量（或数组）。声明语句包括变量（或数组）定义语句和函数声明语句两种，常用的是变量（或数组）定义语句，例如：

```
char c1,c2;
int x=65;
int a[6];          /* 定义整型数组a，包含6个元素 */
```

3.1.2 执行语句

程序的功能是由若干条执行语句实现的，执行语句分为 5 类：表达式语句、函数调用语句、控制语句、复合语句和空语句。

1. 表达式语句

表达式加上分号构成表达式语句。表达式语句的一般形式为：

```
表达式;
```

执行表达式语句就是计算表达式的值。常见的表达式语句是赋值语句，例如：

```
x=x+y;
```

2. 函数调用语句

函数调用表达式加上分号构成函数调用语句。函数调用语句的一般形式为：

```
函数名(实际参数表);
```

例如：

```
printf("How are you?");     /* 调用库函数printf()，输出字符串 */
```

3. 控制语句

控制语句控制程序的流程，用于实现程序的分支结构、循环结构等控制功能。C 语言共有 9 种控制语句，可以分成以下 3 类：

（1）条件语句：if 语句、switch 语句。

（2）循环语句：do-while 语句、while 语句、for 语句。

（3）转向语句：break 语句、continue 语句、return 语句、goto 语句。

4. 复合语句

用大括号{}将若干条语句括起来，就构成了复合语句，也称为“语句块”。复合语句在语法上相当于一条语句。当语法上需要一条语句，而单独的一条语句又不能满足需要时，就必须使用复合语句。例如，在条件语句和循环语句中就经常使用复合语句。复合语句的一般形式为：

```
{
    语句1;
    语句2;
    ⋮
    语句n;
}
```

例如：

```
{  t=a;  a=b;  b=t;  }          /* 交换a、b两个变量的值 */
```

注意：

（1）书写复合语句时，大括号必须配对。

（2）复合语句可以嵌套，即复合语句中可以包含另一个或多个复合语句。

（3）右大括号“}”内部的最后一条语句末尾必须有分号。例如，下面写法是错误的：

```
{  t=a; a=b; b=t  };          /* 右大括号内部的最后一条语句末尾缺少分号 */
```

5. 空语句

仅由分号“;”构成的语句称为空语句。空语句是什么也不执行的语句。

空语句常用于作为空循环体。当循环体要执行的功能已经在循环条件中完成时，循环体就可以设置成一条空语句。例如：

```
while(getchar()!='\n');          /* 只要从键盘输入的字符不是回车则重新输入 */
```

3.2　格式输入/输出函数

一般 C 程序的执行部分可以分成三部分：数据输入、数据处理和数据输出。所谓“输入”是指程序从外部设备上获得数据的操作；所谓“输出”是指用程序把数据发送到外部设备的操作。C 语言本身不提供输入/输出语句，它的输入/输出操作都是通过调用标准函数库中的输入/输出函数实现的。

C 语言中常用的输入/输出函数包括：

（1）printf()：格式输出函数

（2）scanf()：格式输入函数

（3）putchar()：字符输出函数

（4）getchar()：字符输入函数

这 4 个输入/输出函数定义于头文件 stdio.h 中，使用时要在程序的开始位置加上编译预处理命令：#include <stdio.h>或#include "stdio.h"。当程序中调用标准输入/输出函数时，只要给予正确的参数即可实现函数的功能。由于这 4 个函数使用频繁，VC++6.0 系统在使用这几个函数时可以省略#include 命令。

注意：编译预处理命令不是 C 语句，末尾不加分号，详见第 8 章。

3.2.1　格式输出函数 printf()

printf()函数是最常用的输出函数，可用于所有类型数据的输出。

函数调用的一般形式为：

```
printf("格式控制字符串" [,输出项列表]);
```

其中，“格式控制字符串”是由控制输出格式的字符组成的字符串，“输出项列表”是用逗号分隔的若干个常量、变量或表达式。

例如：

```
printf("Hello world ! \n");
```

```
printf("x=%d,y=%f\n",x,y);
```

函数的功能是：将“输出项列表”中的各项值，按“格式控制字符串”指定的格式输出。方括号[]中的内容表示可以缺省。函数调用结束时，返回输出的字符个数，是一个整数。

说明：函数名后圆括号()中的内容是函数的参数。调用 printf()函数时，需要注意参数的正确书写格式。

1. 格式控制字符串

格式控制字符串用于确定输出项列表的输出格式，一般包含格式说明符、转义字符和普通字符三种。

（1）格式说明符

格式说明符由%和紧随其后的一个格式字符组成，输出数据时，格式说明符的位置用后面对应输出项的值代替。C 语言提供的 printf()函数常用格式说明符及其含义如表 3-1 所示。

表 3-1　printf()函数常用格式说明符

格式说明符	含　义	举　例	输出结果
%d 或%i	带符号十进制整数	printf("%d",567);	567
%u	无符号十进制整数	printf("%u",567);	567
%x 或%X	无符号十六进制整数	printf("%x",255);	ff
%o	无符号八进制整数	printf("%o",65);	101
%c	字符	printf("%c",65);	A
%f	小数，默认输出 6 位小数	printf("%f",567.789);	567.789000
%e 或%E	规范化指数	printf("%e",567.789);	5.677890e+002
%g	自动选择小数或指数格式中输出宽度最小的一种形式，无意义的 0 不输出	printf("%g",567.789);	567.789
%s	字符串	printf("%s","ABC");	ABC
%%	输出%	printf("%%");	%

注：所谓“规范化指数”是这样的指数：其数值部分是一个小数，小数点前的数字是一位非 0 数字，小数点后有 6 位小数；指数部分为 1 位符号位和 3 位的整数。

（2）转义字符

转义字符由\开头，一般用于控制数据的显示位置，例如：'\b'表示光标回退一格；'\n'表示光标定位到下一行行首。常用的转义字符及其含义见第 2 章表 2-3。

（3）普通字符

除了格式说明符和转义字符外，格式控制字符串中的其他内容都视为普通字符，原样输出。

例如：

```
void main()
{
    int a=15;
    printf("a10=%d, a16=%x, a8=%o\n",a,a,a);
}
```

程序运行结果：

```
a10=15,a16=f,a8=17
```

对程序中的格式控制字符串部分进行分析，得出结果如图 3-2 所示。

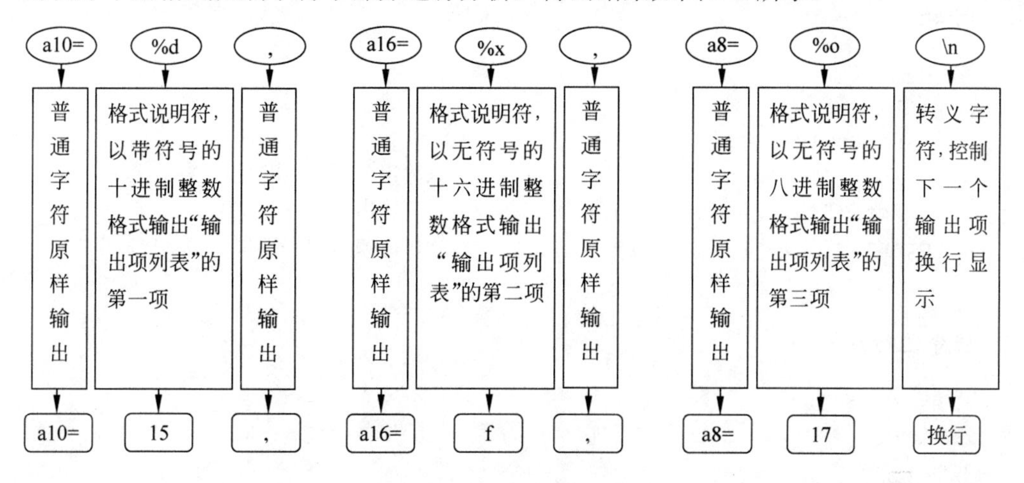

图 3-2　格式控制字符串分析

2. 输出项列表

输出项列表可以是常量、变量或表达式，各输出项之间用逗号分隔。输出时，先依次计算输出项列表中各项的值，然后再按照格式控制字符串中规定的格式输出。输出顺序是从左向右输出；求值顺序有的系统从左向右进行，有的系统从右向左进行，VC++ 6.0 编译系统按照从右向左的顺序求值。例如：

```
void main()
{
    int i=5;
    printf("%d,%d,%d \n",4,i,i=i+1);
}
```

程序运行结果：

```
4,6,6
```

对 printf()函数的执行过程进行分析，结果如图 3-3 所示。

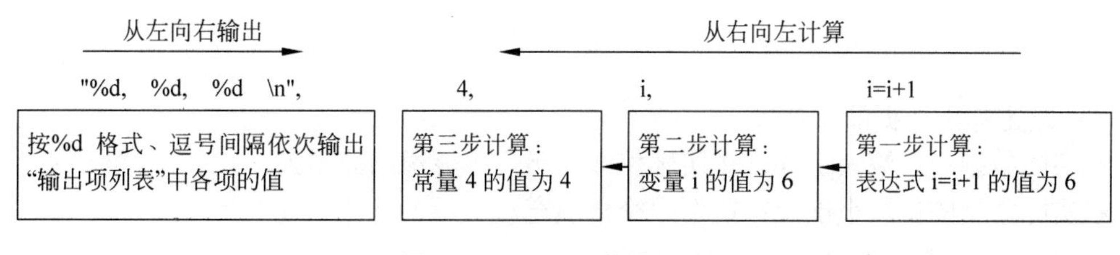

图 3-3　printf()函数执行过程

由于不同系统求值顺序不一样，因此，尽量不要在输出函数中改变输出变量的值。

注意：

（1）格式说明符与输出项必须在顺序上一一对应、数据类型上一一匹配。

（2）输出数据项的个数取决于格式说明符的个数。若格式说明符个数大于输出项个数，多余的格式说明符输出不确定值；若格式说明符个数小于输出项个数，多余的输出项不输出。例如：

```
void main()
{
    int i=2,j=3,k=4;
    printf("%d,%d\n",i,j,k);            /* 只输出前两项i和j的值 */
    printf("%d,%d,%d\n",i,j,k);         /* 正常输出i、j和k的值 */
    printf("%d,%d,%d\n",i,j);           /* 输出前两项i和j的值，第三项值不确定 */
}
```

程序运行结果：

```
2,3
2,3,4
2,3,0
```

（3）字符型数据使用"%c"格式符输出时，输出字符本身；使用"%d"格式符输出时输出字符对应的 ASCII 码值。例如：

```
void main()
{
    char c='a';
    printf("%c\t%d\n",c,c);
}
```

程序运行结果：

```
a    97
```

3. 附加格式符

在 printf()函数的格式控制字符串中，在%和格式说明符之间还可以插入以下几种附加格式符，用于控制输出数据的宽度、精度、对齐方式等。

（1）指定输出项的宽度

一般形式为：

```
%m.n格式符（常用的有%m.nf、%md和%ms）
```

m：指定输出数据的总宽度。

- 实际数据的位数大于 m：按实际位数输出，不能影响数据大小。
- 实际数据的位数小于 m：前面用空格填充。

n：指定输出数据的精度。

- 对于实数：指定输出 n 位小数，实际小数位数大于 n 时，四舍五入；实际小数位数小于 n 时，后面补 0；省略 n 时，默认 6 位小数。

- 对于字符串：指定输出的字符个数，字符串长度小于n时，n不起作用。
- 对于整数：指定输出的数字个数，数字个数大于n时，按实际个数输出；数字个数小于n时，前面补0。

例如：

```
printf("%2d,%5d,%5.4d,%5.2d",123,123,123,123);
```

输出结果：

```
123,□□123,□0123,□□123（注："□" 表示空格）
printf("%10f,%10.2f,%.2f", 12.345, 12.345,12.345);
```

输出结果：

```
□12.345000,□□□□□12.35,12.35
printf("%3s,%5s,%5.2s,%.4s\n", "abc","abc","abc","abc");
```

输出结果：

```
abc,□□abc,□□□ab,abc
```

（2）表示标志

+：使输出的数字带正号或负号。

–：使输出的数字或字符左对齐，默认右对齐。

0：在指定输出宽度的同时，左边空格处用0补充。

#：八进制输出数据时加前缀0；十六进制输出数据时加前缀0x。

例如：

```
printf("%+d,%-6d,%06.2f,%#x",12,12,1.56,15);
```

输出结果：

```
+12,12□□□□,001.56,0xf
```

（3）长度修饰符

l：用于长整型整数的输出。

h：用于短整型整数的输出。

例如：

```
printf("%hd,%ld",12,12);
```

输出结果：

```
12,12
```

3.2.2 格式输入函数 scanf()

格式输入函数scanf()可用于所有类型数据的输入。

函数调用的一般形式为：

```
scanf("格式控制字符串",输入项地址列表);
```

例如：

```
int a,b;
scanf("%d%d",&a,&b);
```

函数的功能是：按格式控制字符串的格式，从键盘输入数据，并将这些数据依次存入输入项地址列表对应的变量地址中。函数调用后返回一个整型值，此值为从键盘正确输入数据的个数。

其中，“格式控制字符串”用于说明输入数据的类型和格式，通常只包含格式说明符，一般不使用转义字符，普通字符一般只使用逗号，使用的格式说明符含义与 printf()函数相同，请参考表 3-1。

注意：格式说明符与输入项必须在顺序上一一对应、在数据类型上一一匹配。当输入流中数据类型与格式字符要求不匹配时，自动结束数据的读入。

1. 关于输入项地址列表的说明

（1）在输入项地址列表中，每个输入项必须用地址表示。变量地址的表示形式是“&变量名”。例如：

```
int a;
scanf("%d",&a);                /* &a是变量a的地址 */
```

而语句 scanf("%d",a);是错误的。从键盘输入的数据应该存放到变量所在的地址单元中。

（2）至少有一个输入项，有多个输入项时用逗号分隔。例如：

```
char a; int b; float c;
scanf("%c%d%f",&a,&b,&c);
```

2. 关于格式控制字符串的说明

（1）有多个格式说明符并且说明符之间没有其他字符时，输入的各数据之间遇到下列情况时认为该数据输入结束。

① 空格、制表符（Tab 键）或回车符分隔（%c 除外）。例如：

```
int a; float b;
scanf("%d%f",&a,&b);
```

若要使 a=2,b=5.2，则下面几种输入方法都是正确的：

```
2□5.2↙
```

或

```
2↙5.2↙
```

或

```
2	5.2↙（2和5.2之间为Tab键）
```

或

```
2□□□□□□5.2↙（2和5.2之间可以有任意多个空格）
```

② 遇宽度结束。

③ 遇非法输入结束。

④ 使用回车键结束一个scanf()函数中所有数据的输入。

例如：

```
int a; char b; float c;
scanf("%d%c%f",&a,&b,&c);
```

若输入

```
1234a123o.26↙
```

则

```
a=1234,b='a',c=123.000000
```

（2）连续输入char型数据时不要使用分隔符，因为空格、制表符或回车符都会作为有效字符进行赋值。例如：

```
char a,b;
scanf("%c%c",&a,&b);
```

若输入

```
a□b↙
```

则

```
a='a',b='□'
```

（3）如果格式符之间有普通字符或转义字符，输入数据时在对应的两个输入数据之间必须输入对应的符号。例如：

```
void main()
{
    char a,b;
    printf("please input the data:\n"); /* 语句1 */
    scanf("a=%c,b=%c",&a,&b);           /* 语句2 */
    printf("%c,%c\n",a,b);              /* 语句3 */
}
```

程序运行结果及解释如表3-2所示。

表 3-2　程序运行结果及解释

程序运行结果	运行结果解释
please input the data:	执行语句 1：提示用户输入数据
a=9,b=i↙	执行语句 2："a=""，""b="是普通字符，必须照原样输入，%c 的位置分别输入要赋给变量 a、b 的数据，↙结束所有数据的输入
9,i	执行语句 3：输出 a、b 的值，a、b 值之间按照格式控制字符串由"，"分隔

（4）附加格式符

同 printf()函数一样，scanf()函数在格式控制字符串的%和格式说明符之间也可以插入附加格式符。scanf()函数插入附加格式符的一般形式为：

```
%[*][m][h/l]格式字符
```

① *：赋值抑制符，作用是"虚读"，即按格式说明读取一个数据但不赋值给任何变量。通常用它来跳过一个输入数据项。

② m：限制接收字符的个数。

例如：

```
void main()
{
    int a;
    float b;
    printf("please input the data:\n"); /* 语句1 */
    scanf("%3d%*4d%4f",&a,&b);           /* 语句2 */
    printf("a=%d,b=%f\n",a,b);           /* 语句3 */
}
```

程序运行结果及解释如表 3-3 所示。

表 3-3　程序运行结果及解释

程序运行结果	运行结果解释
please input the data:	执行语句 1：提示用户输入数据
31415926.536↙	执行语句 2：输入 31415926.536 后回车，则从左侧取 3 位数字 314 赋值给变量 a，接着抑制 4 位数字 1592 赋值（即 1592 跳过，不赋值给任何变量），最后取 4 位实数 6.53（小数点算作 1 位）赋值给变量 b
a=314,b=6.530000	执行语句 3：按 printf 函数的输出格式输出 a、b 的值

注意：在 printf()函数中可以用%m.nf 控制输出数据的宽度和小数位数，但在 scanf()函数中只能控制输入的数据位数，不能控制小数位数。例如：

```
float a;
scanf("%4.2f",&a);                  /* 错误！不能实现读入4位实数并取2位小数 */
```

③ h/l：分别用于输入 short 型数据（%hd、%ho、%hx）、long 型数据（%ld、%lo、%lx）和 double 型数据（%lf、%le）。

3. 对输入数据的要求

（1）用%d 格式符，输入的对应数据必须是整数。

（2）用%f 或%lf 格式符，输入的对应数据可以是整数也可以是浮点数，系统将自动转换为 float 型或 double 型。

（3）用%c 格式符，输入的对应字符不必加单引号。

（4）用%s 格式符，输入的对应字符串不必加双引号，但遇到空格、制表符或回车符时将终止接收。

3.3 单字符输入/输出函数

使用 scanf()函数和 printf()函数可以输入/输出单字符或多字符，但是，在对单字符进行输入/输出时，使用函数 getchar()和 putchar()更简洁。

3.3.1 单字符输出函数 putchar()

putchar()函数调用的一般形式为：

```
putchar(ch);
```

函数的功能是：向标准输出设备输出一个字符。函数调用结束后，得到输出的字符。其中，ch 可以是一个字符型常量或变量，也可以是一个值不大于 255 的整型常量或变量。如果 ch 是整型常量或变量，则输出 ASCII 码值为 ch 的字符。

例如：

```
void main()
{
    int zh;
    char ch;
    zh=97;ch='a';
    putchar(97);          /* 参数是整型常量，输出ASCII码值为97的字符a */
    putchar('a');         /* 参数是字符型常量，输出字符a */
    putchar(zh);          /* 参数是整型变量，输出ASCII码值为zh的字符a */
    putchar(ch);          /* 参数是字符型变量，输出字符变量ch的值即字符a */
    putchar('\n');        /* 输出转义字符，控制换行 */
}
```

程序运行结果：

```
aaaa
```

3.3.2 单字符输入函数 getchar()

getchar()函数调用的一般形式为：

```
getchar();
```

函数的功能是：从标准输入设备（键盘）上接收一个字符。按 Enter 键后，getchar()函数得到从标准输入设备上接收的字符。

（1）getchar()函数不带参数，即圆括号中为空，但圆括号不能省略。

（2）调用 getchar()函数时，程序将用户输入的一个或多个字符存放在缓冲区中，直到用户输入回车符后，getchar()函数接收从键盘上输入的第一个字符。换句话说，getchar()函数一次只能接收一个字符，当从键盘上输入多个字符时只能接收第一个字符。

（3）getchar()函数接收的字符，可以赋值给一个字符型或整型变量，也可以作为表达式的一部分参与运算。空格、回车和转义字符都作为有效字符接收。

例如：

```
void main()
{
    char c;
    int d;
    c=getchar();
    d=getchar();
    printf("%c,%d\n",c,d);        /* 按"%c,%d\n"格式输出变量c、d的值 */
}
```

程序运行结果：

```
aa↙   （第一个a赋值给字符型变量c，第二个a赋值给整型变量d，回车结束输入）
a,97  （a的ASCII码值为97）
```

注意：连续调用 getchar()函数时，回车符会转换成换行符被下一个 getchar()函数接收。例如上面程序再运行一次。

程序运行结果：

```
a↙
a,10  （回车符的ASCII码值是10）
```

（4）getchar()函数也可以作为 putchar()函数的参数。

例如：

```
char ch;
ch=getchar();
putchar(ch);
```

等价于：

```
putchar(getchar());
```

此外，还有两个和 getchar()函数非常相似的函数 getch()和 getche()，它们的调用形式和 getchar()函数一样，但这两个函数所在的头文件是 conio.h，常用于交互输入的过程中，完成暂停等功能。在此，简单介绍如下：

getch()函数：读入一个字符不需要回车，不将读入的字符回显在屏幕上。

getche()函数：读入一个字符不需要回车，将读入的字符回显在屏幕上。

例如：

```
#include <conio.h>
void main()
{
    char c1,c2;
    c1=getch();       /* 接收从键盘输入的第一个字符，赋值给变量c1，该字符不回显 */
    putchar(c1);      /* 输出c1中的字符 */
    c2=getche();      /* 接收从键盘输入的第二个字符，赋值给变量c2，回显该字符 */
    putchar(c2);      /* 输出c2中的字符 */
}
```

程序运行结果：

```
程序运行后输入：ej
屏幕显示：ejj（e是输出c1的字符，第一个j是输入并回显的字符，第二个j是输出c2的字符）
```

getchar()函数与这两个函数的区别是：getchar()函数输入数据按回车键才结束，回车前的所有字符都回显在屏幕上，但只有第一个字符被函数接收。

3.4　顺序结构程序典型例题

顺序结构程序按照语句书写顺序依次执行，是最简单的程序结构，前面介绍的C语言语句（不包括控制语句）和输入/输出函数是顺序结构程序的基本组成。

顺序结构程序的一般算法描述如下，请初学者按此算法步骤编程（个别情况下，某些步骤可被省略），建立编程思路，避免程序出错。

（1）变量定义；

（2）变量赋值（数据输入）；

（3）运算处理（数据处理）；

（4）输出结果（数据输出）。

【例3-1】 已知三角形三条边的长度，计算其面积，结果保留2位小数。

分析：设三角形三条边的长度分别为 a、b 和 c，计算三角形面积的海伦公式：$\text{area}=\sqrt{s(s-a)(s-b)(s-c)}$，其中 $s=\dfrac{a+b+c}{2}$。

算法描述如下：

（1）定义变量：三边长 a、b、c，面积area，中间变量 s；变量类型均为float型；

（2）输入变量：a、b、c；

（3）计算变量：s、area；

（4）输出变量：area。

源程序：

```
#include<math.h>                      /* math.h为库函数sqrt()所在的头文件 */
void main()
```

```
{
    float a,b,c,s,area;                              /* 变量定义 */
    printf("请输入三角形的三边长，以空格分隔: ");    /* 提示用户输入 */
    scanf("%f%f%f",&a,&b,&c);                         /* 用scanf()函数给变量赋值 */
    s=(a+b+c)/2;                                      /* 运算处理 */
    s=s*(s-a)*(s-b)*(s-c);
    area=sqrt(s);                                     /* sqrt()函数的功能是求平方根 */
    printf("三角形面积area=%.2f\n",area);             /* 输出结果 */
}
```

程序运行结果：

```
请输入三角形的三边长，以空格分隔: 3 4 5↙
三角形面积area=6.00
```

【例 3-2】 从键盘输入两个整数赋值给变量 x、y，要求交换变量 x 和 y 的值。

分析：交换两个变量 x 和 y 的值常采用下面的方法。

（1）把变量 x 的值赋值给中间变量 t（将 x 的值保存在 t 中），即 t=x;

（2）把变量 y 的值赋值给变量 x，即 x=y;

（3）把中间变量 t 的值赋值给变量 y, 即 y=t。

算法描述如下：

（1）定义变量：输入变量 x、y，中间变量 t；变量类型均为 int 型；

（2）输入变量：x、y;

（3）处理过程：借助变量 t 交换 x 和 y 的值；

（4）输出变量：x、y。

源程序：

```
void main()
{
    int x,y,t;                                    /* 变量定义 */
    printf("请输入x、y的值，以空格分隔: ");       /* 提示用户输入 */
    scanf("%d%d",&x,&y);                          /* 用scanf()函数给变量赋值 */
    printf("交换前: x=%d,y=%d\n",x,y);
    t=x;x=y;y=t;                                  /* 运算处理，交换x和y的值 */
    printf("交换后: x=%d,y=%d\n",x,y);            /* 输出结果 */
}
```

程序运行结果：

```
请输入x、y的值，以空格分隔: 5 9↙
交换前: x=5,y=9
交换后: x=9,y=5
```

思考题：如果交换变量 x 和 y 值的语句 t=x;x=y;y=t; 换成如下两种方法，是否依然能实现交换 x 和 y 的值？

① x=y; y=x;

② x+=y; y=x−y; x−=y;

【例 3-3】 从键盘输入一个小写字母，输出其大写字母及 ASCII 码值。

分析：英文字母是以 ASCII 码形式存储的，同一字母的大小写有不同的 ASCII 码值，例如'a'的 ASCII 码值是 97，'A'的 ASCII 码值是 65，即：

大写字母的 ASCII 码值=小写字母的 ASCII 码值−32。

算法描述：

（1）定义变量：小写字母 c1，大写字母 c2；变量类型均为 char 型；

（2）输入变量：c1；

（3）计算变量：c2；

（4）输出变量：c2 的两种形式（字符和 ASCII 码值）。

源程序：

```
void main()
{
    char c1,c2;                                  /* 变量定义 */
    printf("请输入小写字母：");                  /* 提示用户输入 */
    c1=getchar();                                /* 用getchar()函数给变量赋值 */
    c2=c1-32;                                    /* 小写字母转换为大写字母并赋值给c2 */
    printf("大写字母：%c\nASCII码：%d\n",c2,c2);  /* 两种格式：%c、%d输出c2 */
}
```

程序运行结果：

```
请输入小写字母：g↙
大写字母：G
ASCII码：71
```

【例 3-4】 输入 2 个正整数，求它们整除后的商与余数，以及平均值（保留 2 位小数）。

分析：设输入的两个数为 a、b，商为 c，余数为 d，平均值为 ave，则 c=a/b，d=a%b，ave=(a+b)/2.0。

算法描述：

（1）定义变量：输入的两个数 a、b，商 c、余数 d 和平均值 ave；变量 a、b、c、d 均为 unsigned 型，ave 为 float 型；

（2）输入变量：a、b；

（3）计算变量：c、d、ave；

（4）输出变量：c、d、ave。

源程序：

```
void main()
{
    unsigned a,b,c,d;
    float ave;
    printf("输入a和b的值，用逗号间隔：\n");       /* 提示输入数据 */
```

```
    scanf("%u,%u",&a,&b);                   /* 两数之间用逗号间隔 */
    c=a/b;                                  /* 求商 */
    d=a%b;                                  /* 求a、b相除的余数 */
    /* a、b为unsigned型，ave为float型，为了不损失精度，将整数2写成实型 */
    ave=(a+b)/2.0;
    printf("两个数的商：%u，余数：%u，平均值：%.2f\n",c,d,ave);
}
```

程序运行结果：

```
输入a和b的值，用逗号间隔：
5,2↙
两个数的商：2，余数：1，平均值：3.50
```

思考题：求两个整数 a、b 的平均值直接用(a+b)/2 会丢失小数部分，为了保证精度，除了将 2 写成 2.0 之外，还可以采用什么方法实现？

本 章 小 结

1．C 语言程序由函数构成，函数由语句构成。

2．C 语言的语句必须以分号“;”结束，分号“;”是 C 语句的重要组成部分。

3．C 语句可分为声明语句和执行语句，执行语句又分为 5 类：表达式语句、函数调用语句、控制语句、复合语句和空语句。

4．C 语言没有提供专门的输入/输出语句，所有的输入/输出操作都是通过调用标准函数库中的输入/输出函数实现的，在使用这些函数的时候要用编译预处理命令#include 将相关的头文件包含在源程序中，调用函数时要注意参数的顺序、个数、类型以及书写格式等。

（1）printf()格式输出函数：可按指定格式输出若干个任意类型的数据。

（2）scanf()格式输入函数：可按指定格式输入若干个任意类型的数据。

（3）putchar()单字符输出函数：只能显示单个字符。

（4）getchar()单字符输入函数：只能接收单个字符。

5．顺序结构程序的特点是按照语句书写的顺序依次执行，顺序结构程序的设计主要包括变量定义、变量赋值、数据处理、输出结果。

习 题 三

一、单项选择题

1．以下叙述正确的是（　　）。

A．C 语句末尾有无分号均可

B．C 程序的每行中只能写一条语句

C．C 语言本身没有输入/输出语句

D．在对一个 C 程序进行编译的过程中，可发现注释中的拼写错误

2．下面这段 C 程序的基本结构属于（　　）。

```
a = 1;
b = a + 1;
```

A．顺序结构　　B．选择结构　　C．循环结构　　D．树型结构

3．调用 printf()函数进行输出时需要注意，格式说明符与输出项的个数应相同。如果格式说明符的个数小于输出项的个数，多余的输出项将（　　）。

A．不予输出　　B．输出空格　　C．照样输出　　D．输出不定值或 0

4．下列说法正确的是（　　）。

A．输入项可以是一个实型常量，如：scanf("%f ",4.8);

B．只有格式控制，没有输入项也能进行正确输入，如：scanf("a=%d,b=%d");

C．当输入一个实型数据时，格式控制部分应规定小数点后的位数，如：scanf("%5.3f ",&f);

D．当输入数据时，必须指明变量的地址，如：scanf("%f ",&f);

5．以下程序的输出结果是（　　）。

```
void main()
{
    int k=17;
    printf("%d,%o,%x\n",k,k,k);
}
```

A．17,17,17　　B．17,021,0x11　　C．17,21,11　　D．17,0x11,021

6．以下程序的输出结果是（　　）。

```
void main( )
{
    printf("\n*s1=%8s*", "china");
    printf("\n*s2=%-5s*", "chi") ;
}
```

A．*s1=china□□□*
　　s2=□□chi

B．*s1=china□□□*
　　s2=chi□□

C．*s1=□□□china*
　　*s2=□□chi *

D．*s1=□□□china*
　　s2=chi□□

7．以下程序的输出结果是（　　）。

```
void main()
{
    int a=2,b=5;
    printf("a=%d,b=%%d",a,b);
}
```

A．a=2,b=%d　　B．a=2,b=%5　　C．a=2,b=5　　D．a=%d,b=%d

8．语句 printf("a\bre\'you\\\n");的输出结果是（　　）。

A．a\bre\'you\\　　B．a\bre'you　　C．re'you\　　D．abre'you\

9．若有以下程序段：

```
int a; float b;
scanf("a=%d,b=%f",&a,&b);
```

为了将 100 和 99.9 分别赋值给 a 和 b，正确的输入格式是（　　）。

A．100□99.9↙　　B．a=100,b=99.9↙

C．100↙
99.9↙

D．a=100↙
b=99.9↙

10．运行下面程序时，若输入数据 12345fff678↙，则输出结果是（　　）。

```
void main()
{
    int x;float y;
    scanf("%3d%f",&x,&y);
    printf("%f\n",y);
}
```

A．45.000000　　B．45678.000000　　C．678.000000　　D．123.000000

11．根据定义和数据的输入形式，输入语句的正确形式是（　　）。

已有定义：

```
float  a1, a2;
```

数据的输入形式：

```
4.523↙
3.52↙
```

A．scanf("%f%f",&a1,&a2);　　B．scanf("%f%f",a1,a2);

C．scanf("%5.3f%4.2f",&a1,&a2);　　D．scanf("%5.3f%4.2f",a1,a2);

12．若变量已声明为 int 类型，要通过语句

```
scanf("%d%d%d ",&a,&b,&c);
```

给 a 赋值 1，b 赋值 2，c 赋值 3，错误的输入形式是（　　）。

A．1□2□3↙　　B．1,2,3↙

C．1
2□3↙

D．1↙
2↙
3↙

13．若有定义：char a,b,c;并输入以下数据：

A□B□C↙

则能给 a 赋值字符 A，给 b 赋值字符 B，给 c 赋值字符 C 的正确程序段是（　）。

A．a=getchar();b=getchar();c=getchar();　　B．a=putchar();b=putchar();c=putchar();

C．scanf("%c%c%c",&a,&b,&c);　　D．scanf("%c□%c□%c",&a,&b,&c);

14．根据题目中给出的数据的输入和输出形式，正确的输入/输出语句是（　）。

```
void main()
{
    int a;float x;
    printf("input a,x: ");
    输入语句
    输出语句
}
```

输入形式：

```
input a,x: 3□2.1↙
```

输出形式：

```
a+x=5.10
```

A．scanf("%d,%f",&a,&x);
　　printf("a+x=%f",a+x);

B．scanf("%d%f",&a,&x);
　　printf("\na+x=%f",a+x);

C．scanf("%d, %f",&a,&x);
　　printf("a+x=%4.2f",a+x);

D．scanf("%d%f",&a,&x);
　　printf("\na+x=%4.2f",a+x);

15．执行以下程序时输入：123□456□789↙，输出结果是（　）。

```
void main()
{
    char s;
    int c,i;
    scanf("%c",&c);
    scanf("%d",&i);
    scanf("%c",&s);
    printf("%c,%d,%c\n",c,i,s);
}
```

A．123,456,789　　B．1,23,4　　C．1,456,7　　D．1,23,□

二、填空题

1．复合语句是用________括起来的语句，复合语句在语法上相当于________条语句。

2．printf()函数的参数包括两部分，它们是________和________。

3．对不同类型的数据有不同的格式说明符。例如：________用于输出十进制整数，________用于输出一个字符，________用于输出一个字符串。

4．scanf()函数中的“格式控制字符串”后面应当是________，而不是________。

5．putchar()函数的作用是________，getchar()函数的作用是________。

6．putchar()函数和 getchar()函数定义在头文件________中。

三、编程题

1．从键盘输入两个十进制整型数据 10 和 8，分别赋值给变量 x 和 y，并按下列格式输出。

```
            x       y
十进制数    10      8
八进制数    12      10
十六进制数  A       8
```

2．求球体的表面积和体积。要求及提示：

（1）球体表面积计算公式 $s=4\pi r^2$，体积计算公式 $v=\frac{4}{3}\pi r^3$，式中 r 为球体的半径。

（2）输入数据前、输出结果时，请加提示文字。

（3）请自行分析：需要定义的变量及其类型；哪些是输入变量，哪些是输出变量。

3．输入一个 100 至 999 的整数，反序显示这个数，如输入 123，则输出 321。

4．求 $ax^2+bx+c=0$ 方程的根，a、b、c 由键盘输入，假设 $b^2-4ac>0$。

5．从键盘输入任意一个 4 位正整数，编程分离出该 4 位数的各位数字，计算它们的和并输出到显示器上。如输入 1223，则输出 4 位数字分别为 1、2、2、3，它们的和为 8。

第4章 选择结构程序设计

学习目标

1．掌握关系运算符的使用和关系表达式的计算。
2．掌握逻辑运算符的使用和逻辑表达式的计算。
3．掌握条件运算符的使用和条件表达式的计算。
4．掌握 if 语句不同形式的特点和用法。
5．掌握 switch 语句的结构和用法。
6．熟练掌握选择结构程序的设计方法。

通过第 3 章的学习，我们已经掌握了顺序结构程序的设计方法。顺序结构程序按照程序书写的顺序从前到后依次执行，每条语句都必须且只能执行一遍，没有执行不到的语句。而现实中的很多问题，需要根据不同的条件执行不同的操作，这种结构的程序称为选择结构程序。选择结构又称分支结构，是结构化程序设计的三种基本结构之一，在大多数程序设计中都会遇到选择问题，因此，必须熟练运用选择结构进行程序设计。C 语言中，可以利用 if 语句、switch 语句和条件表达式构成不同形式的选择结构。本章将循序渐进地讲解 C 语言程序设计中选择结构程序的设计方法。

4.1 关系运算符与关系表达式

关系运算就是比较运算，即将两个数据进行比较。关系成立结果为逻辑“真”值；关系不成立结果为逻辑“假”值。

例如，x>0 是比较运算，也就是关系运算，符号“>”是一种关系运算符。如果 x 的值为 1，则 x>0 成立，即关系运算 x>0 的结果为“真”。如果 x 的值为−1，则 x>0 不成立，即关系运算 x>0 的结果为“假”。

4.1.1 关系运算符

用于比较两个数据关系的符号就是关系运算符，C 语言提供了 6 种关系运算符，它们都是双目运算符，这 6 种关系运算符及其相关说明如表 4-1 所示。

表 4-1　关系运算符

运 算 符	功　　能	运 算 量	优 先 级	结 合 性
>	大于	2	6	从左至右
<	小于			
>=	大于等于			
<=	小于等于			
==	等于	2	7	从左至右
!=	不等于			

说明：

（1）前 4 种关系运算符（>，<，>=，<=）的优先级相同，后两种（==，!=）相同，且前 4 种的优先级高于后两种。

（2）关系运算符的优先级比算术运算符低，而比赋值运算符高。例如：

a> b+c 等价于 a>(b+c)

a=b>c 等价于 a=(b>c)

（3）注意运算符的写法。例如，大于等于的写法为“>=”，不能写成“=>”；等于的写法为“==”（即由代数中的两个等号组成），不能写成赋值运算符“=”；不能在两个符号中加空格，例如，“> =”是错误的。

（4）关系运算符都是从左至右结合的。

（5）在判断两个实型数据是否相等时，由于存储方式导致的误差，可能会出现错误的结果。所以，通常不对实型数据进行相等或不相等的判断，而是用两个数的绝对值是否小于一个很小的数来判断。例如：

```
fabs(a-b)<1e-6            /* fabs求绝对值，1e-6相当于0.000001，则认为a、b相等 */
```

4.1.2　关系表达式

用关系运算符将两个常量、变量或任意有效的表达式（如算术表达式、赋值表达式、关系表达式等）连接起来构成的符合 C 语言规则的式子，称为关系表达式。

例如，下面的表达式都是合法的关系表达式：

```
c>a+b          /* 变量c与算术表达式a+b比较 */
x==y           /* 变量x与变量y比较 */
a==b>c         /* 变量a与关系表达式b>c比较 */
```

关系表达式的值只能是逻辑值“真”或“假”。C 语言中，用“1”表示真，用“0”表示假。

例如，若有定义 int x=2,y=3,z=4;，则：

```
x>y            表达式的值为0
z>=y           表达式的值为1
z==y           表达式的值为0
y<z            表达式的值为1
```

```
x<y==z          表达式的值为0
x!=z            表达式的值为1
```

思考题：表达式 z>y>x 的计算结果是什么？（提示：注意该表达式和数学中表示方法的区别）

4.2 逻辑运算符与逻辑表达式

逻辑运算通过逻辑运算符将多个条件组合在一个表达式中，用于处理多条件判断问题。例如，如果要正确表示“y 大于 x 且小于 z”这样的条件，就要用到逻辑运算。

例如，x>0 && y>0 是逻辑运算，表示条件 x>0 且 y>0，符号“&&”是一种逻辑运算符。如果 x=5，y=2，则 x>0 且 y>0 满足条件，逻辑运算的结果为“真”；如果 x=−1，y=2，则 x>0 且 y>0 不满足条件，逻辑运算的结果为“假”。

4.2.1 逻辑运算符

能够将多个条件组合在一起的符号就是逻辑运算符，C 语言提供了 3 种逻辑运算符，这 3 种运算符及其相关说明如表 4-2 所示。

表 4-2 逻辑运算符

运算符	功能	运算量	优先级	结合性
&&	逻辑与	2	11	从左至右
||	逻辑或	2	12	从左至右
!	逻辑非	1	2	从右至左

说明：

（1）三种逻辑运算符中，逻辑非“!”的优先级最高，逻辑与“&&”次之，逻辑或“||”最低。

（2）逻辑运算符“&&”和“||”的优先级低于关系运算符，而“!”高于算术运算符。

（3）“&&”和“||”是从左至右结合的，“!”是从右至左结合的。

4.2.2 逻辑表达式

逻辑表达式是指用逻辑运算符将运算对象连接起来的符合 C 语言规则的式子。例如，下面的表达式都是合法的逻辑表达式：

```
z>y&&y>x              /* z>y与y>x */
!a||b                 /* !a或b */
x<15||y-26            /* x<15或y-26 */
```

在逻辑表达式中，运算对象的值为 0 时，看作逻辑“假”，运算对象的值为非 0 时，看作逻辑“真”。设 p、q 代表两个运算对象，p、q 的各种取值以及逻辑表达式 p&&q、p||q、!p 的运算结果如表 4-3 所示。

逻辑表达式的值只能是逻辑值“真”或“假”。C 语言中，用“1”表示真，用“0”表示假。

表 4-3　逻辑运算真值表

<table>
<tr><th>p</th><th>q</th><th>p&&q</th><th>p||q</th><th>!p</th></tr>
<tr><td>0</td><td>0</td><td>0</td><td>0</td><td>1</td></tr>
<tr><td>0</td><td>非 0</td><td>0</td><td>1</td><td>1</td></tr>
<tr><td>非 0</td><td>0</td><td>0</td><td>1</td><td>0</td></tr>
<tr><td>非 0</td><td>非 0</td><td>1</td><td>1</td><td>0</td></tr>
</table>

例如，若有定义 int x=3,y=4,z=5;，则：

```
x>y&&z>y        逻辑表达式的值为0
x<y||y>z        逻辑表达式的值为1
!(z>y)          逻辑表达式的值为0
-3||x>z         逻辑表达式的值为1
z>x&&!y         逻辑表达式的值为0
```

注意：在逻辑表达式的求解过程中，并不是所有的逻辑运算符都被执行，而是在必须执行下一个逻辑运算符才能求出表达式的解时，才执行该运算符。例如：

（1）表达式 x&&y&&z 的求解过程：只有 x 为非 0，才需要计算 y；只有 x 和 y 都为非 0，才需要计算 z；若 x 为 0，不需要计算 y 和 z；若 x 为非 0，y 为 0，不需要计算 z。x、y、z 中有一个为 0，表达式结果就为 0。

（2）表达式 x||y||z 的求解过程：只要 x 为非 0（真），就不必计算 y 和 z；只有 x 为 0，才需要计算 y；只有 x 和 y 都为 0，才需要计算 z。x、y、z 中有一个为非 0，表达式结果就为 1。

例如，有定义

```
int m=1,n=1,a=1,b=2,c=3;
```

则表达式

```
(m=a>b)&&(n=c)
```

计算后，因为 a>b 的值为 0，所以 m 的值为 0，则整个表达式的结果为 0，不需要计算 n=c，所以 n 的值仍为原来的值 1。

思考题：若 z=0，表达式!z&& 'a'的计算结果是什么？

4.3　条件运算符与条件表达式

条件运算符是 C 语言中唯一的三目运算符，运算符由“?”和“:”构成，不能分开单独使用。

由条件运算符构成的表达式称为条件表达式，其一般形式为：

```
表达式1?表达式2:表达式3
```

条件表达式的求值规则为：先求解表达式 1，如果表达式 1 的值为非 0，则条件表达式的值为表达式 2 的值，否则为表达式 3 的值。

说明：

（1）条件运算符的优先级为 13 级，高于赋值运算符，而低于算术运算符和关系运算符。例如：

```
max=(a>b)?a:b
```

等价于

```
max=a>b? a:b
```

（2）条件运算符的结合方向是从右至左结合的。例如：

```
a>b? a: c>d? c:d
```

等价于

```
a>b? a:(c>d? c:d)
```

（3）条件表达式用于实现选择结构，当给定的条件只有两种情况时，不但使程序简洁，也提高了运行效率，通常用于赋值语句中。

例如，使用条件运算将 a 和 b 中较大的数赋值给 max。

分析：使用 a>b 作为计算 max 值的条件，则给变量 max 赋值的语句为：

```
max=(a>b)?a:b;
```

该语句的语义为：如果 a>b 为真，则把 a 赋值给 max；否则，把 b 赋值给 max。

（4）条件表达式中，表达式 1 的类型可以与表达式 2 和表达式 3 的类型不同；表达式 2 和表达式 3 的类型也可以不同，此时，条件表达式值的类型为两者较高的类型。例如：

```
void main()
{
    int x,y;
    scanf("%d,%d",&x,&y);
    printf("%c\n",x?'A':'a');    /* x为整型，'A'和'a'为字符型，条件表达式的值为'A'
                                    或'a' */
    printf("%lf\n",x>y?2:5.5);  /* 2为整型，5.5为实型，实型类型高，所以表达式结果
                                    为实型 */
}
```

程序运行结果：

```
0,-1↙
a
2.000000
```

思考题：上面（3）中求 a、b 最大值的问题，如果使用 a<=b 作为判断条件，请读者自己分析，为变量 max 赋值的语句应如何修改。

4.4 if 语 句

if 语句是最基本的分支控制语句，在具体应用中有不同的使用形式。if 语句的语义是，根据给定的条件，决定执行某个分支程序段，所以也称为条件语句。

4.4.1 if 语句的一般形式

1. 单分支 if 语句

单分支 if 语句的一般形式为：

```
if (表达式)    语句;
```

单分支 if 语句是 if 语句最简单的一种形式。其中：if 是关键字；表达式为判断的条件，可以是任意合法的表达式，两侧的括号不能省略；语句可以是任何符合 C 语言语法的语句，但应是逻辑上的一条语句，也就是说，如果 if 子句有多条语句，则应写成复合语句的形式，使其在语法上作为一条语句。

单分支 if 语句的执行过程如图 4-1 所示。首先计算表达式的值，若表达式的值为非 0（真），则执行其后的 if 子语句；否则，不执行其后的 if 子语句。

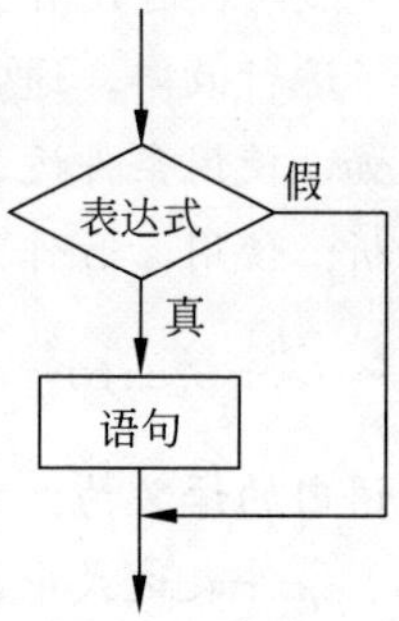

图 4-1　单分支 if 语句的执行过程

【例 4-1】 输入一个整数，如果能被 5 整除且不能被 2 整除，则输出它。

分析：设整数为 n，用%解决整除问题，两个条件之间是“与”的关系。

源程序：

```
void main()
{
    int n;
    printf("Input n:");
    scanf("%d",&n);
    if(n%5==0&&n%2!=0)
        printf("%d能被5整除且不能被2整除",n);/* n能被5整除且不能被2整除，则输出 */
}
```

程序运行结果：

```
Input n: 15↙
15 能被 5 整除且不能被 2 整除
```

执行该程序时，如果输入的整数不满足条件表达式，则没有任何输出信息。

2. 双分支 if 语句

双分支 if 语句的一般形式为：

```
if(表达式)
    语句1;
else
    语句2;
```

其中，语句 1 和语句 2 可以是一条语句，如果是多条语句，应写成复合语句的形式。

双分支 if 语句的执行过程如图 4-2 所示。首先计算表达式的值，如果表达式的值为真，则执行语句 1；否则，执行语句 2。

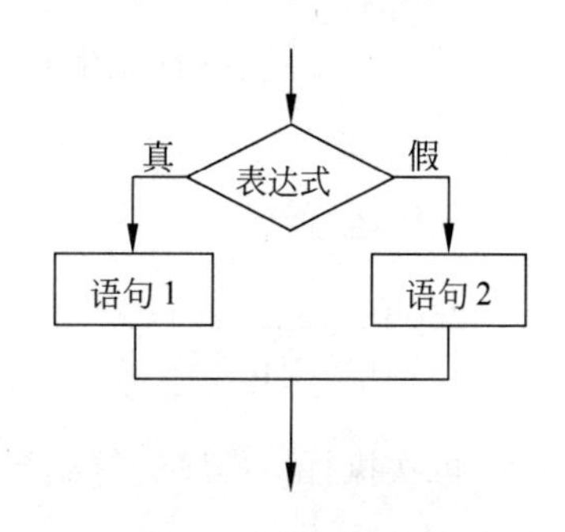

图 4-2　双分支 if 语句的执行过程

【例 4-2】 从键盘输入两个数，求它们的最大值。

分析：设两个数为 x 和 y，用 max 表示最大值。若 x>y，则 max=x；否则 max=y，可以用 if-else 语句实现。

源程序：

```
void main()
{
    int x,y,max;
    printf("Input x,y:");
    scanf("%d,%d",&x,&y);
    if(x>y)
        max=x;                          /* 若x>y，最大值为x */
    else
        max=y;                          /* 否则，最大值为y */
    printf("max=%d\n", max);
}
```

程序运行结果：

```
Input x,y: 3, 4↙
max=4
```

再次执行，程序运行结果：

```
Input x,y: 4, 3↙
max=4
```

思考题：*如何利用单分支 if 语句，实现求两个数的最大值？*

【例 4-3】 从键盘输入一个年份，判断该年份是否为闰年。

分析：用变量 year 表示年份，闰年的条件是：（1）year 是 400 的整倍数，对应的关系表达式为：year%400==0；或（2）year 是 4 的整倍数但不是 100 的整倍数，对应的关系表达式为：year%4==0&&year%100!=0。若 year 满足上述条件之一，即可判断 year 为闰年。

源程序：

```
void main()
{
```

```
    int year;
    printf("Input year:");
    scanf("%d",&year);
    if(year%400==0||(year%4==0&&year%100!=0))   /* 判断某年是否为闰年，条件成
                                                   立为闰年 */
        printf("%d年是闰年",year);
    else
        printf("%d年不是闰年",year);
}
```

程序运行结果：

```
Input year:2014↙
2014年不是闰年
```

再次执行，程序运行结果：

```
Input year:2016↙
2016年是闰年
```

这个程序主要学习多个条件的表示方法以及 if-else 语句的使用，将多条件组合成逻辑表达式，可以简化程序设计。

3. 多分支 if 语句

多分支 if 语句的一般形式为:

```
if (表达式1) 语句1;
else  if (表达式2) 语句2;
else  if (表达式3) 语句3;
          ⋮
else  if (表达式m) 语句m;
else  语句m+1;
```

其中，语句中的每一个“表达式”都是一个“条件”。语句 1 到语句 m+1 可以是一条语句，如果需要多条语句，则应写成复合语句的形式。

多分支 if 语句的功能是根据表达式的值决定是否执行它所属的语句。多分支 if 语句的执行过程如图 4-3 所示。从上到下逐个对条件（表达式）进行判断，一旦发现某个条件满足就执行它的子语句，后面所有的条件都不再判断，当然它们的子语句也不被执行；当所有条件都不满足时，执行最后一个语句 m+1。

【例 4-4】 求一元二次方程的根。要求：设计求解一元二次方程 $ax^2+bx+c=0$（$a \neq 0$）的通用程序，并运行程序，对不同方程求解。（根的判别式 d 考虑 3 种情况：①$d>0$ ②$d=0$ ③$d<0$）

分析：一元二次方程若有实根，则实根 $x=\dfrac{-b \pm \sqrt{b^2-4ac}}{2a}$；一元二次方程若没有实根，则虚根 $x=\dfrac{-b \pm i\sqrt{-(b^2-4ac)}}{2a}$。程序的输入变量为方程的系数 a、b、c，输入不同的系数，

则求解不同的方程，判别式 $d=b^2-4ac$ 是求根的条件。

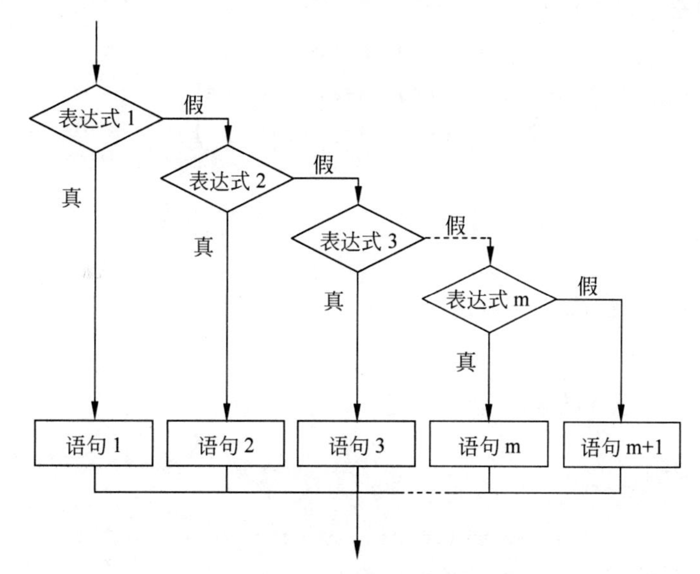

图 4-3　多分支 if 语句的执行过程

源程序：

```
#include <math.h>              /* 使用了库函数fabs（求绝对值）和sqrt（开方）*/
void main()
{
   float a,b,c,d,x1,x2,real,imag;
   printf("Input a,b,c:\n");
   scanf("%f,%f,%f",&a,&b,&c);
   printf("The equation ");
   d=b*b-4*a*c;
   if(fabs(d)<=1e-6)          /* 若fabs(d)小于等于一个很小的数，认为等于0，有两个
                                 等实根 */
      printf("has two equal roots:\nx1=x2=%.2f\n",-b/(2*a));
   else if(d>1e-6)            /* 有两个不相等的实根 */
   {
      x1=(-b+sqrt(d))/(2*a);
      x2=(-b-sqrt(d))/(2*a);
      printf("has two distinct real roots:\nx1=%.2f,x2=%.2f\n",x1,x2);
   }
   else                          /* 有两个虚根 */
   {
      real=-b/(2*a);             /* 虚根的实部 */
      imag=sqrt(-d)/(2*a);       /* 虚根的虚部 */
      printf("has two complex roots:\n");
      printf("x1=%.2f+%.2fi, x2=%.2f-%.2fi\n",real,imag,real,imag);
   }
}
```

分别对下面三个方程求解：

4x2+4x+1=0（a=4，b=4，c=1）

2x2+4x+1=0（a=2，b=4，c=1）

2x2+2x+1=0（a=2，b=2，c=1）

程序运行结果：

```
Input a,b,c:
4,4,1↙
The equation has two equal roots:
x1=x2=-0.50
```

再次执行，程序运行结果：

```
Input a,b,c:
2,4,1↙
The equation has two distinct real roots:
x1=-0.29,x2=-1.71
```

再次执行，程序运行结果：

```
Input a,b,c:
2,2,1↙
The equation has two complex roots:
x1=-0.50+0.50i, x2=-0.50-0.50i
```

4. 使用 if 语句时应注意的问题

（1）if 语句中，关键字 if 之后必须有一对圆括号“()”，把表示判断条件的表达式括起来。

（2）if 语句中，表示判断条件的表达式通常是关系表达式或逻辑表达式，也可以是其他表达式，如算术表达式、赋值表达式等，还可以是单个变量或常量（可以看成表达式的特殊情况）。C 语言关心的只是表达式的值为 0 还是非 0，所以，只要表达式的值为非 0，就执行其后的语句。例如：

```
if(a=b)              /* 表示条件的表达式是赋值表达式 */
   printf("%d",a);
else
   printf("a=0");
```

本程序段的语义是：把 b 值赋给 a，如赋值表达式的值（即 a 的值）为非 0，则输出该值，否则，输出“a=0”字符串。

（3）if 语句中，所有的内嵌语句应为单条语句，如果希望在满足条件时执行一组（多条）语句，则必须把这组语句用一对大括号“{}”括起来组成一个复合语句，但要注意右大括号“}”之后不能再加分号。

例如，下面程序段完成“如果 a>b，则将 a 和 b 的值交换”的功能：

```
if (a>b)
```

```
{    t=a;a=b;b=t;    }    /* 使用中间变量t将a和b的值互换，右侧“}”之后没有分号 */
```

4.4.2 if 语句的嵌套

C 语言允许 if 语句嵌套，即在 if 或 else 的内嵌语句中又包含一个或多个其他的 if 语句，这种形式的 if 语句称为 if 语句的嵌套结构。采用嵌套结构的实质是为了实现多分支，前面介绍的多分支语句就属于 if 语句的一种嵌套形式。嵌套的 if 语句的一般形式为：

```
if(表达式1)
    if(表达式2) 语句1;
    else 语句2;
else
    if(表达式3) 语句3;
    else 语句4;
```

该语句有四种执行情况：如果表达式 1 和表达式 2 的值均为真，则执行语句 1；如果表达式 1 的值为真，表达式 2 的值为假，则执行语句 2；如果表达式 1 的值为假，表达式 3 的值为真，则执行语句 3；如果表达式 1 和表达式 3 的值均为假，则执行语句 4。该语句能实现四分支问题。

由于 if 语句有多种形式，所以，其嵌套形式也有多种。实际应用中，可根据情况，采用不同的形式。

【例 4-5】 有一分段函数 $y=\begin{cases}-1 & (x<0)\\0 & (x=0)\\1 & (x>0)\end{cases}$，要求输入一个 x 值，输出相应的 y 值。

分析：这是一个多分支问题，需要经过两次判断才能完全解决问题，可以使用嵌套的 if 语句实现。

源程序：

```
void main()
{
    int x,y;
    printf("Input x:");
    scanf("%d",&x);
    if (x<0)
        y=-1;
    else                /* else内嵌语句是嵌套的if结构 */
        if(x==0) y=0;
        else y=1;
    printf("x=%d,y=%d\n",x,y);
}
```

程序运行结果：

```
Input x:5↙
x=5,y=1
```

再次执行，程序运行结果：

```
Input x: -5↙
x=-5,y=-1
```

再次执行，程序运行结果：

```
Input x:0↙
x=0,y=0
```

思考题：如何使用不同形式的 if 嵌套结构设计程序求解该分段函数？

注意：使用嵌套的 if 语句，应避免出现嵌套混乱。根据 C 语言语法规则，关键字 if 可以没有对应的关键字 else（如单分支 if 语句），但关键字 else 必须有对应的关键字 if 与之匹配。C 语言规定，从最内层开始，每个 else 总是与它前面最近的（未曾配对的）if 配对。但是，使用“{}”可以改变 else 的配对。例如：

程序段一：

```
if(a<b)
{
  if(d==c)                    /* 此处为if语句的嵌套 */
     x=1;
}
else
  x=2;
```

程序段一整体上是一个 if～else 结构，else 与第一个 if 配对。

程序段二：

```
if(a<b)
  if(d==c)                    /* 此处为if语句的嵌套 */
     x=1;
  else
     x=2;
```

程序段二和程序段一的主要区别是去掉了一对“{}”，这样，程序段二整体上就是一个 if 语句，else 与第二个 if 配对，共同作为第一个 if 语句的内嵌语句。请读者自己考虑原因。

程序段三：

```
y=0;
if (x<0)
  y=-1;
else
  if (x>0)                    /* 此处为if语句的嵌套 */
     y=1;
```

程序段三是例 4-5 的另外一种思路。可见一个多分支问题，可以采用 if 语句的多种嵌套形式完成。

思考题：请将程序段一和程序段二写成完整的程序，然后运行、观察结果并分析。

4.5 switch 语句

前面已经介绍了 if 语句，用其嵌套形式可以处理多分支问题。但是，如果程序的分支较多，嵌套的 if 语句层数较多，程序的可读性降低，而且编写程序容易出错。C 语言提供了另一个多分支语句：switch 语句，使用 switch 语句可以方便地处理多分支问题。

1. switch 语句的形式

switch 语句的一般形式为：

```
switch(表达式)
{
    case 常量表达式1:语句1;
    case 常量表达式2:语句2;
                ⋮
    case 常量表达式n:语句n;
    default: 语句n+1;
}
```

switch 语句的执行过程如图 4-4 所示。

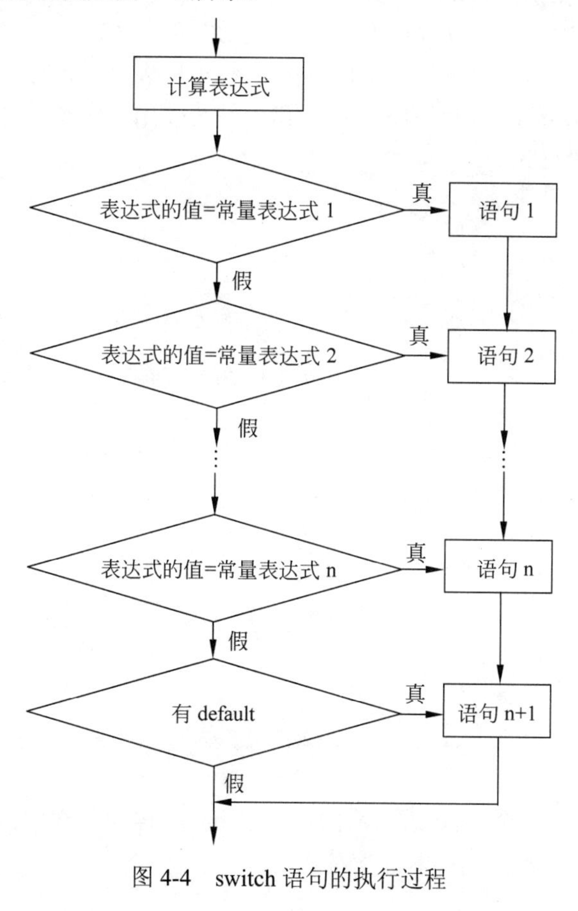

图 4-4　switch 语句的执行过程

首先，计算switch后面括号里的表达式的值，并将其值与case后面常量表达式的值逐个比较；当表达式的值与某个常量表达式的值相等时，执行该常量表达式之后的语句序列，直到后面所有的语句序列都执行完（即执行完语句序列n+1）；如果表达式的值与所有case后的常量表达式的值都不相等，则执行default后面的语句序列。

例如：

```
int a=11;
switch(a)                                /* 将变量a的值和常量表达式的值逐个比较 */
{
    case 10: a+=1;
    case 11: a+=1;                       /* 从此处开始往下执行 */
    case 12: a+=1;
    case 13: a+=1;
}
printf("a=%d\n",a);
```

输出结果：

```
a=14
```

2. switch语句中使用break语句

switch语句的一般形式并没有真正实现多分支结构，解决实际问题时，通常是在执行某一个case语句后，跳出switch语句，接着执行switch结构之后的语句。这个功能可以通过break语句实现，switch语句经常和break语句结合使用，实现多分支结构。

break语句的一般形式为：

```
break;
```

例如：

```
int a=11;
switch(a)                         /* 将变量a的值和常量表达式的值逐个比较 */
{
    case 10: a+=1; break;         /* 每个case语句后面都加了break语句 */
    case 11: a+=1; break;
    case 12: a+=1; break;
    case 13: a+=1; break;
}
printf("a=%d\n",a);
```

输出结果：

```
a=12
```

上面程序段中，在每个case语句后面都加了break语句，程序执行完break语句就会跳出switch语句，这样就形成了多分支结构。

3. 关于switch语句的几点说明

（1）关键字switch后面括号里的表达式可以是整型、字符型和第10章中的枚举类型。

（2）case后面的常量表达式应与switch后面的表达式类型相同，而各个常量表达式的值不能相同，否则会出现错误。

（3）关键字case和常量表达式之间一定要有空格，例如，case 10:不能写成case10:。

（4）每个“:”后面的语句可以是一条或多条，不必用“{}”括起来，也可以为空语句，甚至可以省略语句。

（5）关键字default后面的语句部分，是当switch后面表达式的值不等于case后所有常量表达式值的时候执行的语句，default部分可以省略。

（6）各个case和default的先后顺序可以变动，但程序运行结果可能会受到影响。为了程序的易读性，通常按规律书写各case且将default放在最后。

（7）switch语句只能将表达式的值与case后的常量表达式值进行相等测试，而if语句描述多分支问题时不受此条件限制。

（8）允许多个case共用相同的语句。例如：

```
int a=9;
switch(a)
{
    case 9:
    case 10:
    case 11: a+=3; break;
    case 12: a+=4; break;
}
```

上面程序段表示a的值为9、10、11时，执行相同的语句段，这种情况下，不必在每个case后面都重复写这个语句段，只需在最后一个case后面写这个语句段即可。由于a的初始值为9，所以执行switch语句后，选择case 9入口开始执行，直到遇到break为止，因此，变量a的值为12。

（9）switch语句的每个case下，还可以嵌套另一个 switch语句。例如：

```
int x=1,y=0,a=0,b=0;
switch(x)
{
    case 1:switch(y)              /* x=1，外层switch语句从此处开始执行 */
            {
                case 0:a++;break; /* y=0，内层switch语句从此处开始执行，后跳出本
                                     层switch */
                case 1:b++;break;
            }                     /* 内层switch跳出后，执行到此位置 */
    case 2:a++;b++;break;         /* case 1后的语句没有break;，接着执行case 2后
                                     的语句，后跳出 */
    case 3:a++;b++;break;
}
printf("a=%d,b=%d\n",a,b);
```

上面程序段的运行结果：

```
a=2,b=1
```

【例 4-6】 输入两门课的成绩，根据平均成绩（保留整数）给出相应的等级（其中，成绩为 0～100 分的整数。0～59 分等级为 E，60～69 分等级为 D，70～79 分等级为 C，80～89 分等级为 B，90～100 分等级为 A）。

分析：成绩分为 5 个等级，若采用 if 语句处理，层次过深，不够直观清晰，可考虑使用 switch 语句处理；将成绩除以 10 取整后，能将分布在[0,100]的成绩值转换到[0,10]的较小范围内，尽量使用较少个数的 case。

源程序：

```
void main()
{
   int a,b,ave;
   printf("input a,b:\n");
   scanf("%d,%d",&a,&b);
   ave=(a+b)/2;
   printf("平均分为：%d，成绩等级为：",ave);
   switch(ave/10)                  /* 成绩除以10取整，将成绩值转换到[0,10]范围内 */
   {
      case 10:
      case 9:
         printf("A\n");break;  /* 两个case共用一个语句系列 */
      case 8:
         printf("B\n");break;
      case 7:
         printf("C\n");break;
      case 6:
         printf("D\n");break;
      default:
         printf("E\n");
   }
}
```

程序运行结果：

```
input a,b:
78,89↙
平均分为：83，成绩等级为：B
```

思考题：例 4-6 的问题用 if 语句实现，如何编写程序？

4.6 选择结构程序典型例题

【例 4-7】 从键盘输入一个 5 位数，判断它是否为回文数。如：12321 是回文数，个位与万位相同，十位与千位相同。

分析：“回文数”即该数正着读和反着读是同一个数。首先，将 5 位数拆开，然后进行判断，若个位与万位相同，且十位与千位也相同，该数就是回文数。

源程序：

```
void main()
{
    int x;
    int ge,shi,qian,wan;                    /* 分别表示的是个位、十位、千位、万位 */
    printf("请输入一个5位数：");
    scanf("%d",&x);
    ge=x%10;                                /* 提取个位 */
    shi=(x%100)/10;                         /* 提取十位 */
    qian=(x%10000)/1000;                    /* 提取千位 */
    wan=x/10000;                            /* 提取万位 */
    if(ge==wan&&shi==qian)
        printf("%d是回文数\n",x);
    else
        printf("%d不是回文数\n",x);
}
```

程序运行结果：

```
请输入一个5位数：12345↙
12345不是回文数
```

再次执行程序，程序运行结果：

```
请输入一个5位数：12321↙
12321是回文数
```

思考题：*可以采用哪些方法，提取一个数据的每一位数字？*

【例 4-8】 输入 3 个整数 x、y、z，把这 3 个数由小到大输出。

分析：用变量 x、y、z 存放 3 个整数，比较交换后，x 存放最小值，y 存放中间值，z 存放最大值，则输出 x、y、z 就是从小到大输出。找最小值、中间值和最大值的过程如下：

（1）若 x>y，将 x 和 y 对调（x 存放 x、y 中较小者）。

（2）若 x>z，将 x 和 z 对调（x 存放 x、z 中较小者，此时，x 存放的是 3 个数中最小者）。

（3）若 y>z，将 y 和 z 对调（y 存放 y、z 中较小者，也就是 3 个数中次小者，则 z 为 3 个数中最大者）。

源程序：

```
void main()
{
    int x,y,z,t;
    printf("请输入x,y,z的值：");
```

```
    scanf("%d,%d,%d",&x,&y,&z);
    if (x>y)
    {  t=x;x=y;y=t;   }         /* 交换x,y的值 */
    if(x>z)
    {  t=z;z=x;x=t;   }         /* 交换x,z的值 */
    if(y>z)
    {  t=y;y=z;z=t;   }         /* 交换z,y的值 */
    printf("从小到大的排列为：%d,%d,%d\n",x,y,z);
}
```

程序运行结果：

```
请输入x,y,z的值：3,5,1↙
从小到大的排列为：1,3,5
```

本程序借助中间变量 t 交换两个数。if 语句的内嵌语句包含 3 条语句，必须为复合语句，也可以将复合语句中的 3 条赋值语句修改为 1 条逗号表达式语句，如：t=x,x=y,y=t;。

思考题：将程序中的全部复合语句修改为逗号表达式语句的写法是什么？

【例 4-9】 从键盘输入一个年份和月份，输出该年份该月有多少天。（用 switch 语句实现）

分析：用变量 year、month 存放年份、月份，判断时，需要考虑闰年及 2 月份的特殊情况，判断的条件表达式是月份，将 12 个月份值作为 case 常量表达式的值。

（1）1、3、5、7、8、10、12 月份为 31 天。

（2）若为闰年，2 月份为 29 天；非闰年，2 月份为 28 天。

（3）4、6、9、11 月份为 30 天。

源程序：

```
void main()
{
    int year,month;
    printf("请输入年份：");
    scanf("%d",&year);
    printf("请输入月份：");
    scanf("%d",&month);
    switch(month)
    {
        case 1:
        case 3:
        case 5:
        case 7:
        case 8:
        case 10:
        case 12:
            printf("%d年%d月有31天\n",year,month);/* 多个case共用相同的语句 */
            break;
```

```
        case 4:
        case 6:
        case 9:
        case 11:
           printf("%d年%d月有30天\n",year,month);  /* 多个case共用相同的语句 */
           break;
        case 2:
           if((year%4==0&&year%100!=0)||year%400==0) /* 闰年的条件 */
               printf("%d年%d月有29天\n",year,month);     /* 闰年2月份的天数 */
           else
               printf("%d年%d月有28天\n",year,month);     /* 非闰年2月份的天数 */
           break;
        default:
            printf("error month\n");
            break;
    }
}
```

程序运行结果：

```
请输入年份：2008↙
请输入月份：2↙
2008年2月有29天
```

再次执行，程序运行结果：

```
请输入年份：2017↙
请输入月份：1↙
2017年1月有31天
```

本 章 小 结

1．关系运算就是比较运算，C 语言提供了 6 种常用的关系运算符，注意“==”与“=”的区别，以及 C 语言中表达式“a>b>c”与数学中这个表达式的区别。利用逻辑运算符可以实现复杂的关系运算，C 语言提供了 3 种常用的逻辑运算符。

2．关系表达式和逻辑表达式计算的结果都只能是逻辑量“真”或“假”，以“1”代表真，以“0”代表假，而判断一个逻辑量为“真”还是“假”时，以“0”值代表“假”，以“非 0”值代表“真”。

3．条件运算符是 C 语言中唯一的三目运算符，从右至左结合。条件表达式常用于替代 if-else 语句，实现给同一个变量赋值，使程序更简单，提高运行效率。

4．实现分支的控制语句有 if 语句、switch 语句。if 语句适用于分支较少的情况，switch 语句适用于分支较多的情况。

5．if 语句有多种形式，任何一种 if 语句的内嵌语句中都可以出现其他的 if 语句，这种结构称为 if 语句的嵌套结构。理论上，if 嵌套的层数没有限制，但当嵌套层数较多时，程序的可读性变差。使用嵌套的 if 语句注意 if 与 else 的匹配问题。

6．switch 语句专门用于多分支结构，适用于 if-else 嵌套式的结构，而且更清晰。通常使用 break 语句中断 switch 语句的执行，从而实现多分支结构。

习 题 四

一、单项选择题

1．在 C 语言程序中，不能表示逻辑“真”值的是（　　）。

A．只有 1　　B．非 0 的数　　C．只有非 1 的数　　D．只有大于 0 的数

2．以下关于运算符优先级的描述中，正确的是（　　）。

A．关系运算符<算术运算符<赋值运算符<逻辑运算符（不含!）

B．逻辑运算符（不含!）<关系运算符<算术运算符<赋值运算符

C．赋值运算符<逻辑运算符（不含!）<关系运算符<算术运算符

D．算术运算符<关系运算符<赋值运算符<逻辑运算符（不含!）

3．以下语法不正确的语句是（　　）。

A．if(x>y);

B．if(x=y)&&(x!=0)x+=y;

C．if(x!=y)scanf("%d",&x);else scanf("%d",&y);

D．if(x<y){x++;y++;}

4．执行下面语句后，m 的值是（　　）。

```
int w,x,y,z,m;
w=1;x=2;y=3;z=4;
m=(w<x)?w:x;
m=(m<y)?m:y;
m=(m<z)?m:z;
```

A．1　　B．2　　C．3　　D．4

5．下面程序段的运行结果是（　　）。

```
void main()
{
   int x=2,y=-1,z=2;
   if(x<y)
      if(y<0) z=0;
      else z+=1;
   printf("%d\n",z);
 }
```

A．3　　B．2　　C．1　　D．0

6．有程序段如下:

```
int x=10,y=20,z=30;
```

```
if(x>y)
    z=x;x=y;y=z;
```

执行该程序段后，变量 x、y、z 的值是（　　）。

A．x=10,y=20,z=30　　B．x=20,y=30,z=30

C．x=20,y=30,z=10　　D．x=20,y=30,z=20

7．下面条件语句中，功能与其他语句不同的是（　　）。

A．if(a)　printf("%d",x); else　printf("%d",y);

B．if(a==0)　printf("%d",y); else　printf("%d",x);

C．if(a!=0)　printf("%d",x); else　printf("%d",y);

D．if(a==0)　printf("%d",x); else　printf("%d",y);

8．下面程序段的运行结果是（　　）。

```
void main()
{
    int k=1,s=0;
    switch(k)
    {
        case 1:s+=10;
        case 2:s+=20;break;
        default: s+=3;
    }
    printf("%d\n",s);
}
```

A．10　　B．20　　C．23　　D．30

9．下面程序段的运行结果是（　　）。

```
void main()
{
    int a=7,b=9,t;
    t=a*=a>b?a:b;
    printf("%d",t);
}
```

A．7　　B．9　　C．63　　D．49

10．下面程序段的运行结果是（　　）。

```
void main()
{
    int a=3,b=2,c=1;
    if(a>b>c) a=b;
    else a=c;
    printf("%d",a);
 }
```

A. 3　　B. 2　　C. 1　　D. 0

11. 下面程序段的运行结果是（　）。

```
void main()
{
   char x='A';
   x=(x>='A'&&x<='Z')?(x+32):x;
   printf("%c\n",x);
}
```

A. A　　B. a　　C. Z　　D. z

二、填空题

1. 下面程序的输出结果是________。

```
void main()
{
   int n=0,m=1,x=2;
   if(!n) x=-1;
   if(m) x-=2;
   if(x) x-=3;
   printf("%d\n",x);
}
```

2. 下面程序的输出结果是________。

```
void main()
{
   int a,b,c,d;
   a=c=0;
   b=1;
   d=20;
   if(a)  d=d-10;
   else  if(!b)
         if(!c)d=15;
         else d=25;
   printf("%d",d);
}
```

3. 下面程序的输出结果是________。

```
void main()
{
   int d;
   char c='D';
   switch(c)
   {
      case 'A':d=0;break;
```

```
        case 'B':case 'C':d=2;break;
        case 'D':case 'E':d=4;break;
        default: d=5;
    }
    printf("%d\n",d);
}
```

三、编程题

1．输入 4 个整数，要求由小到大的顺序输出。

2．输入一个整数，判断它能否同时被 3、5、7 整除，如果能整除，输出 yes 字样，否则，输出 no 字样。

3．企业发放的奖金根据利润提成。利润低于或等于 10 万元时，奖金可提成 10%；利润高于 10 万元、低于或等于 20 万元时，低于或等于 10 万元的部分按 10%提成，高于 10 万元的部分，可提成 7.5%；利润高于 20 万元、低于或等于 40 万元时，高于 20 万元的部分，提成 5%；利润高于 40 万元、低于或等于 60 万元时，高于 40 万元的部分，提成 3%；利润高于 60 万元、低于或等于 100 万元时，高于 60 万元的部分，提成 1.5%；利润高于 100 万元时，超过 100 万元的部分按 1%提成。从键盘输入当月的利润，求应发放奖金总数？

4．编写程序，求分段函数 y 的值。x 的值由键盘输入。

$$y=\begin{cases} x & (x \leqslant 0) \\ 2x & (0 < x \leqslant 1) \\ 3x^2-6x+7 & (x > 1) \end{cases}$$

5．输入三角形的三边长，若不能构成三角形，输出提示；若能构成三角形，求其周长和面积，同时，根据三边长判定是何种三角形（一般三角形、正三角形、等腰三角形、直角三角形）

提示：正三角形：三边相等；等腰三角形：三边中有两边相等；直角三角形：两边的平方和等于第三边平方。

6．由键盘接收一个字符。如果是大写字母，则转换为其对应的小写字母并输出；如果是小写字母则直接输出；如果是其他字符，则说明不是字母。

7．输入一个不多于 5 位的正整数，编写程序，完成以下功能：

（1）求出它是几位数。

（2）分别打印出每一位数字。

（3）按逆序打印出各位数字，例如，原数为 321，应输出 1，2，3。

8．编写程序，实现如下功能：输入 1、2、3、4、5、6、7（分别对应星期一至星期日）中的任何一个数，便能输出与之对应的星期几英文。

如输入 1，则输出 Monday。

第5章 循环结构程序设计

学习目标

1．掌握 while 语句、do-while 语句、for 语句三种循环语句的结构特点及区别。

2．掌握循环控制语句 continue 语句和 break 语句的用法。

3．掌握多重循环结构的结构特点及设计方法。

4．了解 goto 语句构成的循环。

5．掌握循环结构程序的编写。

循环结构是结构化程序设计三种基本结构之一，主要用于描述重复执行某段算法的问题。实际应用中，很多问题的解决都需要重复执行一系列操作来完成，例如，输入全校学生的期末成绩、使用迭代法近似求解方程的根、求 1000 以内偶数的和等。C 语言提供了三种循环语句，可以组成不同形式的循环结构，以满足不同问题的需要。本章主要介绍三种循环语句：while 语句、do-while 语句、for 语句，两种循环控制语句：continue 语句和 break 语句。通过例题的讲解帮助读者掌握循环结构程序的基本设计方法。

5.1 概　　述

循环结构的基本思想是重复，它通常由两大部分构成：循环条件和循环体。循环条件用于控制循环是否继续执行。当给定条件成立时，循环结构重复执行某个程序段，这个被重复执行的程序段称为循环体。

5.2 三种循环结构

C 语言提供了 while、do-while、for 三种循环语句用于实现循环结构。下面就三种循环语句进行详细介绍。

5.2.1 while 循环

由 while 语句构成的循环称为“当型”循环，其一般形式为：

```
while(表达式)
{
    语句序列;
}
```

其中，表达式是循环条件，可以是任意合法的表达式；语句序列构成循环体，当语句序列只有一条语句时，其外侧的一对“{}”可以省略。while 循环结构执行的流程如图 5-1 所示。

图 5-1 的虚线框内是一个 while 循环结构，其执行过程如下：

（1）计算表达式的值；

（2）若表达式的值为真，执行循环体语句，然后返回步骤（1）；若表达式的值为假，退出循环，接着执行循环结构后面的语句。

while 循环结构的特点是：先判断循环条件（表达式是否为真），后执行循环体。

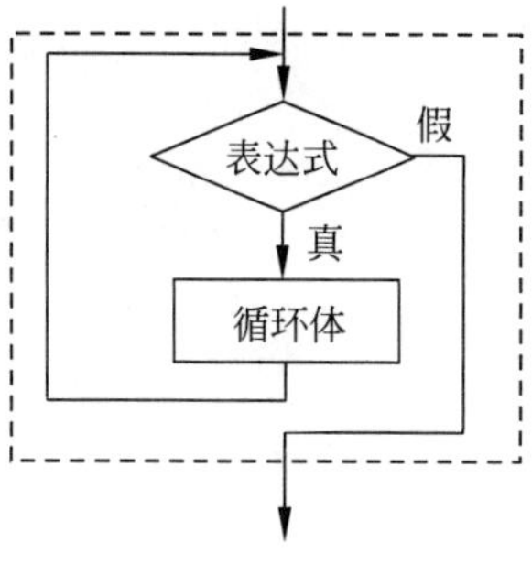

图 5-1　while 循环结构流程图

注意：在执行循环的过程中，必须有使表达式的值从真变成假的操作，否则，循环永远不会结束，即出现死循环。死循环是循环结构中致命的错误。

【例 5-1】 用 while 语句求 *n*!（*n* 为正整数）。

分析：求 n 的阶乘，即求 1～*n* 的所有正整数的乘积，共进行 *n*−1 次乘法运算。本题中，乘法运算是一个重复执行的操作，而循环的条件是参与乘法运算的数值小于等于 *n*，因此，可以用循环累乘的方法解决此问题。

源程序：

```
void main()
{
    int n,i=1,s=1;              /* 定义i为累乘项，s为累乘积 */
    scanf("%d",&n);             /* 输入n的值 */
    while(i<=n)                 /* 变量i既是累乘项，又是循环条件，称i为循环变量 */
    {
        s=s*i;                  /* 求s的值 */
        i++;                    /* 每循环一次i的值加1 */
    }
    printf("%d!=%d\n",n,s);    /* 输出s的值 */
}
```

程序运行结果：

```
5↙
5!=120
```

注意：此题中的循环体由“s=s*i;”和“i++;”两条语句组成，必须用“{}”将它们括起来形成复合语句，否则，while 语句的循环体默认是第一条语句“s=s*i;”。

思考题：如何求 1+3+5+…+*n*（*n* 为奇数）的累加和？

【例 5-2】 输入一批自然数，求它们的累加和。当输入−1 时，结束求和过程。

分析：此题中，自然数的输入以及求和运算都是重复执行的，因此，需要将输入语句和累加运算放在循环体中。循环终止的条件是输入自然数的值为-1。

源程序：

```
void main()
{
    int i,sum=0;
    printf("请输入自然数，逗号间隔，以-1结束：\n");
    scanf("%d,",&i);
    while(i!=-1)                    /* 循环的条件 */
    {
        sum=sum+i;                  /* 求累加和sum */
        scanf("%d,",&i);            /* 输入下一个自然数i，用逗号分隔 */
    }
    printf("sum=%d\n",sum);
}
```

程序运行结果：

```
请输入自然数，逗号间隔，以-1结束：
1,2,3,4,5,-1↙
sum=15
```

注意：输入数据的时候，最后一个逗号可以不输入，不影响变量的值。

5.2.2 do-while 循环

由 do-while 语句构成的循环称为“直到型”循环，其一般形式为：

```
do
{
    语句序列;
} while(表达式);
```

其中，表达式是循环条件，语句序列构成循环体。注意，do-while 语句最后的分号不可少，否则提示出错。当语句序列只有一条语句时，外侧的一对“{}”可以省略。do-while 循环结构执行的流程如图 5-2 所示。

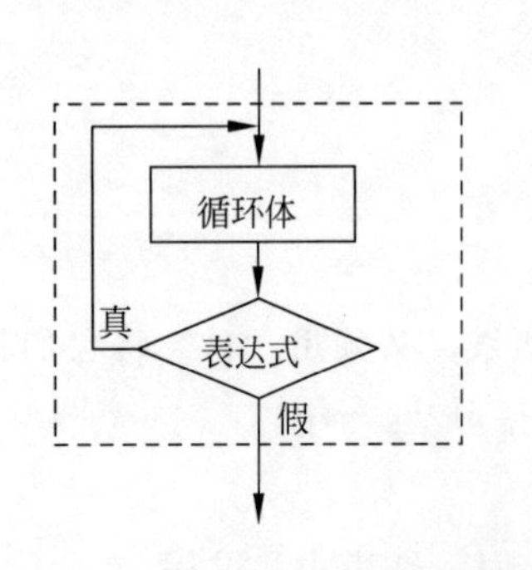

图 5-2 do-while 循环结构流程图

图 5-2 的虚线框内是一个 do-while 循环结构，其执行过程如下：

（1）执行循环体语句；

（2）计算表达式的值，若表达式的值为真，返回步骤（1）；若表达式的值为假，退出循环，接着执行循环结构后面的语句。

do-while 循环结构的特点是：先执行循环体，后判断循环条件。

【例 5-3】 用 do-while 语句求 $n!$（n 为正整数）。

分析：此题与例 5-1 类似，但题目要求用 do-while 语句实现。只需将例 5-1 中的 while 语句部分换成 do-while 语句即可。

源程序：

```
void main()
{
    int n,i=1,s=1;
    scanf("%d",&n);
    do
    {
        s=s*i;
        i++;
    }while(i<=n);                /* 先累乘，再判断i的值 */
    printf("%d!=%d\n",n,s);
}
```

程序运行结果：

```
5↙
5!=120
```

注意：*求 $n!$既可以通过 while 语句实现，也可以通过 do-while 语句实现。但是，由于 while 语句是先判断循环条件再执行循环体，do-while 语句是先执行循环体再判断循环条件，因此，在循环体执行的次数上，do-while 语句至少执行一次，而 while 语句可能一次也不执行。*

【例 5-4】 用 do-while 语句求数列$1-\frac{2}{3}+\frac{3}{5}-\frac{4}{7}+\cdots$的前 10 项和。

分析：这是一个求若干数值的累加问题，题目要求求数列的前 10 项和，因此，循环的条件是累加项数不超过 10 项。其中，数列的第一项 1 可看作$\frac{1}{1}$。经分析发现：从第二项开始，每一项的分子可由前一项分子加 1 得到，每一项的分母可由前一项分母加 2 得到，每一项的符号由前一项取负得到。算法的 N-S 流程图如图 5-3 所示。

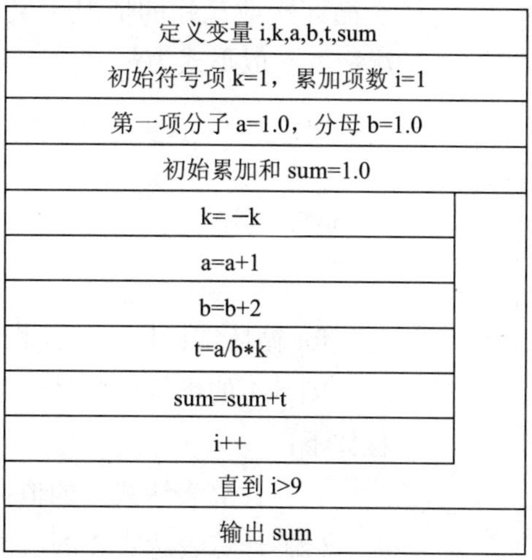

定义变量 i,k,a,b,t,sum
初始符号项 k=1，累加项数 i=1
第一项分子 a=1.0，分母 b=1.0
初始累加和 sum=1.0
k= −k
a=a+1
b=b+2
t=a/b*k
sum=sum+t
i++
直到 i>9
输出 sum

图 5-3　例 5-4 算法的 N-S 流程图

源程序：

```
void main()
{
    int i=1,k=1;
    float t,a=1.0,b=1.0,sum=1.0;      /* 定义t,a,b,sum均为float型变量 */
    do
    {
        k=-k;                          /* k为每一项的符号 */
        a=a+1;                         /* a为每一项分子 */
        b=b+2;                         /* b为每一项分母 */
        t=a/b*k;                       /* t为每一个求和项 */
        sum=sum+t;
        i++;
    } while(i<=9);
    printf("sum=%f\n",sum);
}
```

程序运行结果：

```
sum=0.380230
```

注意：C 语言中，两个整数相除结果为整数，如 2/3 的结果为 0。本题中，数列每一项的分子、分母均为整数，若将两个变量均定义为整型，相除的结果必然为整数，从而无法得到正确结果。为了避免计算结果出错，本题将 a、b、t、sum 的数据类型均定义为实型。

思考题：如何将本程序修改为用 while 循环实现？

5.2.3 for 循环

for 语句是三种循环结构中功能最强，使用最灵活、最广泛的一种循环语句，既可以用于循环次数已知的情况，又可用于循环次数未知的情况，其一般形式为：

```
for(表达式1;表达式2;表达式3)
{
    语句序列;
}
```

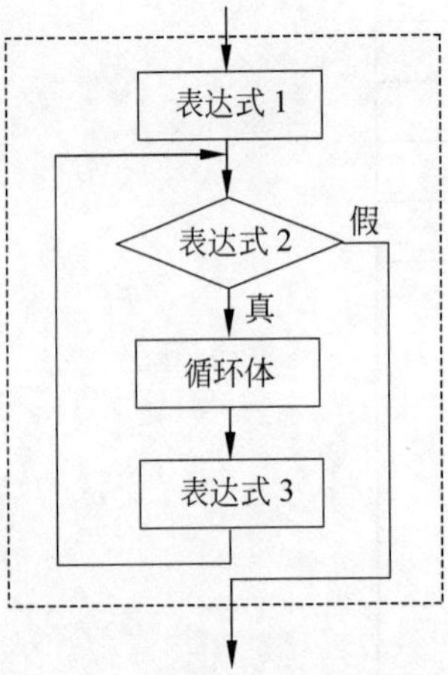

表达式 1
表达式 2
假
真
循环体
表达式 3

图 5-4 for 循环结构流程图

for 循环结构执行的流程如图 5-4 所示。

图 5-4 的虚线框内是一个 for 循环结构，其执行过程如下：

（1）计算表达式 1 的值；

（2）计算表达式 2 的值，若其值为真，执行循环体语句，然后执行步骤（3)；若其值为假，退出循环，继续执行循环结构后面的语句；

（3）计算表达式 3 的值，然后回到步骤（2）继续执行。

注意：

（1）三个表达式都可以是任意合法的表达式，甚至是逗号表达式。其中，表达式 1 和表达式 3 通常是赋值表达式，表达式 2 通常是关系表达式或逻辑表达式。例如：

```
for(i=1,j=2;i<5;i++,j++)
```

（2）表达式 1 通常用于进入循环前给某些变量赋初值，该部分可以省略，而将其放在 for 循环之上。例如：

```
int i=1,j=2;
for(;i<5;i++,j++)
```

（3）表达式 2 通常是控制循环是否执行的条件，当该部分被省略时，构成无限循环，为了避免死循环，常在循环体里包含 break 语句，用于跳出循环。

（4）表达式 3 通常用来修改循环变量的值，该部分可以省略，而将其放在 for 循环体内。例如：

```
for(i=1,j=2;i<5;)
{
        ⋮
    i++,j++;
        ⋮
}
```

（5）三个表达式可以省略其中之一、之二、也可以同时省略，但是，表达式之间的两个分号不允许省略。三个表达式同时省略后的 for 语句形式为：

```
for( ; ; )
{
    语句序列;
}
```

（6）若 for 循环的循环体不为空，一定不能在表达式的括号后加分号，否则，会被认为循环体是空语句而不能反复执行真正的循环体，这是编程中常犯的错误，要特别注意。例如下面的程序段，循环体为空，而语句“sum+=i;”就不会被当作循环体反复执行。

```
for(i=1;i<=10;i++);
sum+=i;
```

【例 5-5】 编程求斐波那契数列：1，1，2，3，5，8，13，21，34…的前 20 项。

分析：由斐波那契数列的定义可知，该数列从第 3 项开始，每一项均为前两项之和，则用通项可表示为：

$$\begin{cases} f_1=1 & (n=1) \\ f_2=1 & (n=2) \\ f_n=f_{n-1}+f_{n-2} & (n>2) \end{cases}$$

设 i 为数列的第 i 项，则整个数列的求解过程如下：

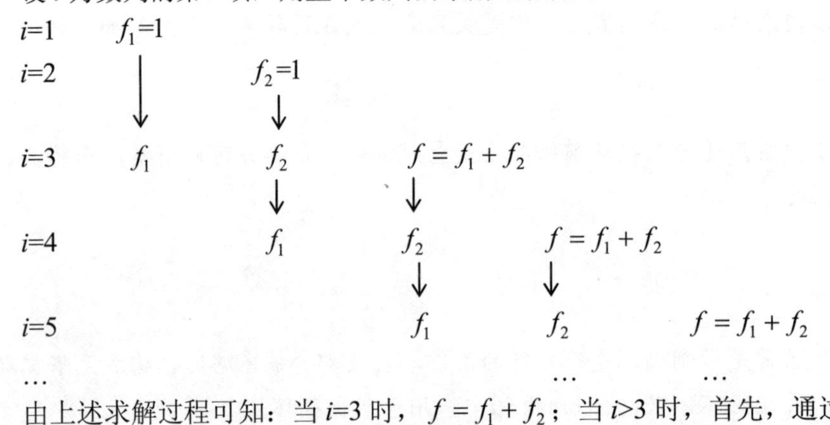

由上述求解过程可知：当 i=3 时，$f=f_1+f_2$；当 i>3 时，首先，通过 $\{f_1=f_2; f_2=f;\}$ 实现每次循环 f_1 和 f_2 数值的更新，然后，再用表达式 $f=f_1+f_2$ 求得新一项的值。

源程序：

```
void main()
{
    long f,f1,f2;                    /* 为了防止数据溢出，将f、f1、f2定义为长整型 */
    int i;
    f1=1;
    f2=1;
    printf("%12ld%12ld",f1,f2); /* 用%12ld控制输出数据格式 */
    for(i=3;i<=20;i++)
    {
        f=f1+f2;
        printf("%12ld",f);
        if(i%5==0)                   /* 控制每行输出5个数 */
            printf("\n");
        f1=f2;
        f2=f;
    }
}
```

程序运行结果：

```
           1           1           2           3           5
           8          13          21          34          55
          89         144         233         377         610
         987        1597        2584        4181        6765
```

思考题：本题中，每次循环求出数列的一项，若想一次循环求出数列的两项，如何修改程序？

5.2.4　几种循环的比较

同一个问题，通常情况下既可以用 while 语句解决，也可以用 do-while 语句或者 for 语句来解决，但在实际应用中，应根据具体情况选用不同的循环语句。前面已对三种循环语句的结构进行了详细说明，下面对它们进行比较：

（1）如果循环次数在执行循环之前就已确定，一般用 for 语句。如果循环次数是由循环的执行情况确定的，一般用 while 语句或者 do-while 语句；

（2）for 语句和 while 语句先判断循环控制条件，后执行循环体；do-while 语句是先执行循环体，后判断循环控制条件。因此，do-while 语句至少执行一次循环体，而 for 语句和 while 语句可能一次也不执行循环体；

（3）while 语句和 do-while 语句只有一个表达式，for 语句有三个表达式。for 语句的三个表达式可以部分或全部省略，但是两个分号一定不能省略。

5.3　循环控制语句

C 语言有两种常用的循环控制语句：break 语句和 continue 语句。用它们可以改变循环结构的执行流程，使循环结构更加灵活。

5.3.1　break 语句

通过选择结构的学习我们知道，break 语句可以用在 switch 语句中，用于跳出 switch 结构。本节，我们将学习 break 语句的另一个重要用途：放在循环语句中，用于跳出循环，提前结束本层循环。

在循环结构中，break 语句常和 if 结合使用，达到跳出循环、提前结束本层循环的目的。例如，有如下包含 break 语句的循环结构：

```
while(表达式1)
{    ⋮
    if(表达式2) break;
    语句1;
     ⋮
}
语句2;
```

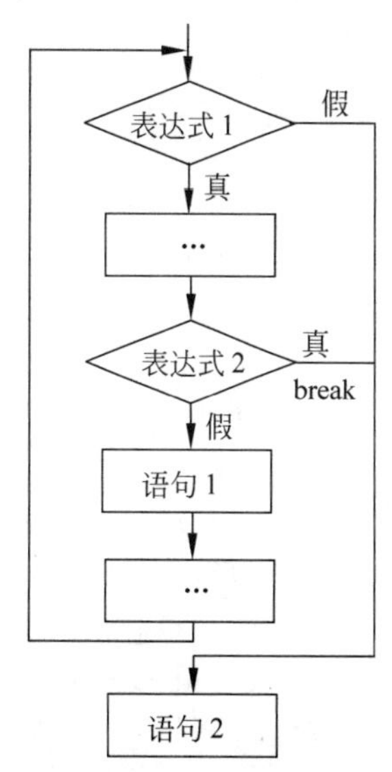

图 5-5　break 控制的循环结构流程图

该循环结构执行的流程如图 5-5 所示，其执行过程如下：

（1）计算表达式 1 的值，若为真，继续执行步骤（2）；

若为假，结束循环，执行循环结构后面的语句 2；

（2）执行循环体里的语句，计算表达式 2 的值，若为真，继续执行步骤（3）；若为假，则执行语句 1 及其之后的语句，然后回到步骤（1）；

（3）执行 break 语句，即跳出 while 循环，执行循环结构后面的语句 2。

【例 5-6】 从键盘输入一个大于 2 的正整数 n，判断该数是否为素数。

分析：所谓素数是一个大于 1 的自然数，它除了能被 1 和它本身整除外不能被其他整数整除。根据素数定义，可以用数 n 依次除以 2～（n−1）的整数，这是一个循环过程。在整个循环过程中，若找到了第一个能被 n 整除的数，说明 n 不是素数，则无须对后面的数继续验证，提前结束循环即可；若整个循环过程中未找到一个能被 n 整除的数，说明 n 是素数。

当然，为了提高执行效率，用数 n 依次除以 2～$\sqrt{n}$ 的整数即可。请读者思考为什么？

判断 n 是否为素数的 N-S 流程图如图 5-6 所示。

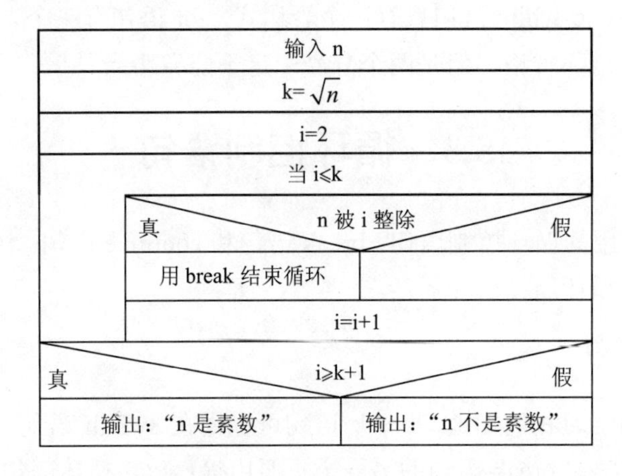

图 5-6　判断 n 是否为素数的 N-S 流程图

源程序：

```
#include<math.h>                /* 包含数学函数的预处理命令 */
void main()
{
    int n,i,k;
    scanf("%d",&n);
    k=sqrt(n);                  /* 对n进行开根号运算 */
    for(i=2;i<=k;i++)
        if(n%i==0) break;       /* 如果n能被i整除，则n不是素数，跳出for循环 */
    if(i>=k+1)                  /* 若i>=k+1，说明n是素数 */
        printf("%d is a prime number\n",n);
    else
        printf("%d is not a prime number\n",n);
}
```

程序运行结果：

```
5↙
5 is a prime number
```

注意：本程序利用循环结束后 i 值的大小判断 n 是否为素数。循环结束后，如果 i 的取值大于等于 k+1，说明 for 循环结构中 if 语句后的表达式“n%i==0”一直都不成立，也就是说，整个循环过程并未找到一个能被 n 整除的 i 值，因此，可以判断 n 是素数。

5.3.2 continue 语句

前面讲到，break 语句可跳出循环，结束本层循环。而在执行循环体的过程中，有时需要提前结束本次循环，继续执行下一次循环，此时可以用 continue 语句实现。continue 语句只能用在循环结构中，也常和 if 结合使用。例如，有如下包含 continue 语句的循环结构：

```
while(表达式1)
{
    ⋮
    if(表达式2) continue;
    语句1;
    ⋮
}
语句2;
```

该循环结构执行的流程如图 5-7 所示，其执行过程如下：

（1）计算表达式 1 的值，若为真，继续执行步骤（2）；若为假，结束循环，执行循环结构后面的语句 2；

（2）执行循环体里的语句，计算表达式 2 的值，若为真，则执行 continue 语句，即跳过循环体内 continue 之后的语句，然后回到步骤（1）；若为假，执行循环体内的语句 1 及其之后的语句；

（3）回到步骤（1）继续执行。

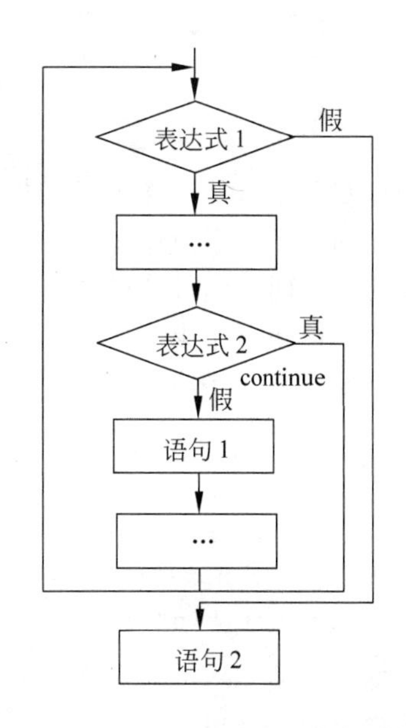

图 5-7　continue 控制的循环结构流程图

【例 5-7】 输出 100～200 中不能被 5 整除的数，每行输出 16 个数。

分析：如果 100～200 中的某个数能被 5 整除，则不输出，即跳过输出语句，用 continue 语句实现，然后继续检测下一个数。

源程序：

```
void main()
{
    int n,i=0;
    for(n=100;n<=200;n++)
    {
        if(n%5==0)          /* 判断n是否能被5整除 */
            continue;       /* 若n能被5整除，跳过循环体后面的语句，进入下一次循环 */
        printf("%4d",n);
        i++;                /* i统计不能被5整除的数的个数 */
        if(i%16==0) printf("\n");      /* 控制每行输出数值的个数 */
    }
}
```

程序运行结果：

```
101 102 103 104 106 107 108 109 111 112 113 114 116 117 118 119
121 122 123 124 126 127 128 129 131 132 133 134 136 137 138 139
141 142 143 144 146 147 148 149 151 152 153 154 156 157 158 159
161 162 163 164 166 167 168 169 171 172 173 174 176 177 178 179
181 182 183 184 186 187 188 189 191 192 193 194 196 197 198 199
```

思考题：*本程序使用 continue 语句实现，若不采用 continue 语句也可实现，应如何修改循环体？*

5.4 循环的嵌套

在 C 语言中，一个循环结构内可以包含另外一个或多个完整的循环结构，我们将其称为循环的嵌套或多重循环。while 循环、do-while 循环和 for 循环都可以相互嵌套。在执行嵌套的循环时，由外层循环进入内层循环，待内层循环结束后回到外层循环继续执行，直到整个循环执行结束为止。

例如，有程序段：

```
for(i=1;i<=2;i++)                  /* i控制外层循环，共执行2次 */
{
    for(j=1;j<=3;j++)              /* j控制内层循环，共执行3次 */
        printf("*");
    printf("\n");
}
```

程序运行结果：

```
***
***
```

该程序段是二重嵌套的循环结构，for 循环语句里又嵌套了一个 for 循环语句，程序段的执行情况如表 5-1 所示。当 i 取值为 1 时，j 取值为 1、2、3，每次输出一个*，然后输出一个换行；内层循环执行完一遍之后回到外层的 i++，i 由 1 变为 2。当 i 取值为 2 时，j 取值为 1、2、3，每次输出一个*，然后输出一个换行；内层循环执行完一遍之后再次回到外层的 i++，i 由 2 变为 3，此时，外层循环的条件为假，整个循环结构执行结束。

表 5-1　打印 2 行 3 列*过程

i 取值	1				2			
j 取值	1	2	3	光标换行	1	2	3	光标换行
输出	*	*	*		*	*	*	

注意：

（1）多重循环结构的外层循环变量和内层循环变量不能同名。

（2）在嵌套的循环结构中，外层循环如果包含两个或两个以上并列的内层循环，那么在结构上，这些内层循环是不能相互交叉的。

【例 5-8】 输出如下所示的九九乘法表。

```
1*1=1
2*1=2   2*2=4
3*1=3   3*2=6   3*3=9
4*1=4   4*2=8   4*3=12  4*4=16
5*1=5   5*2=10  5*3=15  5*4=20  5*5=25
6*1=6   6*2=12  6*3=18  6*4=24  6*5=30  6*6=36
7*1=7   7*2=14  7*3=21  7*4=28  7*5=35  7*6=42  7*7=49
8*1=8   8*2=16  8*3=24  8*4=32  8*5=40  8*6=48  8*7=56  8*8=64
9*1=9   9*2=18  9*3=27  9*4=36  9*5=45  9*6=54  9*7=63  9*8=72  9*9=81
```

分析：上面的九九乘法表一共 9 行，每个算式中“=”左侧都可以表示为 x×y，每一行算式的个数及算式所在的行数与 x 的值相等，因此，可以将 x 作为外层循环变量；在每一行上（x 取一个值），y 的取值都从 1 取到 x，因此，可以将 y 作为内层循环变量。这样，就可以用一个嵌套的循环结构输出九九乘法表。

源程序：

```
void main()
{
    int x,y;                          /* x表示行数，y表示每一行上算式的个数 */
    for(x=1;x<=9;x++)
    {
        for(y=1;y<=x;y++)
            printf("%d*%d=%-4d",x,y,x*y);    /* 控制输出算式的格式 */
        printf("\n");
    }
}
```

注意：在本题中，x 每取一个值，y 都要由 1 取值到 x，因此，每次 x 的值改变之后，都要在内层循环中将 y 重置为 1。

【例 5-9】 百钱买百鸡问题。一百个铜钱买了一百只鸡，其中，公鸡一只 5 钱、母鸡一只 3 钱、小鸡一钱 3 只，问一百只鸡中公鸡、母鸡、小鸡各多少只？

分析：设公鸡、母鸡、小鸡的数量分别为 x、y、z，则，可以用下面方程组来求解：

$$\begin{cases} 5x+3y+\frac{1}{3}z=100 \\ x+y+z=100 \end{cases}$$

上面方程组中，变量个数大于算式的个数，无法直接求解。要想求得 x、y、z 的值，可以将所有可能的 x、y、z 的值带入两个算式中看是否同时满足要求，称这种方法为穷举法。穷举法的关键是确定穷举的范围，然后在此范围内，对所有可能的情况进行逐一验证，直到所有情况验证完毕为止，若验证完毕未找到符合条件的值，则无解。通过分析，可以得到 x、y、z 的取值范围：x(0～20)、y(0～33)、z(0～100)。

本题可以用三层嵌套的循环来实现，算法的 N-S 流程图如图 5-8 所示。

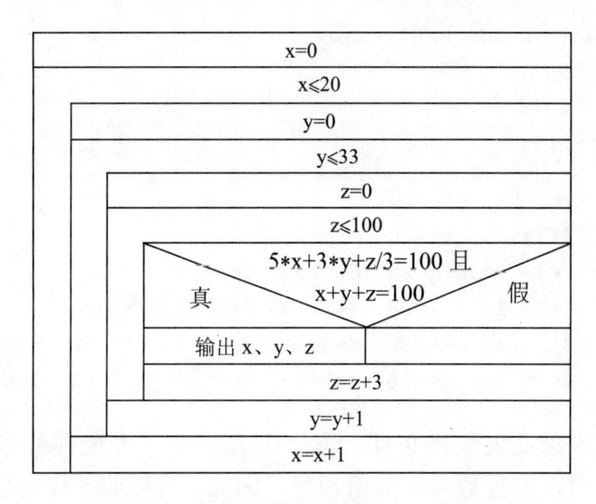

图 5-8　百钱买百鸡问题的 N-S 流程图

源程序：

```
void main()
{
    int x,y,z;
    for(x=0;x<=20;x++)
        for(y=0;y<=33;y++)
            for(z=0;z<=100;z+=3)
                if((5*x+3*y+z/3==100)&&(x+y+z==100))
                {
                    printf("x=%d,y=%d,z=%d",x,y,z);
                    printf("\n");
                }
}
```

程序运行结果：

```
x=0,y=25,z=75
x=4,y=18,z=78
x=8,y=11,z=81
x=12,y=4,z=84
```

思考题：能否采用两层嵌套的循环实现该程序？

5.5 goto 语句构成的循环

在 C 语言中，goto 语句也可用于流程控制，它的一般形式为：

```
goto 语句标号;        （语句标号的命名规则遵循标识符的命名规则）
```

goto 语句的功能是无条件转移到标号所标识的语句处执行，因此，goto 语句也可以跳出循环。goto 语句和 break 语句都能跳出循环，但是，break 语句只能一层一层地跳出循环，而 goto 语句可以跳出多层循环。

goto 语句一般与 if 结合使用，构成循环结构。

【例 5-10】 输入三角形的三条边（直到满足三角形三边的条件为止），判断三边构成的三角形是否为等边三角形。

分析：设有三条线段 a、b、c，判断三条线段能否构成三角形的依据是三角形的三边关系定理："三角形任何两边的和大于第三边"。由此定理可知，三条线段 a、b、c 构成三角形的条件是：a+b>c && a+c>b && b+c>a。如果输入 a、b、c 的值不满足这个条件，则重新输入，直到满足条件为止，可以采用 if+goto 的结构来实现。

源程序：

```
void main()
{
    float a,b,c;
    printf("请输入边长：\n");
m1:scanf("%f,%f,%f",&a,&b,&c);          /* m1是语句标号，其后加冒号 */
    if(a+b<=c || a+c<=b || b+c<=a)
        goto m1;                         /* 跳转到m1标号处执行 */
    if (a==b&&a==c)                      /* 等边三角形的条件 */
        printf("是等边三角形\n");
    else
        printf("不是等边三角形\n");
}
```

程序运行结果：

```
请输入边长：
3,3,9↙
```

```
2,4,1↙
4,4,4↙
是等边三角形
```


说明：此题中，当 if 后面的表达式 a+b<=c || a+c<=b || b+c<=a 为真时，通过 goto 语句跳转到 m1 标号后面的语句继续执行，即重新输入 a、b、c 的值。通过本题可知：与 break 语句只能向后跳转不同的是，goto 语句可以跳转到程序的任意位置，它在结构上更加灵活。但是，goto 语句是非结构化语句，可以随意转向，因而使程序的可读性变差，所以，一般情况下不建议使用 goto 语句。

思考题：如何用 while 循环或 do-while 循环实现本题的功能？

5.6 循环结构程序典型例题

循环结构程序设计在 C 语言的程序设计中是非常重要的，前面已经介绍了循环结构的三种基本语句、两种控制语句以及嵌套的循环结构，读者应该熟练掌握其用法。下面提供一些经典的循环结构例题供读者学习。

【例 5-11】 从键盘输入一个字符串，以回车结束。分别统计其中字母、数字、空格和其他字符的个数。

分析：在学习数组之前，输入一个字符串只能通过循环实现，每次循环输入一个字符，若输入的字符不是回车则重复输入。对每次循环输入的字符都要判断是否为字母、数字、空格或其他字符。

源程序：

```
void main()
{
   char c;
   int letter=0, number=0,space=0,other=0;
   c=getchar();                                    /* 读取第一个字符 */
   while(c!='\n')                                  /* 遇到回车符输入结束 */
   {
      if(c>='A'&&c<='Z'|| c>='a'&&c<='z')  /* 统计字母的个数 */
         letter++;
      else if(c>='0'&&c<='9')                      /* 统计数字的个数 */
         number++;
      else if(c==' ')                              /* 统计空格的个数 */
         space++;
      else other++;                                /* 统计其他字符的个数 */
      c=getchar();                                 /* 读取下一个字符 */
   }
   printf("字母:%d,数字:%d,空格:%d,其他:%d\n",letter,number,space,other);
```

```
}
```

程序运行结果：

```
fEE d767%%$$e↙
字母:5,数字:3,空格:1,其他:4
```

思考题：在不改变程序功能的前提下，若将 while 循环中的条件表达式 c!='\n'改成(c=getchar())!='\n'，程序中其他部分应如何修改？

【例 5-12】 用辗转相除法求两个正整数的最大公约数和最小公倍数。

分析：辗转相除法，又称欧几里得算法（EuClidean algorithm），它是求两个正整数的最大公因子的算法。设两个正整数为 n 和 m（n>m），算法的 N-S 流程图如图 5-9 所示。

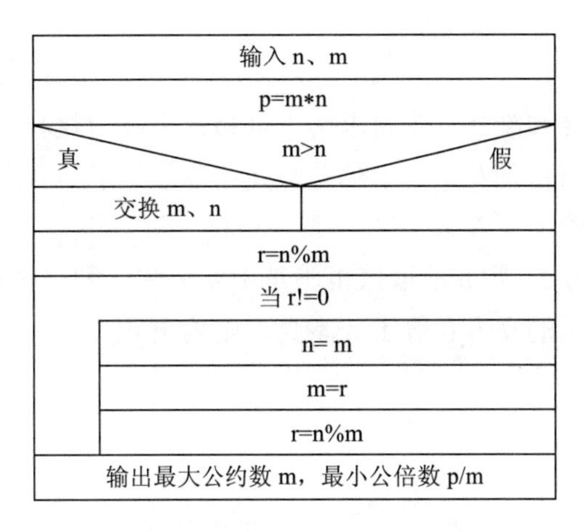

图 5-9　求最大公约数、最小公倍数的 N-S 流程图

例如：求 25 和 15 的最大公约数，计算过程如表 5-2 所示。通过计算得知：余数 r 为 0 时的除数 m 为 5，所以，25 和 15 的最大公约数为 5。

表 5-2 “辗转相除法”求最大公约数

变　　量	被除数 n	除数 m	余数 r（r=n%m）
第一次值	25	15	10（10！=0）
第二次值	15（n=m）	10（m=r）	5（5!=0）
第三次值	10（n=m）	5（m=r）	0（0==0）

源程序：

```
void main()
{
    int m,n,p,r,t;
    printf("输入两个正整数：\n");
    scanf("%d%d",&n,&m);
    p=m*n;
```

```
    if(n<m)                              /* 将较大的数赋值给n */
    {  t=m;m=n;n=t;  }
    r=n%m;
    while(r)                             /* 等价于while(r!=0) */
    {  n= m; m=r;r=n%m;  }
    printf("最大公约数：%d\n最小公倍数：%d\n",m, p/m);
}
```

程序运行结果：

```
输入两个正整数：
12 18↙
最大公约数：6
最小公倍数：36
```

思考题：*若不用辗转相除法，如何求两个数的最大公约数和最小公倍数？*

【例 5-13】 打印所有水仙花数。水仙花数是指各位数字的立方和等于该数本身的三位数。例如：$153=1^3+3^3+5^3$。

分析：设水仙花数为 n，则 n 的取值范围是 100～999，利用循环对每一个 n 进行判断，若 n 的个位、十位和百位的立方和等于 n 本身，则输出 n。

源程序：

```
void main()
{
    int n,a,b,c,s=0;
    for(n=100;n<1000;n++)
    {
        a=n%10;                          /* n的个位 */
        b=n/10%10;                       /* n的十位 */
        c=n/100;                         /* n的百位 */
        if(a*a*a+b*b*b+c*c*c==n)         /* 水仙花数的条件 */
        {
            printf("%6d",n);
            s++;
            if(s%5==0)                   /* 每行输出5个数 */
                printf("\n");
        }
    }
}
```

程序运行结果：

```
153   370   371   407
```

本 章 小 结

1．循环结构是结构化程序设计的三种基本结构之一，它可以控制某些语句的重复执行，是程序设计中使用比较多的结构。while 语句、do-while 语句和 for 语句是常用的循环语句。

2．for 语句一般用于循环次数确定的循环结构，while 语句和 do-while 语句一般用于循环次数不确定的循环结构；while 语句中循环体可能一次也不执行，do-while 语句中循环体至少执行一次。

3．while 语句、do-while 语句和 for 语句可以互相嵌套。二层循环和三层循环是常用的嵌套循环，外层循环执行一次内层循环要执行多次。

4．break 语句和 continue 语句可用于循环结构，常和 if 结合使用，用来改变循环执行的流程。continue 语句用于结束本次循环，继续执行下一次循环；break 语句用于跳出循环，终止本层循环。

习 题 五

一、单项选择题

1．以下说法中正确的是（　　）。

A．while 循环至少执行循环体一次

B．do-while 循环至少执行循环体一次

C．for 循环至少执行循环体一次

D．break 语句和 continue 语句的作用是一样的

2．以下选项中和语句 while(!E);中的表达式等价的表达式是（　　）。

A．E!=0　　B．E!=1　　C．E==0　　D．E==1

3．设有程序段

```
int i=10;
while(i--);
```

执行该程序段后，i 的值为（　　）。

A．10　　B．1　　C．0　　D．−1

4．设有程序段

```
int i=10,j=1;
do
{
   j--;
}while(j=0);
```

执行该程序段后，i、j 的值分别为（　　）。

A．10 、0　　B．0、0　　C．10、−1　　D．10、1

5．以下程序段的输出结果是（　　）。

```
int n=0;
while(n++<=2)
    printf("%d",n);
```

A．123　　B．012　　C．01　　D．有语法错误

6．以下程序段的输出结果是（　　）。

```
int i,s=0;
for(i=1;i<=10;i++)
{
    if (i%2)   continue;
    s+=i;
}
 printf("%d\n",s);
```

A．25　　B．30　　C．0　　D．1

7．若输入 AaBbCc 并按 Enter 键结束输入，则以下程序段的输出结果是（　　）。

```
char ch;   int  s=0;
while((ch=getchar())!='\n')
    switch(ch)
    {
        case 'A': s++;
        case 'B': s++; break;
        case 'D': s++;
        default: s++;
    }
printf("%d\n",s);
```

A．11　　B．9　　C．7　　D．8

8．执行下面程序段后，m、n 的值分别为（　　）。

```
int i=10,m=0,n=0;
do
{
     if(i%2!=0)
       m=m+i;
     else
         n=n+i;
     i--;
 }while(i>=0);
 printf("m=%d,n=%d\n",m,n);
```

A．25、25　　B．30、25　　C．30、30　　D．25、30

二、填空题

1．以下程序的运行结果是________。

```
void main()
{
    int i,j,k;
    char t=' ';
    for(i=1;i<=2;i++)
        for(j=1;j<=i;j++)
        {
            printf("%c", t);
            for(k=1;k<=2;k++)
                printf("*");
        }
    printf("\n");
}
```

2．以下程序的运行结果是________。

```
void main()
{
    int x=20;
    while(x>15&&x<50)
    {
        x++;
        if(x/3) { x++;break;}
        else continue;
    }
    printf("%d\n",x);
}
```

3．以下程序的运行结果是________。

```
void main()
{
    int i,j,k;
    i=5;k=6;
    for(j=2;j<=i;j++)
    {
        if(j%k==0);
        if(j%k!=0)
            printf("%4d",j);
    }
    printf("\n");
}
```

4．以下程序的功能是：从键盘上输入若干名学生的成绩，统计并输出最高成绩和最低成绩，当输入负数时结束。请补全程序。

```
void main()
{
    float x, amax, amin;
    scanf("%f",&x);
    amax=x;
    amin=x;
    while(___①___)
    {
        if(x>amax)___②___;
        if(x<amin)___③___;
        scanf("%f",&x);
    }
    printf("amax=%f\namin=%f\n",amax, amin);
}
```

5．以下程序的功能是：计算 100 以内（包括 100）的偶数和。请补全程序。

```
void main()
{
    int i,sum;
    i=0;
    sum=0;
    while(___①___)
    {
        if(___②___)
            sum+=i;
        i++;
    }
    printf("100以内偶数和为%d\n", sum);
}
```

6．以下程序的功能是：输出 100 以内能被 3 整除且个位数为 6 的所有整数。请补全程序。

```
void main()
{
    int i,j;
    for(i=0;___①___;i++)
    {
        j=i*10+6;
        if(___②___) continue;
        printf("%d\t",j);
    }
}
```

三、编程题

1．输入一批整数，统计正数的个数并计算它们的和。当输入负数或零时，表示输入结束。

2．编程计算$1-\frac{1}{2}+\frac{1}{3}-\frac{1}{4}+\cdots+\frac{1}{99}-\frac{1}{100}+\cdots$，直到最后一项的绝对值小于 10^{-4} 为止。

3．打印下面的图案。

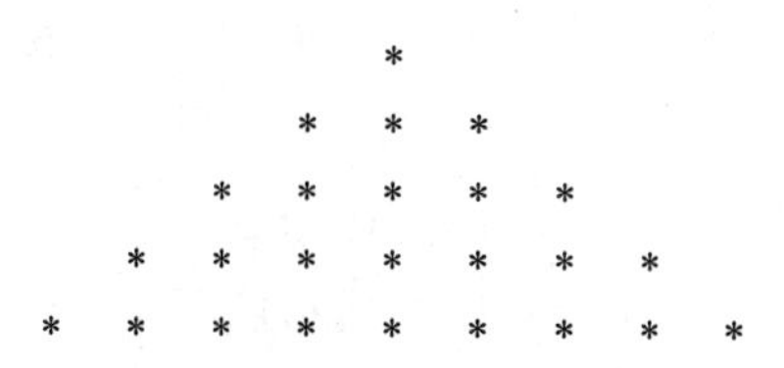

4．100 匹马驮 100 担货，大马一匹驮 3 担，中马一匹驮 2 担，小马两匹驮 1 担。计算大、中、小马的数目。

5．出于信息保密的目的，在信息传输或存储中，会采用密码技术对需要保密的信息进行处理。有人对明文“Hello,world!”进行了加密，成为密文“Lipps,asvph!”，请分析上述例子，编写程序，实现英文明文的加密。

6．计算正整数 num 的各位上的数字之积。（num 位数不确定）

例如：若输入：252，则输出应该是：20。若输入：202，则输出应该是：0。

7．输入 n，计算 s=1+1+2+1+2+3+1+2+3+4+…+1+2+3+4+…+n 的和。

8．求出 1×1+2×2+…+n×n<=1000 中满足条件的最大的 n。

第6章 数　组

学习目标

1. 掌握一维数组的定义、存储、引用及初始化。
2. 掌握二维数组的定义、存储、引用及初始化。
3. 理解字符数组与字符串的区别。
4. 掌握字符数组与字符串的输入/输出方法。
5. 掌握字符串的处理方法。
6. 掌握数组的基本操作。

数组是C语言提供的一种构造数据类型，利用数组可以连续存放一组相关的且类型相同的数据。将循环和数组结合使用处理一批相同类型的数据非常方便。本章主要介绍数值型数组和字符型数组的定义、存储、引用、初始化、赋值、基本操作及字符串的处理。

6.1 一维数组

数组是一组具有相同的数据类型且按一定次序排列的数据集合，构成数组的每一个数据称为数组元素。数组能存放元素的个数，称为数组的长度。数组有一个统一的名字称为数组名。通过数组名和下标即可访问数组中的元素。

按数组下标的个数不同，可将数组分为一维数组、二维数组等，二维以上数组通常称为多维数组。按数组元素的类型不同，可将数组分为数值型数组、字符型数组、指针数组、结构体数组等。

数组具有以下三个特点：

（1）数组定义之后，数组的长度就是确定的，在程序中不允许随意更改。

（2）数组所有元素具有相同的数据类型。

（3）数组所有元素在内存中是连续存放的。

6.1.1 一维数组的定义与存储

1. 一维数组的定义

同变量一样，数组在使用之前必须先定义。

一维数组定义的一般形式为：

```
类型说明符　数组名[常量表达式]；
```

其中，类型说明符可以是任意一种基本数据类型、构造类型或第9章的指针类型。数组名是用户定义的标识符。方括号中的常量表达式表示数组的长度，可以为整型或字符型。

例如：

```
int a[10];             /* 定义整型数组a，包含10个元素 */
float b[6],c[10];      /* 定义实型数组b和c，b包含6个元素、c包含10个元素 */
char ch[20];           /* 定义字符型数组ch，包含20个元素 */
```

注意：

（1）数组名不能与其他变量名相同。例如：

```
int a;
float a[5];            /* 错误，实型数组a与整型变量a重名 */
```

（2）定义数组时，方括号中的常量表示数组包含的元素个数，使用时，下标从 0 开始。例如：int a[5]; 表示数组 a 有 5 个元素，分别是 a[0]、a[1]、a[2]、a[3]和 a[4]。

（3）数组长度可以是常量表达式或符号常量，但不允许是变量。例如：

```
#define N 5
int a[3+2],b[N];       /* 正确，数组长度为常量 */
```

但下述说明方法是错误的。

```
int n=5;
int a[n];              /* 错误，数组长度不能为变量 */
```

2. 一维数组的存储

C 编译系统根据数组的类型及大小，在内存中开辟一块连续的存储单元，依次存放数组各个元素，若定义 int a[10];，则数组 a 在内存中的存储形式如图 6-1 所示。其中，数组名 a 表示数组在内存中占用存储空间的首地址，等价于&a[0]。

a[0]	a[1]	a[2]	a[3]	a[4]	a[5]	a[6]	a[7]	a[8]	a[9]

图 6-1　一维数组的存储

数组在内存中占用的存储空间大小为：数组长度*sizeof(元素数据类型)，则数组 a 占用的内存空间为：10*sizeof(int)=40 字节。

6.1.2　一维数组元素的引用

在 C 语言中，对于数值型数组，只能逐个引用数组元素，不能一次引用整个数组。

数组元素引用的一般形式为：

```
数组名[下标]
```

其中，下标可以是整型常量、整型变量或整型表达式。

例如，有定义：int a[10];，则 a[2]表示数组 a 的第 3 个元素，a[2*3]表示数组 a 的第 7 个元素，a[i]表示数组 a 的第 i+1 个元素。

若输出数组a的10个元素，可以借助循环实现，代码如下：

```
for(i=0;i<10;i++)
   printf("%d\t",a[i]);
```

不能用一条语句输出整个数组，例如，下面的写法是错误的：

```
printf("%d",a);
```

注意：

（1）数组元素使用方法与同类型变量一样。例如：a[2]=a[1]*2;。

（2）下标的范围必须在0～数组元素个数-1。

【例6-1】 从键盘输入10个整数，然后按照与输入相反的顺序依次将它们输出。

分析：用循环输入/输出多个数，将数组从后向前输出（下标从大到小），即为相反顺序输出。

源程序：

```
void main()
{
    int a[10],i;
    printf("输入10个整数:\n");
    for(i=0;i<10;i++)                /* 输入10个整数到数组 */
       scanf("%d",&a[i]);
    printf("逆序输出为:\n");
    for(i=9;i>=0;i--)                /* 逆序输出数组元素 */
       printf("%d ",a[i]);
}
```

程序运行结果：

```
输入10个整数:
3 5 7 8 9 6 8 4 3 2↙
逆序输出为:
2 3 4 8 6 9 8 7 5 3
```

本程序通过循环变量i控制循环执行的次数，同时i又作为数组元素下标。

又如，分析下列程序段，写出程序运行结果。

```
int a[5],i;
a[0]=2;
for(i=1;i<=4;i++)
    a[i]=a[i-1]*2;
for(i=0;i<=4;i++)
    printf("%d  ",a[i]);
```

程序运行结果：

```
2  4  8  16  32
```

思考题：如何输出数组中的第 1，3，5…个元素？

6.1.3 一维数组的初始化

一维数组的初始化，即在定义数组的同时给数组元素赋初值。

一维数组初始化的一般形式为：

```
数据类型 数组名[常量表达式]={初值1,初值2…};
```

将赋的初值按先后顺序依次放在{}内，数值之间用逗号分隔。所赋初值的个数应小于或等于定义时数组元素个数，如：int a[4]={1,2,3,4,5};是错误的，因为初值个数大于数组元素个数。

数组初始化有以下两种情况。

1. 定义数组时对全部元素赋初值

例如：

```
int a[6]={1,2,3,4,5,6};
```

初始化相当于

```
a[0]=1,a[1]=2,a[2]=3,a[3]=4,a[4]=5,a[5]=6;
```

此时，可以省略数组长度，即 int a[]={1,2,3,4,5,6};，系统将根据赋初值的个数自动确定数组长度。由于大括号中有 6 个初值，说明数组 a 共有 6 个元素，即数组长度为 6。

2. 只给部分元素赋初值

例如：

```
int a[6]={1,2,3};
```

定义数组 a 有 6 个元素，但{}中只提供 3 个初值，表示只给前面 3 个元素赋初值，即 a[0]=1, a [1]=2,a[2]=3。后面未赋初值的元素，系统自动赋值为 0，即 a[3]=0,a[4]=0,a[5]=0。此时，数组长度不能省略。

注意：

（1）若不给数组元素赋初值，数组元素的值是不确定的。

（2）静态数组不赋初值，数组元素的值为 0。如 static int a[6];，则 a[0]~a[5]均为 0，其中 static 表示数组为静态数组，若无 static 表示数组为动态数组，动态、静态的概念详见 7.6.1 节。

【例 6-2】 将数组中的各元素逆序存放后显示出来。

分析：逆序存放即将数组的第一个元素和最后一个元素交换，第二个元素和倒数第二个元素交换……N 个元素需要交换 N/2 次。

源程序：

```
void main()
{
    int a[10]={1,3,5,2,4,6,8,9,0,4},i,t;
    printf("数组元素为:");
    for(i=0;i<10;i++)
```

```
        printf("%d ",a[i]);
    for(i=0;i<5;i++)                              /* 10个元素需要交换5次 */
        { t=a[i];a[i]=a[9-i];a[9-i]=t;}           /* 交换两个元素 */
    printf("\n逆序存放后数组元素为:");
    for(i=0;i<10;i++)
        printf("%d ",a[i]);
}
```

程序运行结果：

```
数组元素为：1 3 5 2 4 6 8 9 0 4
逆序存放后数组元素为：4 0 9 8 6 4 2 5 3 1
```

注意：*逆序存放与逆序输出的区别，逆序存放在内存中的存储形式发生变化，而逆序输出内存中的存储形式不变，只是输出的时候顺序发生变化。*

思考题：将数组中的最大值元素和第一个元素交换，如何实现？

【例 6-3】 用数组求 Fibonacci 数列（1,1,2,3…）的前 20 项。

分析：将数列的前两项 1,1 作为初值赋值给数组的前两个元素，从数组的第三个元素开始，每一个元素都是前两个元素相加。

源程序：

```
void main()
{
    int f[20]={1,1},i;
    for(i=2;i<=19;i++)                        /* 求数列的第3项到第20项 */
        f[i]=f[i-1]+f[i-2];
    printf("斐波那契数列的前20项分别为:\n");
    for(i=0;i<=19;i++)                        /* 输出数列的前20项 */
    {
        if(i%5==0)                            /* 每行输出数列的5项 */
            printf("\n");
        printf("%6d",f[i]);
    }
}
```

程序运行结果：

```
斐波那契数列的前20项分别为：
     1     1     2     3     5
     8    13    21    34    55
    89   144   233   377   610
   987  1597  2584  4181  6765
```

6.1.4 一维数组的应用

一维数组的基本操作有排序、查找、删除和插入等，其中，排序和查找应用较多。排序有冒泡排序、选择排序、插入排序等多种方法；查找有顺序查找、二分查找等多种方法。每种方法都有各自的优缺点，实际应用中，可根据需要进行选择。

【例 6-4】 输入 10 个数，利用“冒泡法”进行升序排序并输出。

“冒泡法“排序的基本思想：对相邻的数据两两比较并调整顺序，将其中较小的数调到前面，较大的数调到后面。

下面以 6 个数 9,3,2,8,6,4 为例，说明“冒泡法”排序的基本思想。其中，带⬚的数是要比较的两个数，带■的数是已排好序的数。

第 1 轮比较、调整：

第1次	第2次	第3次	第4次	第5次	结果
9	3	3	3	3	3
3	9	2	2	2	2
2	2	9	8	8	8
8	8	8	9	6	6
6	6	6	6	9	4
4	4	4	4	4	9

第 2 轮比较、调整：

第1次	第2次	第3次	第4次	结果
3	2	2	2	2
2	3	3	3	3
8	8	8	6	6
6	6	6	8	4
4	4	4	4	8
9	9	9	9	9

第 1 轮比较、调整：两两比较 5 次，找到最大的数 9。

第 2 轮比较、调整：两两比较 4 次，找到第 2 大的数 8。

第 3 轮比较、调整：两两比较 3 次，找到第 3 大的数 6。

第 4 轮比较、调整：两两比较 2 次，找到第 4 大的数 4。

第 5 轮比较、调整：两两比较 1 次，找到第 5 大的数 3。

剩下的 1 个数 2 自然是最小的，经 5 轮比较、调整，所有数据都排好序。

分析：对于 N 个数需要 N−1 轮比较、调整，第 i 轮两两比较的次数为 N−i 次，可以利用二重循环实现。为了使比较的轮数和每轮比较的次数与数组下标一致，存放 N 个数可定义数组为 int a[N+1];，使用 a[1]~a[N]存放 N 个数，a[0]不用。算法 N-S 流程图如图 6-2 所示。

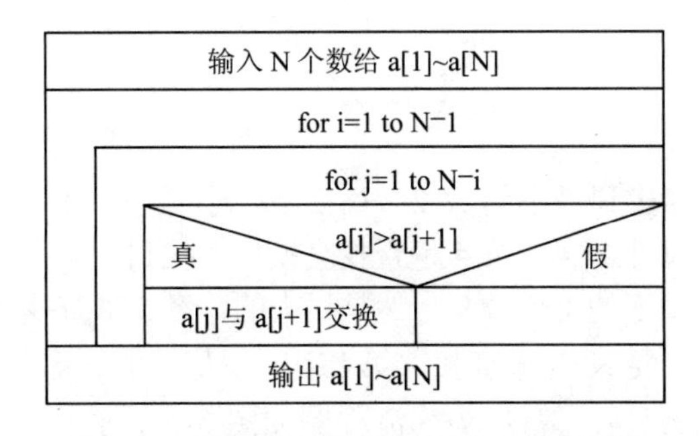

图 6-2 “冒泡法”排序算法的 N-S 流程图

源程序：

```
#define N 10
void main()
{
    int a[N+1],i,j,t;
    printf("input %d numbers:\n",N);
    for(i=1;i<=N;i++)                /* 用a[1]到a[10]存放10个数，a[0]不用 */
        scanf("%d",&a[i]);
    for(i=1;i<=N-1;i++)              /* N个数，共比较N-1轮 */
        for(j=1;j<=N-i;j++)          /* 第i轮中，两两比较N-i次 */
            if(a[j]>a[j+1])
                { t=a[j];a[j]=a[j+1];a[j+1]=t;} /* 交换两个数 */
    printf("the sorted numbers:\n");
    for(i=1;i<=N;i++)
         printf("%d ",a[i]);
}
```

程序运行结果：

```
input 10 numbers:
3 5 7 8 9 6 -1 4 0 2↙
the sorted numbers:
-1 0 2 3 4 5 6 7 8 9
```

思考题：*如果利用 a[0]~a[N−1]存放数组的 N 个数，如何修改例 6-4?*

【例 6-5】 输入 10 个数，利用“选择法”进行升序排序并输出。

“选择法”排序的基本思想：首先，从 N 个数中找出最小的元素，将其和第一个元素交换，然后，从剩下的N−1 个数中找出最小的元素，将其和第二个元素交换，依此类推，直到所有的数据均有序为止。

下面以 6 个数 9，3，2，8，6，4 为例，说明“选择法”排序的过程。其中，[]内的数是未排好序的数，带⬚的数是最小值，带▒的数是要交换的数。

第 1 趟查找	[9	3	2	8	6	4]	6 个数中最小值 2 和第 1 个数交换
第 2 趟查找	2	[3	9	8	6	4]	5 个数中最小值 3 和第 2 个数交换
第 3 趟查找	2	3	[9	8	6	4]	4 个数中最小值 4 和第 3 个数交换
第 4 趟查找	2	3	4	[8	6	9]	3 个数中最小值 6 和第 4 个数交换
第 5 趟查找	2	3	4	6	[8	9]	2 个数中最小值 8 和第 5 个数交换
	2	3	4	6	8	[9]	结果

第 1 趟查找交换后，找到最小的数 2；第 2 趟查找交换后，找到第 2 小的数 3；第 3 趟查找交换后，找到第 3 小的数 4；第 4 趟查找交换后，找到第 4 小的数 6；第 5 趟查找交换后，找到第 5 小的数 8；剩下的 1 个数 9 自然是最大的，经 5 趟查找交换后所有数据排好序。

分析：对于 N 个数需要 N−1 趟查找，第 i 趟查找从第 i 个元素到最后一个元素找到最小值，然后和第 i 个元素交换。算法 N-S 流程图如图 6-3 所示。

源程序：

```
#define N 10
void main()
{
    int a[N+1],i,j,t,k;
    printf("input %d numbers:\n",N);
    for(i=1;i<=N;i++)                /* 用a[1]到a[10]存放10个数，a[0]不用 */
        scanf("%d",&a[i]);
    for(i=1;i<=N-1;i++)              /* 第i趟查找，交换 */
    {
        k=i;                         /* 从第i个数到最后一个数中找出最小的数 */
        for(j=i+1;j<=N;j++)
            if(a[j]<a[k])
                k=j;
        if(k!=i)
            { t=a[i];a[i]=a[k];a[k]=t;} /* 将找到的最小数和第i个数交换 */
    }
    printf("the sorted numbers:\n");
    for(i=1;i<=N;i++)
        printf("%d ",a[i]);
}
```

程序运行结果：

```
input 10 numbers:
2 4 7 4 -2 7 9 12 5 10↙
the sorted numbers:
-2 2 4 4 5 7 7 9 10 12
```

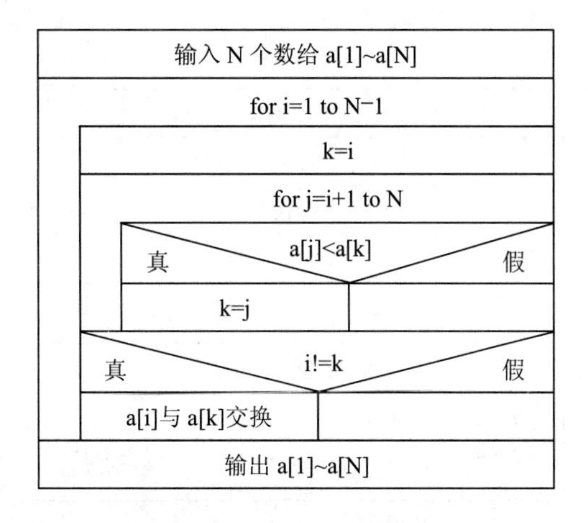

图 6-3 “选择法”排序算法的 N-S 流程图

【例 6-6】 从键盘输入一个整数，在数组中查找是否存在该数，若存在输出其在数组中的位置。

分析：需要遍历整个数组，即顺序查找。设 flag=0 表示数组中没有要找的数，flag=1 表示数组中有要找的数，算法的 N-S 流程图如图 6-4 所示。

源程序：

```
void main()
{
    int a[8]={1,3,5,3,4,8,6,0},x,i,flag=0;
    printf("数组元素为:");
    for(i=0;i<8;i++)
        printf("%d ",a[i]);
    printf("\n输入要查找的数:");
    scanf("%d",&x);
    for(i=0;i<8;i++)                        /* 遍历整个数组 */
        if(a[i]==x)                         /* 数组中有要找的数 */
        {
            printf("a[%d]=%d\n",i,x);       /* 输出位置及值 */
            flag=1;                         /* 找到要找的元素，标志改变，flag=1 */
        }
    if(flag==0)
        printf("数组中没有%d\n",x);
}
```

程序运行结果：

```
数组元素为：1 3 5 3 4 8 6 0
输入要查找的数：3↙
a[1]=3
a[3]=3
```

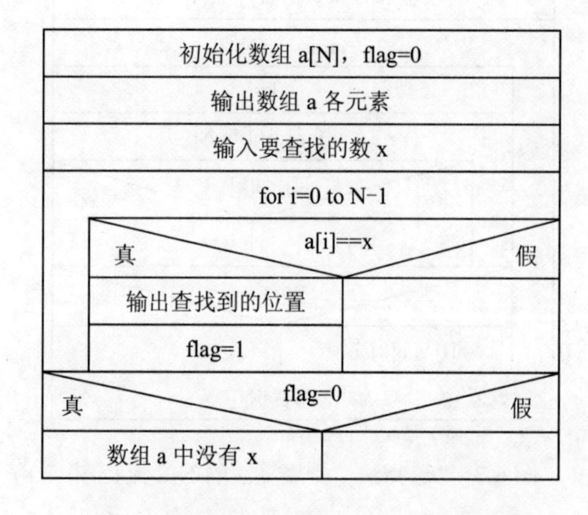

图 6-4 顺序查找算法的 N−S 流程图

思考题：如果在数组中第一次查找到要找的数就结束查找，如何修改例 6-6？

【例 6-7】 利用二分查找在长度为 M 的有序数组 a 中查找用户输入的数据 x，若找到，输出 x 在数组中的位置。

二分查找又叫折半查找，要求数组是有序的。当数据量很大时，查找效率较高。

二分查找算法的 N–S 流程图如图 6-5 所示。（设数组为升序）

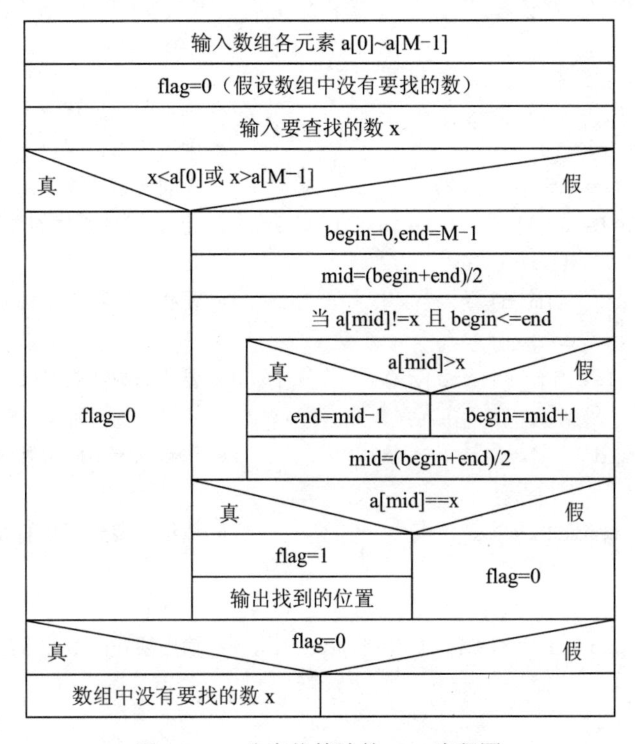

图 6-5　二分查找算法的 N-S 流程图

设要查找元素 x=12，有序数组 int a[]={−32,12,18,24,36,40,59,78};，则二分查找过程如图 6-6 所示。

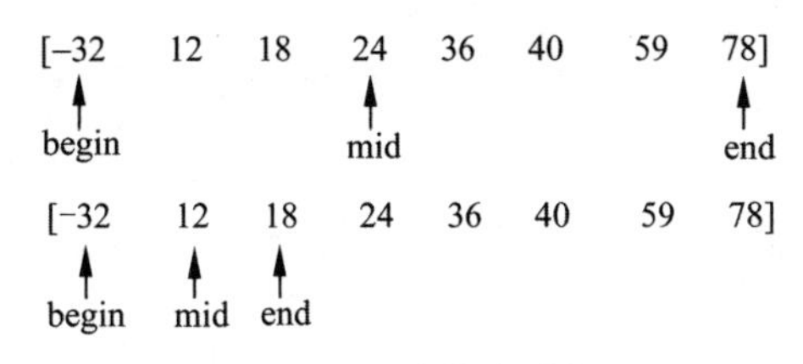

图 6-6　二分查找过程

源程序：

```
#define M 8
void main()
{
    int a[M],x,begin,end,mid,flag=0,i;  /* flag=0数组中没有要找的数 */
    printf("请输入%d个数组元素(有序):",M);
```

```
    for(i=0;i<M;i++)
        scanf("%d",&a[i]);
    printf("输入要查找的元素:");
    scanf("%d",&x);
    if(x<a[0]||x>a[M-1])                    /* 要找的数不在数组范围内 */
        flag=0;
    else
    {
        begin=0;                            /* 确定起始位置 */
        end=M-1;                            /* 确定终点位置 */
        mid=(begin+end)/2;                  /* 中间元素位置 */
        while(a[mid] != x && begin <=end)/* 没有找到要找的数且未找完整个数组 */
        {
            if (a[mid] >x)                  /* 要找的数在左半部分 */
                end=mid-1;
            else if (a[mid]<x)              /* 要找的数在右半部分 */
                begin=mid+1;
            mid = (begin + end )/2;         /* 重新确定中间位置 */
        }
        if (a[mid] == x)                    /* 数组中找到要找的数 */
        {
            flag=1;
            printf("a[%d]=%d\n",mid,x); /* 输出要找的数在数组中的位置 */
        }
        else
            flag=0;                         /* 数组中没有要找的数 */
    }
    if(flag==0)
        printf("数组中没有要找的数\n");
}
```

程序运行结果：

```
请输入8个数组元素（有序）：-2 0 3 5 6 7 12 34↙
输入要查找的元素：5↙
a[3]=5
```

6.2 二 维 数 组

6.2.1 二维数组的定义与存储

1. 二维数组的定义

一维数组带有一个下标，当数组中每个元素带有两个下标时，这个数组就是二维数组，多维数组可由二维数组类推得到。

二维数组定义的一般形式为：

```
类型说明符  数组名[常量表达式1][常量表达式2];
```

在逻辑上，可以将二维数组看作是一个具有行和列的表格或矩阵。其中，常量表达式1 表示第一维（行）的长度，常量表达式 2 表示第二维（列）的长度。

例如：

```
int a[3][4];
```

表示定义一个三行四列的二维数组 a，数组 a 的逻辑结构如图 6-7 所示。数组 a 有 3*4=12 个元素，分别是 a[0][0],a[0][1],…,a[2][2],a[2][3]。

	第 0 列	第 1 列	第 2 列	第 3 列
第 0 行	a[0][0]	a[0][1]	a[0][2]	a[0][3]
第 1 行	a[1][0]	a[1][1]	a[1][2]	a[1][3]
第 2 行	a[2][0]	a[2][1]	a[2][2]	a[2][3]

图 6-7　数组 a 的逻辑结构

注意：

（1）二维数组的每个元素都有两个下标，且必须分别放在不同的[]里。

（2）二维数组元素的行下标和列下标最小值都是从 0 开始。

（3）可将二维数组看作是一个特殊的一维数组，而这个一维数组的每个元素又是一个包含多个元素的一维数组，如图 6-8 所示。

例如，上面的二维数组 a，可看成是一个一维数组 a，a 的 3 个元素分别是 a[0]、a[1] 和 a[2]，而这 3 个元素分别是一个包含 4 个元素的一维数组。即 a[0]是包含 a[0][0]、a[0][1]、a[0][2]和 a[0][3]四个元素的一维数组，所以，a[0]是这个一维数组的数组名，也是这个一维数组的首地址，等价于&a[0][0]。同理，a[1]等价于&a[1][0]，a[2]等价于&a[2][0]。

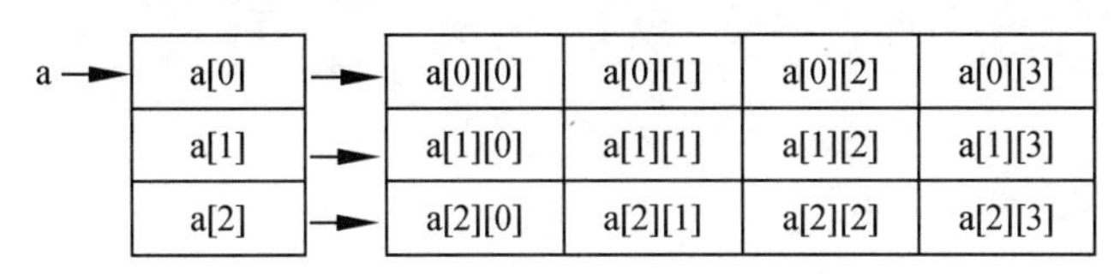

图 6-8　二维数组看作一维数组

2. 二维数组的存储

二维数组在概念上是二维的，包含行和列，但是实际的内存中，存储器是线性排列的，那么 C 语言中，二维数组是如何存储的？二维数组在存储的时候是“按行连续存储”的，即先存储数组的第 0 行，然后存储数组的第 1 行，……，直到数组的最后一行，而每一行内的元素按从左到右的顺序依次存储。上面的二维数组 a 在内存中的存放顺序如图 6-9 所示。

思考题：有定义 int a[3][4];，若已知二维数组元素 a[0][0]的地址，如何求元素 a[2][2] 的地址？

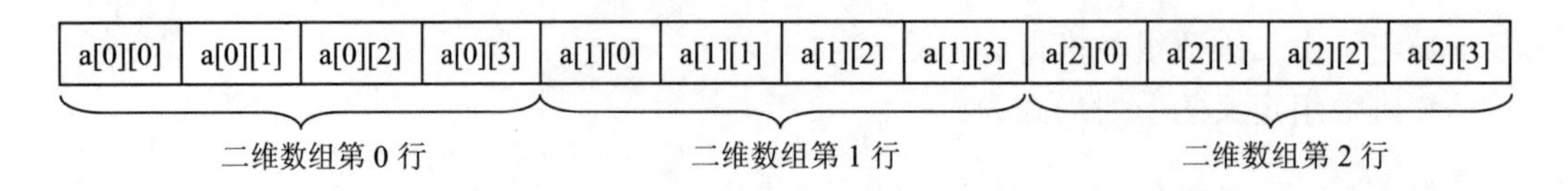

图 6-9　二维数组在内存的存放顺序

6.2.2　二维数组元素的引用

同一维数值型数组一样，二维数值型数组也不能一次引用整个数组，只能逐个引用数组元素，对二维数组元素的操作与同类型变量的操作方法相同。

二维数组元素引用的一般形式为：

```
数组名[下标1][下标2]
```

其中，下标 1 表示二维数组元素所在的行，下标 2 表示二维数组元素所在的列。

注意：

（1）下标 1 和下标 2 可以是整型常量、整型变量或整型表达式。

（2）下标 1 的范围为 0~行元素个数-1，下标 2 的范围为 0~列元素个数-1。

如有定义 int a[3][4];，则 a[2][3]表示数组 a 的第 3 行第 4 列元素。

二维数组常和双重循环结合使用，外重循环变量既可控制二维数组的行数又可作为数组元素的行下标，内重循环变量既可控制二维数组的列数又可作为数组元素的列下标。输入输出二维数组的程序段如下：

```
int a[3][4],i,j;
for(i=0;i<3;i++)
    for(j=0;j<4;j++)
        scanf("%d",&a[i][j]);              /* 输入二维数组的各个元素 */
for(i=0;i<3;i++)
{
    for(j=0;j<4;j++)
        printf("%d  ",a[i][j]);            /* 输出二维数组的各个元素 */
    printf("\n");                          /* 输出一行后换行 */
}
```

6.2.3　二维数组的初始化

二维数组可按行赋初值，也可按存储顺序赋初值。

1. 按行给二维数组各元素赋初值

例如：

```
int a[2][3]={{1,2,3},{6,7,8}};
```

其中，内嵌的第一个{}里的值表示第一行的 3 个元素值，第二个{}里的值表示第二行的 3 个元素值，上面初始化等价于：

```
int a[2][3];
```

```
a[0][0]=1;a[0][1]=2;a[0][2]=3;  /* 第一行的三个元素 */
a[1][0]=6;a[1][1]=7;a[1][2]=8;  /* 第二行的三个元素 */
```

2. 按存储顺序给二维数组各元素赋初值

例如：

```
int a[2][3]={1,2,3,6,7,8};
```

这种赋值方法和第一种赋值方法效果相同。

注意：

（1）可以只对二维数组部分元素赋初值，未赋初值的元素值为 0。

例如：

```
int a[2][3]={{1,2},{6}};          /* 分行赋值时，部分元素赋初值 */
```

则：

```
a[0][0]=1;a[0][1]=2;a[0][2]=0;
a[1][0]=6;a[1][1]=0;a[1][2]=0;
```

例如：

```
int a[2][3]={1,2,6};              /* 按存储顺序赋值时，部分元素赋初值*/
```

则：

```
a[0][0]=1;a[0][1]=2;a[0][2]=6;
a[1][0]=0;a[1][1]=0;a[1][2]=0;
```

（2）若对全部元素赋初值，第一维长度（行数）可以省略，但第二维长度（列数）不可省略。例如：

```
int a[][3]={{1,2,3},{6,7,8}};
```

等价于

```
int a[2][3]={{1,2,3},{6,7,8}};
```

此时，二维数组的行数由后面外层{}内部的{}数量确定。

同上，

```
int a[][3]={1,2,3,6,7,8};
```

等价于

```
int a[2][3]={1,2,3,6,7,8};
```

此时，二维数组的行数由数组元素总个数 6 及列数 3 确定（6/3=2）。

【例 6-8】 将一个 M×N 的矩阵转置，设原矩阵为 a，转置矩阵为 b。

若 $a=\begin{bmatrix}1 & 2 & 3\\ 2 & 4 & 6\end{bmatrix}$，则 $b=\begin{bmatrix}1 & 2\\ 2 & 4\\ 3 & 6\end{bmatrix}$

分析：矩阵可以用二维数组表示，若矩阵b是矩阵a的转置矩阵，就是将a的行作为b的列，a的列作为b的行，即b[j][i]=a[i][j]，其中，i是a的行，j是a的列。

源程序：

```
void main()
{
    int a[2][3]={{1,2,3},{2,4,6}},i,j,b[3][2];
    for(i=0;i<2;i++)
        for(j=0;j<3;j++)
            b[j][i]=a[i][j];                /* 矩阵a的行、列分别作为矩阵b的列、行 */
    printf("矩阵a为:\n");
    for(i=0;i<2;i++)
    {
        for(j=0;j<3;j++)
            printf("%d  ",a[i][j]);         /* 输出矩阵a的值 */
       printf("\n");
    }
    printf("矩阵a的转置矩阵b为:\n");
    for(i=0;i<3;i++)
    {
        for(j=0;j<2;j++)
            printf("%d  ",b[i][j]);         /* 输出矩阵a的转置矩阵b */
        printf("\n");
    }
}
```

程序运行结果：

```
矩阵a为:
1  2  3
2  4  6
矩阵a的转置矩阵b为:
1  2
2  4
3  6
```

思考题：如何利用二维数组求两个矩阵的乘积？

6.2.4 二维数组的应用

【例6-9】 利用二维数组输出杨辉三角的前10行。

```
1
1   1
1   2   1
1   3   3   1
1   4   6   4    1
1   5   10  10   5   1
…
```

分析：杨辉三角的第一列元素和对角线元素为 1，即 a[i][0]=1,a[i][i]=1（0≤i≤9），从第三行起，每行的第二个元素到对角线之前的所有元素都是前一行前一列的元素与前一行同一列的元素之和，即 a[i][j]=a[i−1][j−1]+a[i−1][j]（2≤i≤9，1≤j≤i−1）。

源程序：

```
#define M 10
void main()
{
    int a[M][M],i,j;
    for(i=0;i<M;i++)
    {
        a[i][0]=1;                      /* 每行第1列元素置为1 */
        a[i][i]=1;                      /* 每行对角线元素置为1 */
    }
    for(i=2;i<M;i++)
        for(j=1;j<i;j++)                /* 第3行起每行的第2个元素到对角线之前的元素 */
            a[i][j]=a[i-1][j-1]+a[i-1][j];  /* 元素值为前一行前一列和前一行同一
                                               列元素和 */
    for(i=0;i<M;i++)
    {
        for(j=0;j<=i;j++)
            printf("%-5d",a[i][j]);/* 输出每行对角线及之前的元素并且左对齐显示 */
        printf("\n");
    }
}
```

思考题：如何修改上面的程序输出下面的杨辉三角？

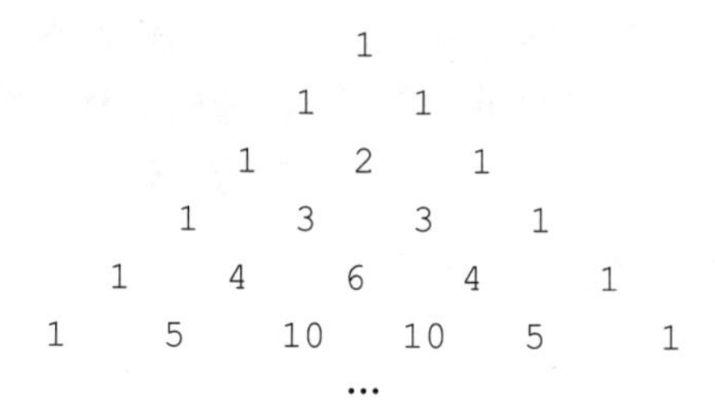

【例 6-10】 有三名学生，每名学生有四门课程的成绩，统计每名学生的平均成绩，并将结果放在一个一维数组中。

分析：三名学生四门课程的成绩可用一个二维数组 int score[3][4]存放，每个学生的平均成绩相当于对二维数组每行求平均值，则存放平均成绩的一维数组可用 float ave[3]。

源程序：

```
void main()
{
    int score[3][4]={{68,80,78,79},{78,89,80,90},{79,80,86,87}},sum,i,j;
```

```
    float ave[3];
    for(i=0;i<3;i++)
    {
        sum=0;
        for(j=0;j<4;j++)
            sum+=score[i][j];    /* 求各科成绩总和 */
        ave[i]=sum/4.0;          /* 求每名学生平均成绩，并存放到一维数组ave中 */
    }
    printf("各科成绩    | 平均成绩\n");
    for(i=0;i<3;i++)
    {
        for(j=0;j<4;j++)
            printf("%d ",score[i][j]);  /* 输出各科成绩 */
        printf("| %.2f\n",ave[i]);      /* 输出每名学生平均成绩，保留2位小数 */
    }
}
```

程序运行结果：

```
各科成绩      | 平均成绩
68 80 78 79 | 76.25
78 89 80 90 | 84.25
79 80 86 87 | 83.00
```

思考题：统计三名学生各科平均成绩，如何实现？

6.3 字符数组与字符串

在 C 语言中，可以用整型变量存放整型数据、实型变量存放实型数据、字符型变量存放字符型数据，但是没有用于存放字符串的变量，常用字符数组存放字符串。前面我们学习了数值型数组，这节主要介绍字符型数组，字符数组就是数组中的所有元素都是字符。对字符数组的操作大多和数值型数组相同，但字符数组还有其特别之处。

6.3.1 字符串与字符数组的区别

字符串是用双引号括起来的以'\0'结束的字符序列，例如："Beijing"，在最后一个字符'g'后面包含一个字符串结束标记'\0'。

字符数组是存储字符的数组，字符数组中可以没有字符'\0'。字符数组可以用于存放字符串，也可用于存放字符序列。当用字符数组存储和处理若干个字符时，可以没有'\0'，若用字符数组存储和处理字符串时，必须有字符串结束标记'\0'，在有些情况下，C 编译系统会自动在最后一个字符后面增加一个'\0'，更多情况下需要编程者自己添加。

字符数组存放字符序列，如：char str1[]={'B','e','i','j','i','n','g'};，存储形式如图 6-10 所示。

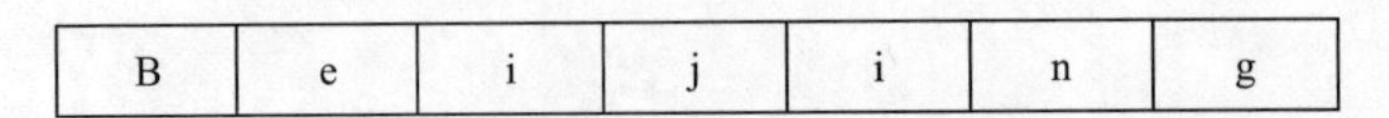

图 6-10　str1 数组存储形式

字符数组存放字符串，如 char str2[]={"Beijing"};，存储形式如图 6-11 所示。

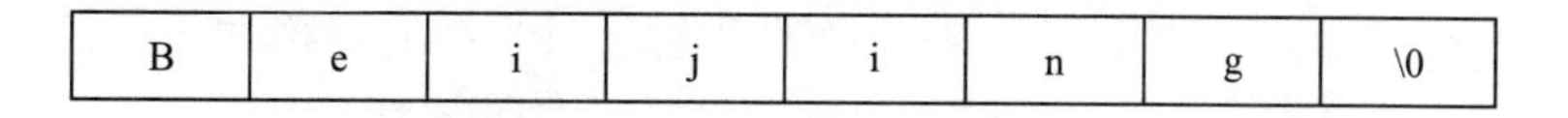

图 6-11　str2 数组存储形式

6.3.2　字符数组的定义及初始化

字符数组的定义及初始化与数值型数组类似。字符数组除了可以用字符序列初始化外，还可以用字符串进行初始化。对于字符数组未赋初值的元素，系统赋值为 0 即字符'\0'。

用字符序列初始化，例如：

```
char str1[]={'B','e','i','j','i','n','g'};      /* 根据所赋初值的个数确定数组长度为7 */
char str2[6]={'b','o','y'};                      /* 未赋初值的元素，系统赋值为'\0' */
char str3[][4]={{'a','b','c','d'},{'1','2','3','4'},{'a','b','c','d'}};
```

用字符串初始化，例如：

```
char str1[]="Beijing";            /* 将字符串存到字符数组中 */
或char str1[]={"Beijing"};        /* 数组长度为8，末尾有一个'\0' */
char str2[][10]={{"Beijing"},{"Tianjin"},{"Shanghai"}};
或char str2[][10]={"Beijing","Tianjin","Shanghai"};
```

注意：可以在定义数组的同时，利用字符串给字符数组赋值，但下面赋值方法是错误的。

```
char str1[10];
str1="Beijing";             /* 数组名是常量，不能对其赋值 */
```

6.3.3　字符数组的输入与输出

1. 逐个字符输入与输出

此时，要逐个引用数组元素，输入输出的格式应采用"%c"。读入字符结束后，系统不会自动在其末尾添加'\0'。

当从键盘输入字符数据时，空格、回车都被看作是字符存入到字符数组中。若输入回车时，输入的字符个数少于程序要求输入的字符个数，程序将继续等待用户输入剩余的字符；若输入回车时，输入的字符个数多于程序要求输入的字符个数，则程序只会将前面的字符存到字符数组中。

```
void main()
{
    char str[10],i;
    for(i=0;i<10;i++)
        scanf("%c",&str[i]);          /* 逐个字符输入 */
    for(i=0;i<10;i++)
        printf("%c",str[i]);          /* 逐个字符输出 */
}
```

程序运行结果：

```
china↙                  /* 回车也看作是一个字符存入数组中 */
good↙                   /* 最后一个回车结束输入 */
china                   /* 本行和下一行为输出的字符 */
good
```

再运行一次程序，程序运行结果：

```
Good boys! OK!↙         /* 回车之前字符个数多于10个，数组只保存前10个字符 */
Good boys!              /* 只输出前10个字符 */
```

2. 整个字符串输入与输出

在 scanf 或 printf 函数中使用"%s"格式符，通过一条语句可实现字符数组的输入、输出。但是格式化输入字符数组时，若输入空格、Tab、回车都会看作是字符数组的输入结束标记，后面输入的字符都不能被保存。若输入的字符串较长，可能导致数组越界，因此，要保证数组有足够的空间存放输入的字符串。用"%s"输入字符数组时，系统会在字符串的末尾添加结束标记'\0'；利用"%s"输出时，从首地址的第一个字符开始输出直到遇到'\0'为止。

```
void main()
{
    char str[10];
    scanf("%s",str);            /* 输入字符串存到数组str中 */
    printf("%s\n",str);         /* 输出首地址开始到'\0'之前的字符 */
    printf("%s\n",str+3);       /* 输出&str[3]开始到'\0'之前的字符 */
}
```

程序运行结果：

```
tomorrow↙
tomorrow                        /* 从第一个字符开始输出 */
orrow                           /* 从第4个字符开始输出 */
```

再运行一次程序，程序运行结果：

```
Good day↙                       /* 数组只保存空格之前的字符串Good */
Good
d
```

注意：

（1）以"%s"输入字符数组时，对应的输入、输出参数可以是字符数组名、字符指针或数组元素的地址。

（2）只有字符串和字符数组可以利用%s 实现整体的输入与输出，整型和实型数组不能整体输入与输出。

【例 6-11】 使用"%s"格式输入一个长度小于 50 的字符串 str，将其中的数字字符按输入顺序存储到 digit 数组中，然后输出 digit 数组。

分析：使用%s 格式应用 scanf 函数输入。用%s 输出数组 digit，应在找到所有数字字符并赋值结束后，末尾添加字符串结束标记'\0'。

源程序：

```
#include <stdio.h>
#define N 50
void main()
{
    char str[N],digit[N];
    int i=0,j=0;                    /* i作为数组str下标，j作为数组digit下标 */
    printf("Input one string: ");
    scanf("%s",str);
    while(str[i]!='\0')             /* 判断是否到达字符串的末尾 */
    {
        if(str[i]>='0' && str[i]<='9')/* 数组当前元素为数字字符 */
            digit[j++]=str[i];      /* 数字字符存到数组digit中，数组下标加1 */
        i++;
    }
    digit[j]='\0';                  /* 数组digit赋值结束，后面加字符串结束标记'\0' */
    printf("Output digit:%s\n",digit);
}
```

程序运行结果：

```
Input one string:abc67ed786ee↙
Output digit:67786
```

6.3.4 字符串的输入与输出

C 语言有专门的字符串输入、输出库函数，使用起来非常方便，这些库函数都定义在头文件 stdio.h 中，使用之前需要使用预处理命令将这些头文件包含到程序中。C 语言中，字符串的输入、输出库函数有 scanf()、printf()、gets()和 puts()。第 3 章已经介绍了 scanf()和 printf()的使用，下面主要介绍 gets()和 puts()的使用。

1. 字符串输入函数 gets()

函数调用的一般形式：

```
gets(字符数组名);
```

函数的功能：从键盘输入一个字符串存储到字符数组中。

例如：

```
char str[20];
gets(str);
```

表示从键盘输入一个字符串存到字符数组 str 中，输入的字符个数最多为 19 个。输入的字符串中可以包含空格。

2. 字符串输出函数 puts()

函数调用的一般形式：

```
puts(字符数组名);或puts(字符串常量);
```

函数的功能：将字符数组中存放的字符串或字符串常量输出，输出后光标换到下一行。

例如：

```
char str[]="Beijing in China";
puts(str);
```

输出结果：

```
Beijing in China
```

注意：

（1）gets()和 puts()一次只能输入或输出一个字符串，而 scanf()和 printf()可一次输入或输出多个字符串。

（2）gets()可以接收空格、Tab，以回车作为字符串输入结束标记，而 scanf()将空格、Tab 和回车都作为字符串输入结束标记。

（3）puts()输出字符串后光标自动换到下一行，而 printf()需要在格式说明符"%s"的后面加'\n'换行。

6.3.5 字符串处理函数

C 语言提供了大量的字符串处理函数，可以实现字符串的连接、比较、复制和转换等操作，在使用这些函数之前需要使用#include 包含头文件 string.h。下面介绍几个常用的字符串处理函数。

1. 测字符串长度函数 strlen()

函数调用的一般形式：

```
strlen(字符数组名或字符串常量);
```

函数的功能：求字符串的实际长度，即'\0'之前字符的个数，函数返回一个整型值。

例如：

```
char str[10]="Beijing";           /* 数组的长度是10 */
printf("%d",strlen(str));         /* strlen(str)等价于strlen("Beijing") */
```

输出结果：7。

注意：数组长度和字符串长度的区别，数组长度可通过 sizeof(数组名)/sizeof(数组元素类型)计算得到。

2. 字符串连接函数 strcat()

函数调用的一般形式：

```
strcat(字符数组1,字符数组2);
```

函数的功能：将字符数组 2 中的字符串连接到字符数组 1 中字符串的后面，并返回字符数组 1 的首地址。

例如：

```
char str1[10]="Bei",str2[]="jing";
printf("%s",strcat(str1,str2));      /* 输出连接后的字符串str1 */
```

输出结果：Beijing。

注意：

（1）必须保证字符数组 1 足够大，能容纳连接后的字符串。

（2）字符数组 1 必须是数组名的形式，字符数组 2 可以是数组名也可以是字符串常量。

（3）连接时，将字符数组 2 中的字符串连接到字符数组 1 中字符串的'\0'开始处。

3. 字符串复制函数 strcpy()

函数调用的一般形式：

```
strcpy(字符数组1,字符数组2);
```

函数的功能：将字符数组 2 中的字符串复制到字符数组 1 中，连同字符串的结束标记'\0'一起复制。

例如：

```
char str1[20],str2[]="China";
strcpy(str1,str2);
puts(str1);
```

输出结果：China。

注意：

（1）必须保证字符数组 1 长度大于等于字符数组 2 长度。

（2）字符数组 1 必须是数组名的形式，字符数组 2 可以是数组名也可以是字符串常量。

（3）不能用赋值语句实现字符串的复制。例如：str1=str2;是错误的。

4. 字符串比较函数 strcmp()

函数调用的一般形式：

```
strcmp(字符数组1,字符数组2);
```

函数的功能：比较字符数组 1 和字符数组 2 中字符串的大小。对两个字符串进行比较时，从左到右依次比较对应字符的 ASCII 码值的大小，直到遇到不同的字符或者字符串结束标记'\0'为止，并由函数返回值得到比较结果如下。

$$\text{strcmp}(\text{字符数组1, 字符数组2})\begin{cases}<0 & \text{字符串 1 小于字符串 2}\\=0 & \text{字符串 1 等于字符串 2}\\>0 & \text{字符串 1 大于字符串 2}\end{cases}$$

例如：

```
char str1[]="abcf",str2[]="abcab";
printf("%d",strcmp(str1,str2));  /* 字符串str1大于字符串str2，返回值大于0 */
```

输出结果：1。

注意：

（1）字符数组 1 和字符数组 2 可以是数组名也可以是字符串常量。

（2）不能用关系运算符进行字符串的比较，只能通过 strcmp 的返回值比较。例如：

```
str1>str2;
```

是错误的。

```
if(strcmp(str1,str2)>0)  printf("字符串str1大于字符串str2");
```

是正确的。

5. 函数 strlwr()

函数调用的一般形式：

```
strlwr(字符数组);
```

函数的功能：将字符串中的大写字母转换为小写字母，其他字符不变。

例如：

```
char str[]="Good!";
strlwr(str);
puts(str);
```

输出结果：good!。

6. 函数 strupr()

函数调用的一般形式：

```
strupr(字符数组);
```

函数的功能：将字符串中的小写字母转换为大写字母，其他字符不变。

例如：

```
char str[]="night";
strupr(str);
puts(str);
```

输出结果：NIGHT。

6.3.6 字符数组的应用

【例 6-12】 输入一个字符串，统计其中单词的个数。（单词间以空格作为分隔符）

分析：用 word 表示当前字符的前一个字符的状态，word=0 表示为空格，word=1 表示为非空格。则出现新单词的位置就是当前字符为非空格，而前一个字符为空格的位置，如图 6-12 所示。图中↓所指向的位置即为出现新单词的位置。

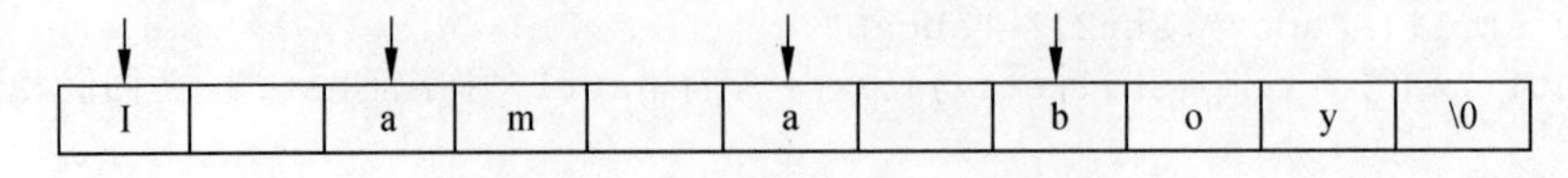

图 6-12 出现新单词的位置示意图

源程序：

```
#include <stdio.h>
void main()
{
    char str[80];
    int word=0,num=0,i;
    gets(str);
    for(i=0;str[i]!='\0';i++)
        if(str[i]==' ')
            word=0;          /* 当前字符为空格，没有出现新单词 */
        else if(word==0)     /* 当前字符为非空格，前一个字符为空格，则出现新单词 */
        {
            word=1;
            num++;
        }
    printf("There are %d words\n",num);
}
```

程序运行结果：

```
This is a red coat↙
There are 5 words
```

思考题：统计开头字母为 b 的单词个数，如何修改上述程序？

【例 6-13】 删除字符串中的指定字符，并将删除后的字符串存放到另一个字符数组 str2 中，字符串和删除的字符均由键盘输入。

分析：设输入的字符串存放在数组 str1 中，要删除的字符存放在 ch 中，对数组 str1 中的字符串从前向后查找，若当前字符不是要删除的字符，则将其存到 str2 中，之后数组 str2 下标加 1，对 str1 数组查找结束后，在数组 str2 末尾添加字符串结束标记'\0'。

源程序：

```
#include <stdio.h>
void main()
{
    char str1[80],str2[80],ch;
    int i,j=0;
    printf("Input one string:");
    gets(str1);
    printf("Deleted character:");
    ch=getchar();
    for(i=0;str1[i]!='\0';i++)
        if(str1[i]!=ch)               /* 字符串str1中当前字符不是要删除的字符 */
            str2[j++]=str1[i];        /* 将该字符存到str2中，之后str2下标加1 */
    str2[j]='\0';                     /* 使数组str2中保存的是一个字符串 */
    printf("Deleted string:");
```

```
    puts(str2);
}
```

程序运行结果：

```
Input one string:You and me are good friends↙
Deleted character:o↙
Deleted string:Yu and me are gd friends
```

思考题：如何实现在同一个数组内删除指定的字符？

【例 6-14】 不使用 C 语言自带的转换函数，将一个数字字符串转换为一个整数。例如：数字字符串为"-1234"，则转换后的整数为-1234。

分析：数值型数字=字符型数字 − '0'，例如：1= '1'− '0'，若字符串的首字符为符号'+'或'–'，则不需要进行转换，之后不断用高位×10+低位即可得到转换后的数值。

源程序：

```
#include <stdio.h>
#include <string.h>
void main()
{
    char str[40];
    int i=0,sum=0,len;
    printf("Input one string:");
    gets(str);
    len=strlen(str);                    /* 计算字符串长度 */
    if(str[0]=='-')                     /* 首字符为符号位不需要转换 */
        i=1;
    for(;i<len;i++)
        sum=sum*10+str[i]-'0';          /* 不断用高位×10+低位即可得到数值部分 */
    if(str[0]=='-')
        sum=-sum;                       /* 若字符串首位为负号，将转换结果加负号 */
    printf("The number is:%d\n",sum);
}
```

程序运行结果：

```
Input one string:-254678↙
The number is:-254678
```

思考题：如何修改上述程序，将一个二进制数字字符串转换成一个十进制整数？

【例 6-15】 输入 4 个字符串，升序排序后输出。

分析：多个字符串可以用二维字符数组存放，字符串的排序和数值型数组的排序类似，可以把一个字符串看成是一个数据，则 4 个字符串就相当于一个包含 4 个元素的一维数组，可采用冒泡、选择或者其他排序方法进行排序。

源程序：

```
#include <stdio.h>
#include <string.h>
void main()
{
    char str[4][80],s[80];      /* str用于存放4个字符串，字符串最大长度79 */
    int i,j;
    printf("输入4个字符串:\n");
    for(i=0;i<4;i++)
        gets(str[i]);                  /* str[i]为每个字符串的首地址 */
    for(i=0;i<3;i++)                   /* 冒泡排序 */
        for(j=0;j<3-i;j++)
            if(strcmp(str[j],str[j+1])>0)/* 比较相邻两个字符串的大小 */
            {
                strcpy(s,str[j]);      /* 本行及下面两行实现字符串交换 */
                strcpy(str[j],str[j+1]);
                strcpy(str[j+1],s);    /* s为一维数组名，str[j]为二维数组每行
                                          数组的数组名 */
            }
    printf("升序排序后的字符串为:\n");
    for(i=0;i<4;i++)
        puts(str[i]);                  /* 输出排序后的字符串 */
}
```

程序运行结果：

```
输入4个字符串:
Tianjin↙
Beijing↙
Nanjing↙
Shanghai↙
升序排序后的字符串为:
Beijing
Nanjing
Shanghai
Tianjin
```

注意：字符串的比较用 strcmp()函数实现，字符串的交换用 3 个 strcpy()函数实现。

本 章 小 结

1．数组中所有元素在内存中是连续存放的且具有相同的数据类型。一维数组常和一重循环结合使用，二维数组常和双重循环结合使用。

2．数组定义之后，长度就是确定的，在程序中不允许随意更改。

3．一维数组初始化时按存储顺序将各初值依次放在一个{}里，并用逗号分隔。二维数组初始化时可以按行赋值，也可按存储顺序赋值。字符数组可以用字符序列进行初始化，也可以用字符串进行初始化。没有赋初值的元素，系统自动赋值为 0。

4．整型数组和实型数组不能整体引用，要逐个元素引用，引用时数组下标最小值为 0，最大值为定义时元素个数-1。字符型数组若存放字符串可以单独引用，也可以整体引用。

5．注意区分字符数组与字符串的区别，以及字符数组与字符串的输入/输出方法。

6．C 语言有专门处理字符串的库函数，使用之前需要将其所在头文件 string.h 包含到程序中，也可自己编写函数实现对字符串的处理。

7．数组是 C 语言程序设计中的重要内容，要掌握对数组操作的方法，并在实际操作中灵活运用。

习 题 六

一、单项选择题

1．在 C 语言中，引用数组元素时，其数组下标形式错误的是（　　）。

A．整型常量　　B．整型表达式

C．整型、字符型的常量或变量　　D．任何类型的表达式

2．若有说明：int a[3][4];，则对 a 数组元素的非法引用是（　　）。

A．a[0][2*1]　　B．a[1][3]　　C．a[4−2][0]　　D．a[0][4]

3．以下能对二维数组 a 进行正确初始化的语句是（　　）。

A．int a[2][]={{1,0,1},{5,2,3}};　　B．int a[][3]={{1,2,3},{4,5,6}};

C．int a[2][4]={{1,2,3},{4,5},{6}};　　D．int a[][3]={{1,0,1},{},{1,1}};

4．以下给字符数组 str 定义和赋值正确的是（　　）。

A．char　str[10];　str={"China!"};　　B．char　str[ ]={"China!"};

C．char　str[10];　strcpy(str,"abcdefghijkl");　　D．char　str[10]={"abcdefghijkl"};

5．当接收用户输入的含有空格的字符串时，应使用的函数是（　　）。

A．gets( )　　B．getchar( )　　C．scanf( )　　D．printf( )

6．在定义 int a[5][6];后，数组 a 中的第 10 个元素是（　　）。（设 a[0][0]为第一个元素）

A．a[2][5]　　B．a[2][4]　　C．a[1][3]　　D．a[1][5]

7．有说明：int a[10]={0,1,2,3,4,5,6,7,8,9};，则数值不为 9 的表达式是（　　）。

A．a[10−1]　　B．a[8]　　C．a[9]−0　　D．a[9]−a[0]

8．设有数组定义：char array[]="China";，则 strlen(array) 的值为（　　）。

A．4　　B．5　　C．6　　D．7

9．设有数组定义：char array[]="Tianjin";，则数组 array 所占的存储空间为（　　）。

A．4 个字节　　B．5 个字节　　C．7 个字节　　D．8 个字节

10．以下程序的输出结果是（　　）。

```
void main()
{
    int i,x[3][3]={9,8,7,6,5,4,3,2,1};
    for(i=0;i<3;i+=1)
        printf("%5d",x[1][i]);
 }
```

A．6　5　4　　B．9　6　3　　C．9　5　1　　D．9　8　7

11. 以下程序的输出结果是（　　）。

```
void main()
{
    int a[]={1,8,2,8,3,8,4,8,5,8};
    printf("%d,%d\n",a[4]+3,a[4+3]);
}
```

A. 6,6　　　B. 8,8　　　C. 6,8　　　D. 8,6

12. 以下程序的输出结果是（　　）。

```
void main()
{
    int a[3][3]={{1,2,3},{3,4,5},{5,6,7}},i,j,s=0;
    for(i=0;i<3;i++)
        for(j=i;j<3;j++)
            s+=a[i][j];
    printf("%d\n",s);
}
```

A. 26　　　B. 36　　　C. 19　　　D. 22

13. 若有如下定义语句：

```
double a[5];
int i=0;
```

能正确给数组 a 元素输入数据的语句是（　　）。

A. scanf(" % lf % lf % lf % lf % lf ",a);　B. for(i=0;i<=5;i++)　scanf(" % lf ",&a[i]);

C. while(i<5) scanf(" % lf ",&a[i++]);　D. while(i<5) scanf(" % lf ",a+i);

14. 在 C 语言中，数组名代表了（　　）。

A. 数组全部元素的值　　　B. 数组首地址

C. 数组第一个元素的值　　　D. 数组元素的个数

15. 以下程序的输出结果是（　　）。

```
#include <stdio.h>
#include <string.h>
void main()
{
    char s[15]="true\0\n";
    printf("%d,%d\n",strlen(s),sizeof(s));
}
```

A. 4,15　　　B. 6,6　　　C. 15,15　　　D. 6,15

二、填空题

1. 以下程序运行后的输出结果是________。

```
void main()
{
    int a[10]={10,11,12,13,14,15,16,17,18,19};
```

```
    int i=0,j=0;
    while(i++<9)
        if(a[i]%2)
            j+=a[i];
    printf("%d\n",j);
}
```

2．下面程序的功能是：输出 26 个大写英文字母，请补全程序。

```
#include <stdio.h>
void main()
{
    char string[256];
    int i;
    for(i = 0; i < 26;____①____)
        string[i] =____②____;
    string[i] = '\0';
    printf("the arrary contains %s\n",____③____);
}
```

3．下面程序的功能是：输出 1000 以内的所有完数及其因子，请补全程序。

说明：所谓完数是指一个整数的值等于它的因子之和。

例如：6 的因子是 1、2、3，且 6=1+2+3，故 6 是一个完数。

```
#include <stdio.h>
void main()
{
    int i,j,m,s,k,a[100] ;
    for(i=1; i<=1000; i++ )
    {
        m=i; s=0; k=0;
        for(j=1; j<m; j++)
            if(____①____)
            {
                s=s+j;
              ____②____=j ;
            }
        if(s!=0&&s==m)
        {
            for(j=0;____③____; j++)
                printf("%4d",a[j]);
            printf(" =%4d\n",i);
        }
    }
}
```

4．以下程序运行后的输出结果是________。

```
#include <stdio.h>
void main()
{
    char s[]="ABCDABC";
    int i;
```

```
    char ch;
    for(i=0;(ch=s[i])!='\0';i++)
    {
        switch(ch)
        {
            case 'A': putchar('%');continue;
            case 'B': ++i;break;
            case 'C': putchar('&');continue;
            default: putchar('*');
        }
        putchar('#');
    }
}
```

三、编程题

1．把 0~20 的偶数存放到数组中并输出。

2．向数组中输入 10 个整数，通过相邻元素比较交换的方法，将最大值移动到数组最后，然后输出该数组。

3．将从键盘输入的数据插入到一个有序数组中，形成一个新的有序数组并输出。

4．从键盘输入一个整数，在数组中查找是否存在该数，如存在将其删除。

5．求 M×M（M 为奇数）矩阵对角线元素之和。

6．求二维数组最大值及其所在的行与列。

7．产生并输出如下形式的方阵。

```
1222221
3122214
3312144
3331444
3315144
3155514
1555551
```

8．从键盘输入一个字符串，统计其中字母的个数、数字字符的个数、空格的个数、其他字符的个数。

9．将一个字符串中的前 N 个字符复制到另一个字符数组中，不允许使用 strcpy 函数。

10．打印以下图形，用二维数组实现。

```
*****
 *****
  *****
   *****
    *****
```

11．输入 3 个字符串（用二维数组存放），将其连接到一起后输出，字符串与字符串间用空格分隔。

第7章 函　数

学习目标

1．了解模块化程序设计的概念。

2．掌握C程序的构成。

3．掌握C函数的定义、声明、调用的方法，掌握函数参数的传递、返回值的概念和方法。

4．掌握数组元素、数组名作函数参数的使用方法。

5．掌握嵌套调用、递归调用函数的编写。

6．了解变量的作用域、存储方式、内部函数与外部函数的概念。

7．掌握将多个源程序文件编译、链接成一个可执行文件的方法。

C程序中，函数的英文名是function，中文的含义是功能，但更通常的意义是模块。将一个大程序按功能分割成多个小模块，可以提高程序的可读性、可靠性、可维护性等；将多个功能雷同的程序段独立成一个被调函数，在主调函数中使用不同参数多次调用，能够使程序更短小精悍，缩短程序开发周期。本章主要介绍函数的定义、声明、调用、参数传递及返回值，数组名作函数参数，以及函数的嵌套调用与递归调用。

7.1 模块化程序设计

7.1.1 模块化程序设计概念

如果一个程序功能不多、程序短小，只使用一个main函数（主函数），则不成问题。但如果程序功能很多、程序很长，例如，几百行、几千行甚至几万行，只使用一个main函数，则程序的可读性变差，程序的调试、功能扩充等都很不方便。

为此，将一个规模较大的程序按功能分解出一个个独立的程序段，从主函数、主调函数中独立出来，做成一个个被调函数，主调函数通过实参给被调函数提供运行条件，被调函数通过形参接收主调函数的实参，再通过return语句返回，即可实现模块化程序设计。

被调函数运行结束后，一般要“返回”（使用return)，也有不返回的，而是让整个程序运行立即结束（使用库函数exit)。

一个C程序无论分成多少个模块，必须有且只能有一个main函数，它通过调用其他函数实现各种功能，理论上，各函数是相互平等、独立的。但main函数具有特殊性：

(1）它必须是程序中第一个被执行的函数；(2）它通常是程序执行结束前最后一个被执行的函数；(3）它一般不被其他函数调用。

C 程序中，各函数之间通过“调用”建立联系，函数间的几种调用关系如图 7-1 所示，为使程序结构简单，常采用“树形结构”调用关系。图 7-1 中，所有箭头指向的是被调函数，箭头的出发点则是主调函数。“树形结构”调用关系中，除主函数外，每个被调函数只能被一个主调函数调用，每个主调函数可以调用多个被调函数；“图形结构”调用关系中，被调函数能被 1 个以上的主调函数调用；“递归调用”关系中，函数能直接或间接地被自己调用。“递归调用”模糊了函数之间主调、被调的概念，但递归函数有其独特的优点，是函数一章学习的难点。

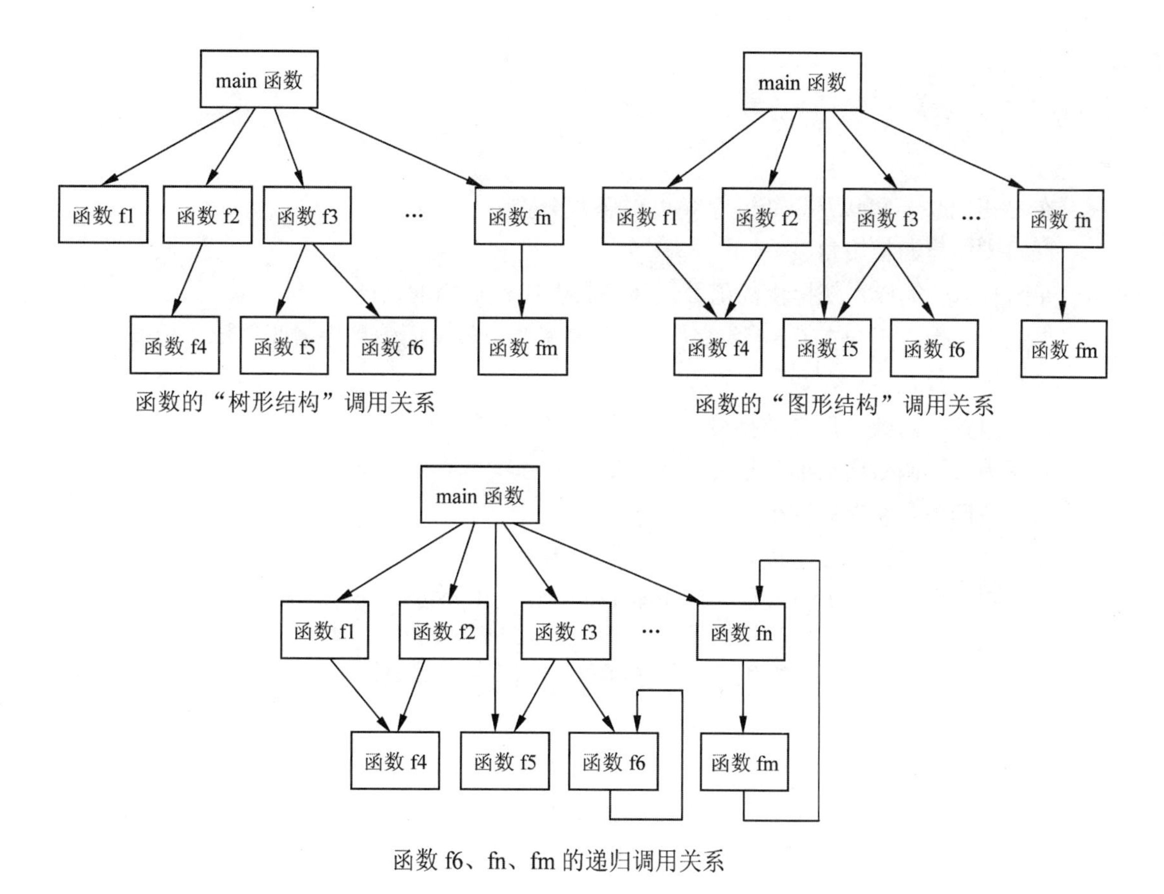

图 7-1　函数的几种调用关系

7.1.2　函数概述

C 语言程序由一个或多个函数组成。函数由函数头和函数体组成。函数头由函数类型、函数名、形参表列组成。函数体由若干条语句组成，语句由关键字、标识符、运算符、常量、语法符号组成，如图 7-2 所示。

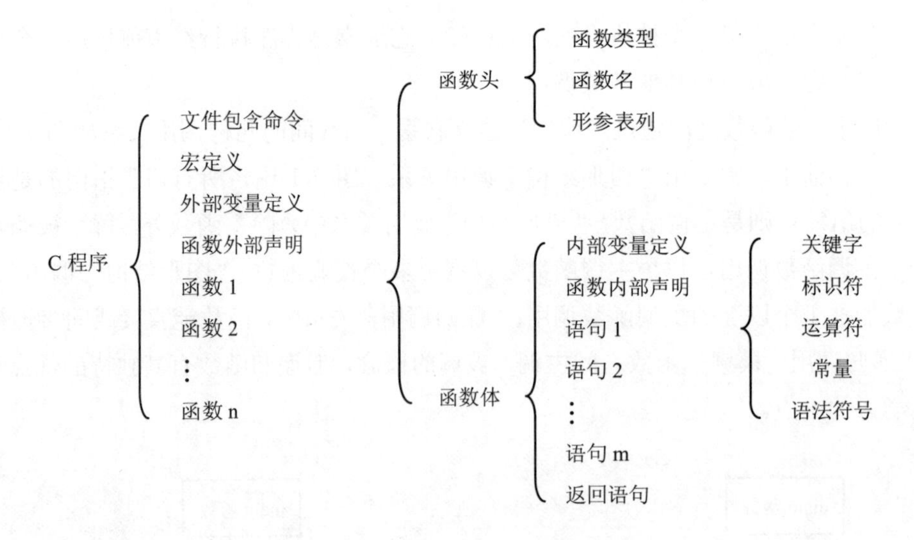

图 7-2　C 语言程序组成示意图

在 C 语言中，可以从以下几个角度对函数分类：

（1）按用户的使用角度

库函数：C 编译系统提供的函数，往往具有比较通用的功能。

自定义函数：用户在 C 编译系统上自己编写的函数，用于程序需要的特定功能。

（2）按函数是否有参数

有参函数：函数名后面的括号内有一个或多个参数。

无参函数：函数名后面的括号内无参数。

（3）按函数是否有返回值

有返回值函数：通过 return 返回一个值的函数。

无返回值函数：无 return 语句或虽有 return 语句但不返回任何内容的函数。

7.2　函数的定义与调用

函数的定义，即函数的编写，是程序设计的主要工作。函数的调用是函数定义的目的，即实现函数的功能。库函数调用前，一般需要使用文件包含命令#include 将其所在的头文件包含到程序中。自定义函数调用前，一般需要对其进行声明。

7.2.1　函数的定义

函数定义的一般形式为：

```
函数类型 函数名(形参表列)            /* 函数头 */
{
    若干条语句;                      /* “{}”之间的语句称为函数体 */
    返回语句;
}
```

函数类型就是函数返回值的类型。函数类型确定后，函数体中返回语句返回值的类型应该与之一致，若不一致，以函数类型为准。函数不需要返回值时，可以将函数类型定义为 void 类型。函数类型省略时，默认为 int 型。

函数名由用户指定，遵循标识符的命名规则。实际使用时，函数名通常命名为与函数功能相关的英文单词或汉语拼音等。自定义函数名一般不要与库函数名相同，若两者相同时，主调函数调用的是自定义函数。

形参表列是对所有形参及其类型的说明，多个形参之间使用“,”分隔。形参实质上是变量，定义在函数头中，与函数体内部变量的定义方式、功能有所不同：定义方式上，函数头对每个形参都必须单独指定类型，而函数体内可以用一条语句定义多个相同类型的变量；功能上，在函数被调用时，形参能够接收实参传递过来的值或地址，而函数体内部定义的变量无此功能。函数为无参函数时，“形参表列”可以省略或只写一个 void。

返回语句即 return 语句，有以下三种形式：

（1）return;

（2）return 表达式;

（3）return (表达式);

第一种形式无确定的返回值，第二种形式与第三种形式等价，有确定的返回值。有返回值时，函数返回 return 后面表达式的值。无返回语句时，函数不会有确定的值，程序执行到该函数的最后一个“}”时自然返回，因此，不需要返回值时，return 语句可以省略。

函数体就是函数头后面“{}”内的多条语句。如果函数体内需要使用变量，必须在函数体的最前面定义所有变量。若函数体内一条语句也没有，这样的函数称为“空函数”，它被用于“占位”，方便程序调试，用于以后程序功能扩充。

例如：

```
int f(int a,int b,double c)
{ 函数体 }
```

其中，int 是函数类型，f 是函数名，a、b、c 是 3 个形参，a、b 都是 int 型，c 是 double 型，空格、圆括号()、逗号都是语法符号。

注意：函数头的末尾不能加分号，因为它不是语句。

函数定义的一般形式还有一种被称为“经典模式”。与现在的通用模式不同的是，经典模式将函数头中的形参表列简化为形参名表列，然后，另起一行单独定义各个形参的类型。经典模式中，函数头的一般形式为：

```
函数类型 函数名(形参名表列)
形参类型1 形参名1,…, 形参名n;
形参类型2 形参名n+1,…, 形参名m;
…
```

例如：

```
int f(a,b,c,d)
```

```
int a,b;                    /* 每行形参的定义与函数体内变量的定义方式相同 */
double c,d;
{ 函数体  }
```


如果形参是数组，定义形参时，数组的第一维长度可以不指定，即使指定也无实际意义，这与函数体内定义数组是不同的。例如，下面三种定义函数的形式都是正确的：

```
(1) int f(char a[],int n)
    { 函数体 }
(2) void f(int b[][100],int n)
    { 函数体 }
(3) void f(b,n)
    int b[][100],n;
    { 函数体 }
```

注意：定义多个函数时，不能交叉定义或嵌套定义，也就是说，必须定义完一个函数再定义另一个函数，即函数的定义是并列的，这体现了各函数的“平等独立”。

7.2.2　函数的声明

函数声明的作用是在程序编译、链接时，告知系统程序要调用哪个函数、函数的类型、函数参数的个数及类型。程序运行时，函数声明不起作用。

函数声明的一般形式为：

```
函数类型 函数名(形参表列);
```

说明：

（1）形参表列中，可以只写参数类型，省略参数名。例如：

```
double f(int a,double b);
```

等同于

```
double f(int,double);
```

（2）形参表列中，各个形参名称与函数定义时各个形参名称可以不同，只要类型相同即可，因为编译、链接时系统并不检查函数声明中的形参名称。例如：

```
double f(int a,double b);
```

等同于

```
double f(int x,double f);
```

函数声明与函数头的定义很相似，区别是：

（1）函数声明末尾必须有一个分号“;”，因此，函数声明本质上是一条语句。

（2）函数声明中，“形参表列”可以换成对应的“形参类型表列”，即省写形参名称。

函数声明的位置：

（1）外部声明：在程序的开始处、所有函数的外部声明，与外部变量定义、文件包含命令、宏定义是并列的，声明后，程序中所有函数都可以调用这个函数。

（2）内部声明：在函数体的开始处声明，与内部变量定义并列，声明后，该函数体内可以随时调用这个函数。

注意： 在两种情况下可以省略函数声明：

（1）被调函数定义在主调函数之前。

（2）被调函数定义在主调函数之后，但被调函数是 int 型。

因此，编写简短程序时，常将 main 函数写在最后。编写大程序时，一般都要在合适的位置对被调函数作声明。严格地说，除 main 函数外所有函数都将被调用、都需要作函数声明。如果一个函数不被调用，那么，这个函数在程序运行时就不会被执行，这个函数的定义也就没有意义了。

7.2.3 函数的调用

函数的调用是函数间建立联系的一种手段，是函数定义的目的，通过函数调用可实现模块化编程。

1. 无返回值函数的调用

无返回值函数调用的一般形式为：

```
函数名(实参表列);
```

例如：

```
sort(a,6);
```

其中，函数名是该函数定义时的函数名，前面不能有类型说明符。实参表列是要传递给被调函数形参的值。实参的形式可以是常量、变量、表达式等，实参的值可以是数值、字符、地址等，总之，实参必须有确定的值。有多个实参时，实参之间用逗号“,”分隔，实参与形参必须个数相等、顺序对应、类型一致。若实参与形参类型不同，实参值自动转换成形参的类型后赋值给形参。调用无参函数时，不能有实参。函数调用语句末尾应加分号“;”。

2. 有返回值函数的调用

有返回值函数调用的一般形式为：

```
函数名(实参表列)
```

说明： 有返回值函数的调用一般被当作一个“表达式”使用，这个“表达式”的类型就是这个被调函数的类型，其优先级是 1 级。这种表达式称为“函数调用表达式”简称“函数调用”。

例如：

```
b=max(x,y)+100;
```

其中的 max(x,y)是函数调用，在整个语句中它与一个表达式的功能相同。

而下面对函数的调用是错误的：

```
b=int max(int x,int y)+100;
```

原因是，函数调用时不能指明或定义函数类型，也不能指明或定义实参类型。

“函数调用表达式”后面直接加分号“;”就构成函数调用语句。若函数无返回值，必须这样调用。若函数有返回值，但只需要调用过程不需要调用后的返回值时，也可这样调用。例如：

```
scanf("%d",&a);
```

这个函数调用虽然有返回值，但编程者往往只需要 scanf 函数的调用过程，并不关心它调用后的返回值。

主调函数执行到“函数调用”时，暂停运行，转去运行被调函数，被调函数运行结束，再返回到主调函数继续运行。运行过程如图 7-3 所示。

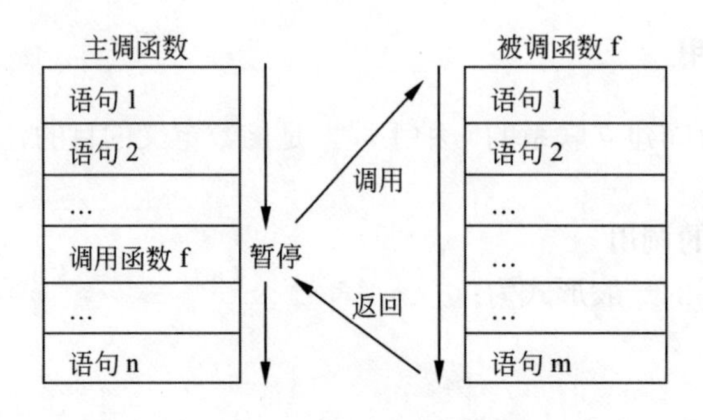

图 7-3　函数调用时程序运行过程示意图

7.2.4　函数的参数传递

函数的参数传递是指在调用函数时将实参值赋值给形参，如图 7-4 所示。因此，函数定义时的形参与函数调用时的实参有如下特点：

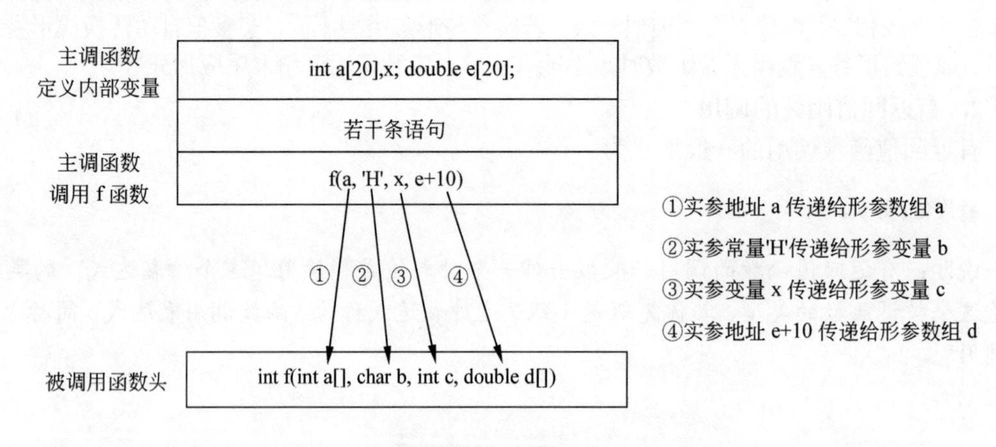

图 7-4　函数调用时实参传递给形参示意图

（1）形参必须是变量，必须有特殊的定义形式，以保证准确无误地接收并存储各个实参赋过来的值。这点通过函数定义时，函数头圆括号()中形参的定义得到保证。

（2）实参可以是常量、变量、表达式等，只要有确定的值即可。

（3）实参的类型应该与形参的类型一致，否则以形参为准。

（4）实参的个数必须与形参的个数相等，否则出错。

（5）若实参是“普通变量”，可以与形参同名，但它们表示不同的变量，因此，若在被调函数中改变形参的值，主调函数中实参的值不会随之改变。这就是函数参数值的“单向传递”。

（6）若形参是“地址型变量”，实参必须是地址值。无论实参与形参是否同名，在被调函数中对形参指向的存储单元修改数据，相当于在主调函数中对实参指向的存储单元修改数据。使用数组、指针变量作形参，就属于这种情况，关于指针的概念，详见第 9 章。

7.2.5 函数应用实例

【例 7-1】 定义一个函数，其功能是连续输出 10 个*。

源程序：

```
void f()                    /* 无返回值，无形参，形参位置省略void */
{
    int i;
    for(i=1;i<=10;i++)
        printf("*");        /* 输出10个*字符 */
}
void main()
{   f();   }                /* f函数无参，调用f函数无实参 */
```

程序运行结果：

```
**********
```

其中，f 函数是自定义函数，主函数中只有一条语句，实现对 f 函数的调用。f 函数的函数体中，调用了库函数 printf。

【例 7-2】 定义一个函数，其功能是连续输出 n 个指定字符 c。

源程序：

```
void f(char c,int n)        /* 函数f被调用时，形参c与n分别得到指定字符与数值 */
{
    int i;
    for(i=1;i<=n;i++)
        printf("%c",c);     /* 输出n个c中的字符 */
}
void main()
{   f('*',10);  }           /* 实参的个数、类型与f函数中的形参完全一致 */
```

程序运行结果：

```
**********
```

其中，f 函数为有参、无返回值函数。主函数调用 f 函数时，实参使用两个常量。本例中，只要改变函数调用语句中的实参即可得到不同的结果，而例 7-1 每次调用 f 函数得到的结果相同，因此，本例的函数 f 比例 7-1 的函数 f 功能更强、更灵活。

思考题：若将主函数中的调用语句，修改为：

```
f('+',20);
```

而被调函数 f 不作任何修改，分析程序运行结果？

【例 7-3】 调用例 7-2 中的函数 f，输出下面的三角形图案。

```
    *
   ***
  *****
 *******
*********
```

分析：输出的图案中，每行都是先输出若干个空格“ ”、然后输出若干个星号“*”、最后换行，共 5 行，即执行 5 次循环。解题的关键是建立行数与空格数、星号数之间的关系。

源程序：

```
#define N 5
void f(char c,int n)
{
    int i;
    for(i=1;i<=n;i++)
         printf("%c",c);       /* 输出n个c中的字符 */
}
void main()
{
    int i;
    for(i=1;i<=N;i++)          /* i控制输出行数 */
    {
       f(' ',40-i);            /* 输出40-i个空格，其中，40是输出窗口的横向半中间 */
       f('*',2*i-1);           /* 输出2i-1个字符*，起始行1个，每行递增2个 */
       putchar('\n');          /* 每行输出后换行 */
    }
}
```

【例 7-4】 定义一个函数 max，其功能是返回两个整数的较大值。

源程序：

```
int max(int a,int b)     /* max函数需要返回一个int型值，所以max函数类型是int */
{
    int c;
    if(a>b) c=a;
    else   c=b;
    return c;
}
void main()
{
     int a,b,c;          /* 此处的a、b、c不是max函数中的a、b、c */
     printf("a=");
     scanf("%d",&a);
     printf("b=");
     scanf("%d",&b);
     c=max(a,b);         /* max函数中计算出来的c值，赋值给main中的c */
     printf("MAX=%d\n",c);
}
```

程序运行结果：

```
a=30↙
b=20↙
MAX=30
```

思考题：如何调用本例的 max 函数，实现求三个整数的最大值？

【例 7-5】编写一个函数 double root(double a,double b)，功能是求区间[a,b]内方程 f(x)=0 的根。要求使用对分法（即二分法）。

分析：对分法解方程 f(x)=0 的原理如图 7-5 所示，假设 f(x)在[a,b]上连续且 f(a)与 f(b)异号，则[a,b]间必有方程的一个根。取 x 为[a,b]的中间点 x=(a+b)/2，若 f(x)=0，则 x 就是方程的根，否则，若 f(x)与 f(a)异号，则在[a,x]间继续寻找根，若 f(x)与 f(b)异号，则在[x,b]间继续寻找根，寻找根的范围缩小了一半。如此循环，最终必定寻找到一个根。设 D 为根的精度，root 函数算法的 N-S 流程图如图 7-6 所示。

解方程的算法有很多，如弦截法、切线法（牛顿法）等，每种方法各有优劣。对分法是比较简单的算法，对函数要求也不高（函数连续）。

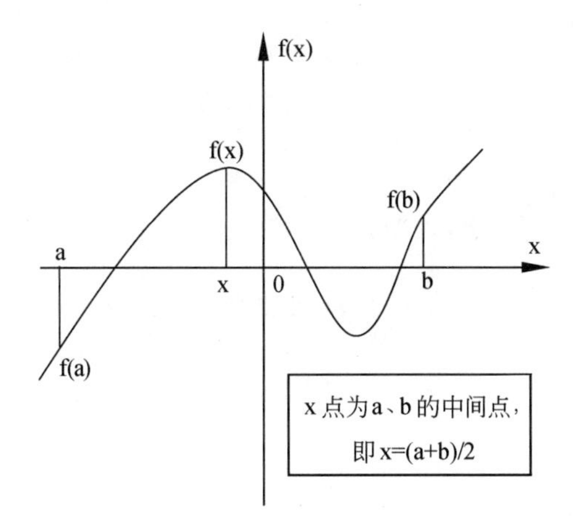

图 7-5　对分法解方程原理图

形参 a、b 得到解方程的区间		
fa=f(a), fb=f(b)		
如果|f(a)|<D，则返回根 a		
如果|f(b)|<D，则返回根 b		
如果 f(a)与 f(b)同号，则报错、结束程序		
|b-a|>D		
	x=(a+b)/2	
	fx= f(x)	
	如果|fx|<D，则返回根 x	
	fx*fa<0（真 / 假）	
	真：b=x	假：a=x
	真：fb=fx	假：fa=fx
返回根(a+b)/2		

图 7-6　root 函数算法的 N-S 流程图

源程序：

```
#include<math.h>
#define D 1e-8                          /* 设置精度为0.00000001 */
double f(double x)                      /* 求变量x对应的函数值2x3-5x2+sin(x) */
{   return 2*x*x*x-5*x*x+sin(x);  }

double root(double a,double b)  /* 求方程f(x)=0在[a,b]间的根 */
{
    double x,fa,fb,fx;
    fa=f(a);
    fb=f(b);
    if(fabs(fa)<D)return a;         /* 若|fa|<D，则a是根 */
    if(fabs(fb)<D)return b;         /* 若|fb|<D，则b是根 */
    if(fa*fb>0)                     /* 若fa与fb同号，则不能肯定[a,b]间有根*/
    {
        printf("数据错误！\n");
        printf("按任意键结束...");
        getch();
        exit(1);                    /* 退出程序运行 */
    }
    while(fabs(b-a)>D)              /* 只要a、b的差不是足够小就循环 */
    {
        x=(a+b)/2;                  /* 对分，取a、b的正中间值赋给x */
        fx=f(x);
        if(fabs(fx)<D)return x;     /* 有可能x恰好是方程的根 */
        if(fx*fa<0)                 /* 若fx与fa异号，则在[a,x]内继续寻找根 */
        {  b=x;  fb=fx;  }
        else                        /* 否则，在[x,b]内继续寻找根 */
        {  a=x;  fa=fx;  }
    }
    return (a+b)/2;                 /* 此时a、b、它们的中间值都是方程的近似根 */
}
void main()
{   printf("方程的根 x=%lf\n",root(1,3));  }
```

程序运行结果：

```
方程的根 x=2.446498
```

说明：

（1）若要对其他方程求解，只需修改函数 f 的返回语句即可。

（2）root 函数中调用库函数 exit 可以立即中止程序运行。exit(0)表示正常退出，exit(1)表示异常退出。

（3）root 函数中的 if-else 语句是对分法的核心，它使寻找根 x 的范围缩小了一半且保证根在这一半范围内。

（4）主函数调用 root 函数的两个实参 1、3 是寻找方程根的区间，应保证该区间存在根，否则，root 函数会报错。

（5）只要函数 f 在区间[1,3]内连续且 f(1)、f(3)的值异号，就一定能在[1,3]内寻找到一个根，但程序不保证方程 f(x)=0 在[1,3]内只有一个根。若要将方程在不同区间的所有实数根都找出来，程序还需进一步完善。

7.3 数组作函数参数

7.3.1 数组元素作函数参数

数组元素作函数的参数时，只能作函数的实参，使用方法等同于同类型的变量作实参，首先计算出这个数组元素的值，然后传递给被调函数的形参。

【例 7-6】 调用例 7-4 求两个数较大值的函数 max，求数组最大值。

源程序：

```
#define N 10
int max(int a,int b)
{
   int c;
   if(a>b) c=a;
   else   c=b;
   return c;
}
void main()
{
   int a[N]={33,44,22,66,34,25,43,52}; /* 初始值的个数<N，未赋初值的元素自动赋
                                          初值0 */
   int i,m;                         /* i是循环变量，m是最大值 */
   for(m=a[0],i=1;i<N;i++)          /* 先假设a[0]是最大值m */
      if(max(m,a[i])!=m)m=a[i];/* 如果a[i]与m中的较大值不是m，则赋值m=a[i] */
   printf("MAX=%d\n",m);
}
```

程序运行结果：

```
MAX=66
```

本程序调用 max 函数时，以数组元素 a[i]的值作为第 2 个实参，能够实现求数组的最大值，但程序运行速度并不快，一般不使用数组元素作函数实参。

7.3.2 数组名作函数参数

数组名作函数参数，既可以是形参，也可以是实参。C 程序中，由于数组名表示数组的首地址，当形参是数组名时，实参应该是同类型数组的首地址，也可以是同类型连续多

个存储单元的首地址，总之，实参必须是确定的地址。

用数组名作函数的参数，调用函数时，形参得到实参数组的首地址，在被调函数中对形参地址开始的各个数组元素访问，就是访问主调函数中的各个实参数组元素。也就是说，如果形参与实参都是数组名，无论它们名字是否相同，实质上是同一个数组。这是地址作形参与简单变量作形参的最大区别。

一维数组名作函数形参的一般形式为：

```
函数类型 函数名(数据类型 数组名[], 数据类型 形参2…)
```

其中，数组长度一般省略，也可以是任意正整数。这个长度通常作为一个实参同时传递给被调函数的另一个形参。

例如：

```
void sort(int a[],int n)
```

一维数组名作函数实参的一般形式为：

```
函数名(数组名,实参2…)
```

或

```
函数名(数组名+整数n,实参2…)
```

这时，将实参数组中下标为 n 的元素地址传递给形参，而形参则以这个地址作为形参数组的首地址。

例如：

```
sort(a,10)或sort(b+2,5)          /* a、b均为int型数组 */
```

【例 7-7】 编写一个函数，利用选择法对数组排序。要求实参、形参均使用数组名。

源程序：

```
#define N 10
void sort(int a[],int n)            /* a是要排序的数组，n是元素个数 */
{
    int i,j,m,t;
    for(i=1;i<n;i++)                /* i是排序趟数 */
    {
        for(m=i-1,j=i;j<n;j++)      /* 先假设下标i-1元素值最小 */
            if(a[m]>a[j])m=j;       /* 如果发现后面有更小的元素值，用m记住下标 */
        t=a[m];                     /* 无论未排序的元素中最小的数在不在最前面 */
        a[m]=a[i-1];                /* 交换最小的数与最前面的数 */
        a[i-1]=t;
    }
}
void main()
{
```

```
    int a[N]={33,44,22,66,34,25,43,52};
    int i;
    sort(a+3,4);              /* 将实参数组a[3]的地址作首地址，对4个元素排序 */
    for(i=0;i<N;i++)
        printf("%d ",a[i]); /* 输出排序后的结果 */
    printf("\n");             /* 换行 */
    sort(a,N);                /* 将实参数组a[0]的地址作首地址，对N个元素排序 */
    for(i=0;i<N;i++)
        printf("%d ",a[i]); /* 输出排序后的结果 */
    printf("\n");             /* 换行 */
}
```

程序运行结果：

```
33 44 22 25 34 43 66 52 0 0
0 0 22 25 33 34 43 44 52 66
```

【例 7-8】 编写一个函数，求二维数组各行元素的和，并将结果放入一个一维数组中。要求实参、形参均使用数组名。

分析：定义的函数有三个形参，一个是要求各行和的二维数组，一个是数组的行数，一个是存放二维数组每行和的一维数组。对应实参应该是二维数组名、数组行数和一维数组名。

源程序：

```
#define N 3
#define M 4
void sum_row(int a[][M],int n,int b[])  /* a是要求各行和的二维数组，n是行数，b
                                           是和的存放数组 */
{
    int i,j,s;
    for(i=0;i<n;i++)          /* 控制a的行 */
    {
        for(s=j=0;j<M;j++)
            s+=a[i][j];       /* 将a的i行累加到s中 */
        b[i]=s;               /* 将s转存于b[i]中。不直接累加至b[i]中，速度快 */
    }
}
void main()
{
    int a[N][M]={{33,44,22,66},{34,25,43,52},{11,22}};
    int b[N];                 /* 用于存放数组a各行的和 */
    int i;
    sum_row(a,N,b);           /* 调用sum_row函数 */
    for(i=0;i<N;i++)
        printf("%d\n",b[i]);/* 输出b数组，即a各行的和 */
    printf("\n");             /* 换行 */
```

```
}
```

程序运行结果：

```
165
154
33
```

程序中，sum_row 函数虽然是 void 型且没有返回语句，但在形参数组 b 中写入 n 个值，就是在实参数组 b 中写入 N 个值，函数调用结束后，主函数得到了被调函数在形参数组 b 写入的 n 个值。

注意：（1）sum_row 函数的形参中，a 是二维数组，它的列数 M 不可以省略；（2）虽然程序前面使用#define 定义了行数 N、列数 M，但为了使 sum_row 函数功能更强、调用更灵活，形参中使用了一个整型变量 n，用于接收调用 sum_row 函数时需要实际处理的二维数组行数，这如同处理一维数组时，通常要告知被调函数需要实际处理的一维数组元素个数一样。

由于二维数组作形参，第二维的长度不能省略，这样函数的通用性很差，即，实参二维数组的列数应该与形参二维数组的列数相同。为此，采用“实参二维数组，形参一维数组”的方法，可以提高函数的通用性。这种方法的思路是：实参提供二维数组首个元素地址、行数、列数，形参按一维数组、行数、列数来接收，被调函数处理形参一维数组中的“行数×列数”个元素，正是实参二维数组的所有元素。需要访问“二维数组”的某个元素时，将这个元素的行、列下标作适当的计算即可得到它在一维数组中的下标。

【例 7-9】 采用“实参二维数组、形参一维数组”的方法，求二维数组周边元素之和。

分析：假设二维数组的列数为 M，某一元素的行、列下标是 i、j，转换成一维数组后这个元素的下标是 k，则它们的换算公式是（下标从 0 开始）：

二维转一维：k=i*M+j

一维转二维：i=k/M，j=k%M

源程序：

```
int side_sum(int a[],int n,int m) /* 一维数组a中存放着n行、m列二维数组元素 */
{
    int i,j,s1=0,s2=0;
    for(i=0;i<n;i++)                  /* 控制行 */
        s1+=a[i*m]+a[i*m+m-1];        /* 第1列和最后1列的所有数相加 */
    for(j=1;j<m-1;j++)                /* 控制列 */
        s2+=a[j]+a[(n-1)*m+j];        /* 第1行和最后1行中除第1列和最后1列的所有数相加 */
    return s1+s2;                     /* 二维数组周边元素之和 */
}
void main()
{
    int a[3][4]={{1,2,3,1},{4,5,6,2},{7,8,9,2}};
    printf("%d\n",side_sum(a[0],3,4));  /* a[0]是a的首个元素地址 */
```

```
}
```

程序运行结果：

```
39
```

本程序中，只要改变调用 side_sum 函数的实参，就可以计算任意大小的 int 型二维数组周边元素之和，而不会受到二维数组列数的限制。

【例 7-10】 编写一个函数，其功能是将第 2 个字符串连接到第 1 个字符串之后，要求不使用库函数 strcat。

源程序：

```
#define N 100
void str_cat(char a[],char b[]) /* 将b中的串连接到a中串的后边 */
{
    int i=strlen(a);                /* i为a中串结束标记的下标 */
    int j=0;                        /* j为b中串起始字符的下标 */
    while(a[i++]=b[j++]);           /* 见后面详述 */
}
void main()
{
    char a[N],b[N/2];               /* 定义a、b数组及其存放串的大小 */
    printf("a=");gets(a);           /* 向a中输入一个串 */
    printf("b=");gets(b);           /* 向b中输入一个串 */
    str_cat(a,b);                   /* 连接串 */
    puts(a);                        /* 输出a中的串 */
}
```

程序运行结果：

```
a=123456↙
b=abcd↙
123456abcd
```

其中，str_cat 函数里的语句

```
while(a[i++]=b[j++]);
```

的含义是，将 b[j]字符赋值给 a[i]，之后做两件事：一是检查刚赋的值是不是字符串结束标记，若是，则循环结束，否则，因循环体为空语句直接进入下一轮循环；二是执行 i++、j++。

思考题：程序中，语句“while(a[i++]=b[j++]);”还有哪些写法？

注意：用数组作函数参数，实参数组与形参数组的类型必须严格一致。因为实参传给形参的不是各个元素的值而是数组首地址，若这两个数组类型不同，编译、链接都不会出错，但程序运行时，实参的地址将被自动转换成形参类型的地址后赋给形参，首地址值未变，但主调、被调函数对数组元素存取的方式不一致，导致被调函数读出的形参数组各元素的值是错误的。反之，如果在被调函数的形参数组里写入一些值，回到主调函数后，读出的对应实参数组各元素的值也都是错误的。

【例 7-11】 实参、形参均为数组，但是类型不同。

源程序：

```
int fun(int a[])                    /* 形参是int型数组 */
{
    int s=0,i;
    for(i=0;i<5;i++)s+=a[i];
    return s;
}
void main()
{
    float a[]={1,2,3,4,5};          /* 赋初值，此时初始值与数组元素类型不同也无妨 */
    printf("%d\n",fun(a));          /* 调用fun函数时，实参是float型数组 */
}
```

程序运行结果：

```
1088421888
```

程序运行结果错误！原因是，fun 函数运行时按 int 格式读数据 a[i]，而主函数中按 float 格式存储数据 a[i]。

7.4 函数的嵌套调用与递归调用

7.4.1 函数的嵌套调用

假设一个程序中主调函数 main 调用被调函数 f1，而函数 f1 又作为主调函数调用另一个函数 f2，即一个函数运行过程中又调用另一个不同的函数，这种调用方式称为函数的嵌套调用，如图 7-7 所示。

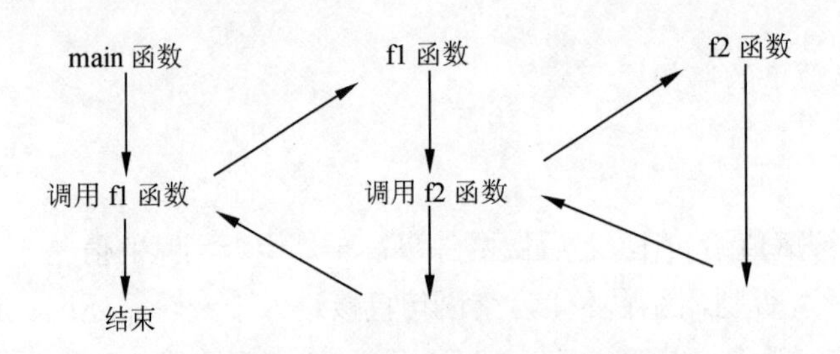

图 7-7 函数的嵌套调用示意图

函数不能嵌套定义，但可以嵌套调用。函数的嵌套调用，一方面增加了程序的复杂性，另一方面能更充分地发挥各函数的功能。

【例 7-12】 利用函数的嵌套调用，求 $C_m^n = \dfrac{m!}{n!(m-n)!}$。

分析：可以编写三个函数，一个求 $n!$的函数 fact，一个求组合数 C_m^n 的函数 cmn，一个主函数 main，main 函数调用 cmn 函数，cmn 函数又调用 fact 函数。

源程序：

```
int fact(int n)                     /* 求n的阶乘 */
{
    int i,p;
    for(p=1,i=2;i<=n;i++)p*=i;      /* 累积于p中 */
    return p;
}
int cmn(int m,int n)                /* 求m个样本中取n个样本的取法种类 */
{   return fact(m)/( fact(n)* fact(m-n));  }/* 三个对fact函数的调用都是函数
                                              的嵌套调用 */
void main()
{
    int m,n;
    printf("m=");scanf("%d",&m);
    printf("n=");scanf("%d",&n);
    printf("C(%d,%d)=%d\n",m,n,cmn(m,n));/* 对cmn函数的调用也是函数的嵌套调用 */
}
```

程序运行结果：

```
m=4↙
n=2↙
C(4,2)=6
```

7.4.2 函数的递归调用

在 C 语言中，若有函数直接调用自己（直接调用）或通过其他函数间接地调用自己（间接调用），这种调用方式称为函数的递归调用，这种函数称为递归函数。

可以用递归函数解决的问题具有两个特点：

（1）满足某一个特定的条件时，函数返回一个确定的答案；

（2）不满足上述条件时，函数返回一个与相邻条件的答案有关的答案。而这个“相邻条件的答案”又是一个与“它相邻条件的答案”有关的答案……最终必推到与第一种情况有关。

其中，求“相邻条件的答案”是求“原条件的答案”的子问题。

【例 7-13】 编写一个递归函数，求 $n!$。

分析：该函数解决的问题具有特点：

（1）若 n 为“1 或 0”这一特定条件，函数返回确定答案“1”；

（2）若 n 不为“1 或 0”，而是一般条件，函数返回$(n-1)!*n$。其中，$(n-1)!$是 $n!$的相邻条件的答案或者说是 $n!$的子问题，而$(n-1)!$又是$(n-2)!*(n-1)$……最终必推到求 1!的问题。

源程序：

```
int fact(int n)                              /* 求n的阶乘 */
{
   if(n==0||n==1)return 1;                   /* 若n为0或1，返回1 */
   else return fact(n-1)*n;                  /* 否则，返回(n-1)!*n */
}
void main()
{  printf("%d\n",fact(4));   }              /* 输出4! */
```

程序运行结果：

```
24
```

其中，fact 函数是一个递归函数，fact(n−1)是 fact 函数调用自己，是求 n!的子问题或者相邻问题。编程者不必考虑 fact 函数如何解决求 n!的子问题(n−1)!。

递归函数的执行过程分递推和回推两个阶段：递推阶段是将原问题不断的分解为新的子问题，并最终达到已知条件的过程；回推阶段是从已知条件出发，按着“递推”的逆过程，逐一求值，直到求得原问题解的过程，如图 7-8 所示。

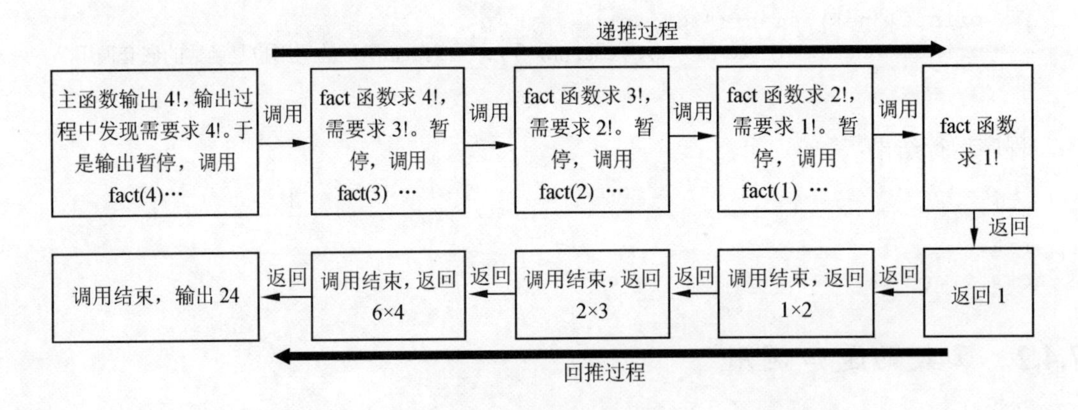

图 7-8　递归函数的执行过程

程序运行时，每调用一次函数，就会向系统申请一块存储空间，用于存储这个函数的形参变量、普通内部变量等，一旦这个函数运行结束，就会释放内存。如果 fact 函数调用未结束，又要以不同的实参调用自己（相邻条件），则 fact 函数占用的现有空间不释放，系统会给 fact 函数提供另一块运行空间，直到这一次的函数调用结束，程序才返回到 fact 函数上一次的运行空间继续运行。

通过上面的分析可知，用递归函数解决问题一般需要较大的内存空间，如果递归函数中没有合理的结束条件，函数运行时可能会耗尽系统提供的内存、造成程序崩溃甚至死机。

利用递归函数解决某些问题极其方便，如访问树、图等数据结构的问题，它要比使用经典的分支、循环结构方便得多。甚至有些问题，非递归函数不能解决。

【例 7-14】 编写一个汉诺塔游戏的程序。所谓汉诺塔，源于印度一个古老传说。大梵天创造世界的时候做了三根金刚石柱子，在一根柱子上从下往上按照下大上小的顺序摞着

64 个黄金圆盘，这个塔被称为汉诺塔。大梵天命令婆罗门把圆盘从一根柱子全部移动到另一根柱子上，其间可借助第三根柱子。规定，小圆盘上不能放大圆盘，一次只能移动一个圆盘。他们预言，当移动完这 64 个圆盘时，世界就将在一声霹雳中消失。汉诺塔程序就是能够输出汉诺塔移动过程的程序。汉诺塔游戏的示意图如图 7-9 所示。

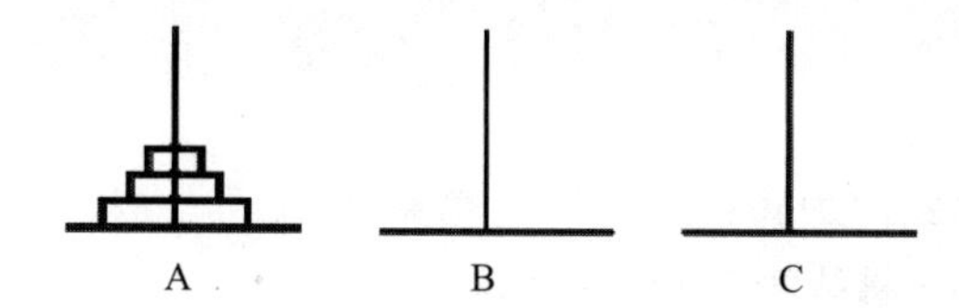

图 7-9　汉诺塔游戏示意图

分析：假设三根柱子分别是 A、B、C，每个圆盘有唯一的编号 1、2、3、…、64（盘子从小到大编号），要解决的问题是将 1~n 连续编号的 n 个圆盘借助 C 从 A 搬到 B。

该函数解决的问题具有特点：

（1）若 n=1，则从 A 搬 1 个编号为 1 的圆盘到 B 即可，无须借助 C，程序输出圆盘号 1、起始柱子名、目标柱子名。

（2）若 n>1，则问题是将 1~n 个连续编号的圆盘借助 C 从 A 搬到 B，可分 3 步解决：①将编号连续的 1~n−1 这 n−1 个圆盘借助 B 从 A 搬到 C；②将编号为 n 的 1 个圆盘从 A 搬到 B，无需借助 C；③将①中的 n−1 个圆盘借助 A 从 C 搬到 B。

其中，“搬 n−1 个圆盘”是“搬 n 个圆盘”的子问题。

源程序：

```
#define N 20                          /* 设定一屏输出搬动圆盘的次数,最好是5的整数倍 */
int m=0;                              /* 搬动圆盘的流水编号 */
void move1(int n,char a,char b) /* 搬1个圆盘，n是圆盘号，从a搬到b */
{
    m++;
    if((m-1)%N==0)
    {
        printf("\n按任一键继续…");
        getch();
        printf("\n");
    }                                 /* 分屏显示 */
    printf("%4d %2d %c -> %c\t",m,n,a,b);/* 输出搬1个圆盘的流水号、圆盘号、起始
                                         柱、目标柱 */
}
void moven(int n,char a,char b,char c)/* 搬n个圆盘，将圆盘号1~n从a搬到b并借助c */
{
    if(n==1)
        move1(1,a,b);
    else
    {
```

```
        moven(n-1,a,c,b);                  /* ①将圆盘号1~n-1的圆盘从a搬到c并借助b */
        move1(n,a,b);                      /* ②将圆盘号n的1个圆盘从a搬到b */
        moven(n-1,c,b,a);                  /* ③将圆盘号1~n-1的圆盘从c搬到b并借助a */
    }
}
void main()
{
    moven(6,'A','B','C');                  /* 将圆盘号1-6从'A'搬到'B'并借助'C' */
    printf("\n按任一键结束…");
    getch();
}
```

程序运行结果：

```
按任一键继续…
 1  1 A -> C     2  2 A -> B     3  1 C -> B     4  3 A -> C     5  1 B -> A
 6  2 B -> C     7  1 A -> C     8  4 A -> B     9  1 C -> B    10  2 C -> A
11  1 B -> A    12  3 C -> B    13  1 A -> C    14  2 A -> B    15  1 C -> B
16  5 A -> C    17  1 B -> A    18  2 B -> C    19  1 A -> C    20  3 B -> A

按任一键继续…
21  1 C -> B    22  2 C -> A    23  1 B -> A    24  4 B -> C    25  1 A -> C
26  2 A -> B    27  1 C -> B    28  3 A -> C    29  1 B -> A    30  2 B -> C
31  1 A -> C    32  6 A -> B    33  1 C -> B    34  2 C -> A    35  1 B -> A
36  3 C -> B    37  1 A -> C    38  2 A -> B    39  1 C -> B    40  4 C -> A

按任一键继续…
41  1 B -> A    42  2 B -> C    43  1 A -> C    44  3 B -> A    45  1 C -> B
46  2 C -> A    47  1 B -> A    48  5 C -> B    49  1 A -> C    50  2 A -> B
51  1 C -> B    52  3 A -> C    53  1 B -> A    54  2 B -> C    55  1 A -> C
56  4 A -> B    57  1 C -> B    58  2 C -> A    59  1 B -> A    60  3 C -> B

按任一键继续…
61  1 A -> C    62  2 A -> B    63  1 C -> B
按任一键结束…
```

如果将主函数中语句“moven(6,'A','B','C');”中的 6 修改为 1 或 2 或 3……，可以验证圆盘数量较少时的搬圆盘过程是否正确。

思考题：将函数 moven 中的实参 6 改为 64，观察程序运行结果。

提示：将小规模问题扩展为大规模问题时，解决的过程不仅仅是量的变化，还可能出现质的变化。

【例 7-15】 编写两个递归函数，分别将一个多位正整数逆序逐位输出和正序逐位输出。

分析：假设要处理的数是 n，逆序逐位输出的问题具有特点：

（1）若 n 是 1 位数，则直接输出。

（2）否则，先输出 n 的个位；然后解决“n/10”这个数（n 去掉个位所得的数）的逆序逐位输出的问题，而它是原问题的子问题。

正序逐位输出的问题具有特点：

（1）若 n 是 1 位数，则直接输出。

（2）否则，先解决“n/10”这个数（n 去掉个位所得的数）的正序逐位输出的问题，而它是原问题的子问题；然后输出原来 n 的个位。

源程序：

```
void f1(int n)                    /* 逆序逐位输出 */
{
   if(n<10)   printf("%d ",n);
   else    {  printf("%d ",n%10);  f1(n/10);  }
}
void f2(int n)                    /* 正序逐位输出 */
{
   if(n<10)   printf("%d ",n);
   else    {  f2(n/10);  printf("%d ",n%10);  }
}
void main()
{  int a;  scanf("%d",&a);  f1(a);  puts("");  f2(a);  }
```

程序运行结果：

```
4563↙
3 6 5 4
4 5 6 3
```

7.5 变量的作用域

C 语言中，由于变量定义的位置不同，它能被使用的范围也不同。变量的使用范围称为变量的作用域。

C 语言规定，函数内部定义的变量，它的作用域从定义开始到这个函数结束；复合语句内部定义的变量，它的作用域从定义开始到这个复合语句结束；函数外部定义的变量，它的作用域从定义开始到这个程序结束。

在不同的作用域内，可以定义同名的或不同名的变量。在完全相同的作用域内，不能定义同名的变量。

7.5.1 内部变量

内部变量是指在函数内部定义的变量，包括函数内部变量（即函数体开头定义的变量或函数头定义的形参变量）和语句内部变量（即复合语句开头定义的变量）。函数内部变量具有的特点使得它的应用最为广泛，它的特点是：

（1）不长期占用内存，内存随函数的调用而分配、随函数的结束而释放。

（2）函数内部变量作用域仅限于本函数。因此，可以方便地将具有相同含义、不同函数内的变量取名相同，方便编程人员分析程序。

若语句内部变量的作用域与函数内部变量的作用域重叠且重名，则在语句内部运行时，语句内部变量生效，函数内部变量暂时被屏蔽。例如：

```
void main()
{
    int a,b,c;
    scanf("%d%d",&a,&b);
    if(a>b)
    {
        int c;
        c=a;
        a=b;
        b=c;
    }
    c=b*b-a*a;
    printf("%d\n",c);
}
```

复合语句内部变量 c 的作用域，此域内，函数内部变量 c 被屏蔽

函数内部变量 a、b、c 的作用域，其中，变量 c 在 if 语句中暂时被屏蔽

程序中，if 语句结束，语句内部变量 c 消失，占用空间被系统收回，之前定义的函数内部变量 c 重新生效，函数运行结束，所有函数内部变量 a、b、c 消失，所占内存被系统收回。

7.5.2 外部变量

外部变量是指定义在函数外部的变量。外部变量定义后，它后面的所有函数都可以引用。定义在所有函数前面的外部变量，因为能在所有函数中被访问，故称之为全局变量。相应地，所有内部变量被称之为局部变量。

若外部变量的作用域与内部变量的作用域重叠且重名，则在内部变量作用域内，内部变量生效，外部变量暂时被屏蔽。

外部变量若不是定义在所有函数的前面，而是定义在某两个函数之间，甚至在所有函数的后面，这样的外部变量作用域相对较小，只是从定义位置到程序最后。不过，可以通过外部变量声明将它的作用域提前。

外部变量声明的一般形式为：

```
extern 数据类型 变量名;
```

也可简写为：

```
extern 变量名;
```

【例 7-16】 通过外部变量的声明将外部变量的作用域提前。

源程序：

```
extern int x;                /* 将外部变量x的作用域提前到此，变成全局变量 */
void f1()
{                            /* 外部变量x继续有效，外部变量y无效、不能访问 */
    x=0;
    /* y=0; 注意：不能添加本条语句，否则提示错误 */
}
void f2()
{
    extern int y;            /* 外部变量x继续有效，外部变量y生效 */
    x++;
    y=10;
    printf("x+y=%d ",x+y);
}
void main()
{
    int y;                   /* 外部变量x继续有效，外部变量y无效，内部变量y有效 */
    x=5;
    printf("x=%d ",x);
    f1();
    f2();
    y=20;
    printf("x+y=%d ",x+y);
    getch();
}
int x,y;
```

程序运行结果：

```
x=5  x+y=11  x+y=21
```

本程序将外部变量 y 定义在程序的最后，定义在它前面的函数不能引用这个变量，但是在函数 f2 的内部用 extern 声明外部变量 y 之后，函数 f2 内部就可以引用它。

实际应用中，通常将外部变量的定义放在程序的最前面，供所有函数引用。但这需要所有合作编程者相互配合、共同约定，让合作者知道所有外部变量的名称、类型、功能，使得最后各个模块编译、链接成一个程序时运行顺利。

关于外部变量的几点说明：

（1）外部变量都是静态的，程序开始运行，系统就为它们分配各自的内存，程序运行过程中，只要在它们的作用域内，各函数都可以对这些外部变量访问，但是，任何函数的运行结束，都不影响外部变量的继续存在，只有整个程序运行结束，外部变量才消失。

（2）由于外部变量的公用性质，各函数调用都有可能改变它们的值。因此，外部变量是函数间联系的纽带，但也降低了函数间的独立性。为此，应尽量不用外部变量，除非通过它能极大地降低程序的复杂性。

（3）外部变量定义时，如果不赋初值，系统自动为它赋值为 0。同理，如果定义了外部数组，若不赋初值，它们所有的元素值都为 0。

【例 7-17】 从键盘输入 10 个整数，求这 10 个数的最大值、最小值、平均值。要求使用外部数组。

源程序：

```
#define N 10                        /* 宏定义问题规模 */
int a[N];                           /* 公用的数组，外部数组 */
void input()                        /* 输入模块 */
{
   int i;
   for(i=0;i<N;i++)
        scanf("%d",&a[i]);          /* 输入N个数 */
}
int max()                           /* 求最大值模块 */
{
   int m,i;                         /* m是最大值元素下标 */
   for(m=0,i=1;i<N;i++)
      if(a[m]<a[i])m=i;
   return a[m];
}
int min()                           /* 求最小值模块 */
{
   int n,i;                         /* n是最小值元素下标 */
   for(n=0,i=1;i<N;i++)
      if(a[n]>a[i])n=i;
   return a[n];
}
double ave()                        /* 求平均值模块 */
{
   int s,i;                         /* s存放累加值 */
   for(s=i=0;i<N;i++)
      s+=a[i];
   return (double)s/N;              /* s、N是整型，将其中一个强制转换类型后相除 */
}
void main()
{
   input();                         /* 输入 */
   printf("最大值=%d\n",max());
   printf("最小值=%d\n",min());
   printf("平均值=%.2lf\n",ave());
   getch();
}
```

程序运行结果：

```
3 6 5 7 8 7 2 4 6 9↙
最大值=9
最小值=2
平均值=5.70
```

程序中，数组 a 定义在外部，所有函数公用；N 是符号常量，编译前，程序中所有 N 用 10 替换。各函数之间没有实参与形参的联系，所有函数使用的都是外部的数组、数组元素个数，程序简洁，但灵活性相对较差。

思考题：如果将最大值、最小值和平均值也定义为外部变量，如何修改程序？

7.6 变量的存储方式

在 C 语言中，每个变量都有两个属性：数据类型和存储方式。存储方式是指变量占用内存空间的方式。内部变量和外部变量是从变量的作用域（空间）角度进行的分类。也可以从变量值存在的时间（生存期）角度进行分类，将变量分为动态存储和静态存储两类。

7.6.1 动态存储与静态存储

内存中供用户使用的存储空间分为程序区和数据区两部分。变量存储在数据区，数据区又分为动态存储区与静态存储区。

动态存储是指在程序运行时根据实际需要动态分配存储空间的方式，生存期较短。如函数的形参存放在动态存储区中，函数调用时分配存储空间，函数调用结束释放这些空间。此外，函数内部变量、语句内部变量的存储都是动态存储。

静态存储是指在程序运行期间给变量分配固定存储空间的方式，生存期相对较长。如外部变量在程序开始执行时，系统就为其分配存储空间，一直保持不释放，直到整个源程序运行结束才释放。此外，函数内部静态变量或称 static 变量的存储也是静态存储。

对于静态存储的变量若不赋初值，默认初值为 0 或空字符。对于动态存储的变量若不赋初值，则它的值是一个不确定的值。

7.6.2 内部变量的存储方式

定义变量时，可以指定变量的存储方式，内部变量的存储方式有两种：auto 型和 static 型。

1. auto 型内部变量

定义内部变量时，若在变量类型前面加上关键字 auto，则所定义的变量称为动态内部变量，定义的一般形式为：

```
auto 变量类型 变量名;
```

例如：

```
auto int a;
```

其中，auto 可以省略。因此，函数内部、语句内部不加 auto 定义的变量都是 auto 变量，也称为自动变量。若自动变量为 int 型，定义时可以省略 int。

2. static 型内部变量

定义内部变量时，若在变量类型前面加上关键字 static，则所定义的变量称为静态内部变量，简称静态变量或 static 变量，定义的一般形式为：

```
static 变量类型 变量名;
```

例如：

```
static int a;
```

同样，若静态变量为 int 型，定义时可以省略 int。

函数内的 static 变量具有如下特点：

（1）变量存储于静态存储区，与外部变量的存储地点相同；

（2）变量所在函数被调用结束时，变量及变量里存储的值都不消失，但也不能被别的函数引用，因为是内部变量；

（3）变量所在函数重新被调用时，变量也自动重新生效，此时，程序跳过该变量的定义语句及赋初值过程。直到整个程序运行结束，该变量才消失。

【例 7-18】 使用 static 内部变量求阶乘的示例程序。

源程序：

```
int fact(int n) /* 求n的累积 */
{
    static p=1;/* 静态变量p定义并赋初值，函数fact第二次及以后被调用时跳过这一句 */
    p*=n;
    return p;
}
void main()
{
    int i;
    for(i=1;i<=5;i++)
        printf("%d ",fact(i));
}
```

程序运行结果：

```
1 2 6 24 120
```

输出结果是 1~5 的阶乘。实际上，fact 函数仅仅是求累积，而不是求阶乘。如果主调函数不是连着多次按 1~5 顺序提供实参调用 fact 函数，则 fact 函数无法返回那些阶乘。

本程序中，每次 fact 函数被调用完毕，变量 p 占用的内存空间不被释放，下次 fact 函数被调用时，p 重新启用，内存空间中留存的值能被继续引用。但从一般情况看，若 static 变量先后多次被调用，前一次调用的结果将影响到后一次调用的结果，降低了各函数的“平等独立”。若多人合作编写大型程序，也会增加程序调试的难度。因此，一般不提倡使用 static 变量，除非它对程序的执行效率有很大的提高。

思考题：若将本程序中的 static 去掉，分析程序运行结果。

7.6.3 外部变量的存储方式

变量只要定义在函数外部，就是静态存储方式。但习惯上，不称之为静态变量，而称之为外部变量。

外部变量的作用域是从定义位置到整个程序结束，而生存期则是程序运行开始到程序运行结束。外部变量的作用域可以通过 extern 拓展，也可以通过 static 限制。

static 外部变量的定义形式与 static 内部变量一样，只是定义的位置不同。

static 外部变量定义的一般形式为：

```
static 变量类型 变量名;
```

例如：

```
static int b;
```

若变量的数据类型为 int 型，可以省略 int。

这样定义的外部变量称为静态外部变量或 static 外部变量。其特点是，作用域仅限于变量定义位置到本文件结束，作用域不能拓展到其他文件。

对于多个文件组成的程序，一个文件内定义的外部变量，另一个文件若要访问，则必须在使用前（需要引用的文件或函数体的起始处）使用 extern 拓展声明。但一个外部变量若被定义成 static 类型，在其他文件中即使使用 extern 拓展声明也不能对其访问。

例如，在 VC++6.0 平台上，建立一个工程，并在工程里面建立两个文件 file1.c 和 file2.c。

file1.c 源程序：

```
int a=5;
int b=10;
```

file2.c 源程序：

```
void main()
{
    extern a;
    extern b;
    printf("a=%d b=%d\n",a,b);
}
```

程序编译、链接正确，程序运行结果：

```
a=5 b=10
```

若将文件 file1.c 中的语句

```
int a=5;
```

修改为：

```
static int a=5;
```

则程序编译正确、链接错误，原因是程序文件 file1.c 中的外部变量 a 不允许其他文件访问，即使使用了 extern 声明也不行。

一个文件中的 static 外部变量，在同一个工程的其他文件中被视为不存在，因此，在其他文件中可以定义与之同名的 static 外部变量甚至不加 static 的外部变量。

定义 static 外部变量，是为了在多人合作编写程序时，各人定义的外部变量各自使用、互不打扰，防止各文件的外部变量同名而被不同程序员错误引用。

7.7 内部函数与外部函数

7.7.1 内部函数

内部函数是指只能被本文件的函数调用、而不能被其他文件的函数调用的函数。

内部函数的定义方法是在定义函数头的前面加上关键字 static，定义的一般形式为：

```
static 函数类型 函数名(形参表列)
```

因此，内部函数也被称为 static 函数或静态函数。

例如，在 VC++6.0 平台上，建立一个工程，并在工程里面建立两个文件 file1.c 和 file2.c。

file1.c 源程序：

```
void f1()
{
   printf("*****");
}
void f2()
{
   f1();
   f1();
}
```

file2.c 源程序：

```
void main()
{
   f1();
   puts("");
   f2();
}
```

程序编译、链接顺利，程序运行结果：

```
*****
**********
```

但是，若将定义函数 f1 的函数头改为：

```
static void f1()
```

则程序编译正确、链接错误，原因是 main 函数与 f1 函数不在同一个文件内，main 函数内部不能调用静态函数 f1。

函数的“静态”功能是，多人合作编写程序时，若自己文件中编写的函数只供自己调用、防止函数名与他人文件中的函数名相同而被误调用，将“独自调用函数”设置成 static 类型，提高各文件的独立性，方便程序调试。

当一个文件的某个函数被定义成 static 类型后，其他文件内可以定义同名的函数或同名的 static 函数。

7.7.2 外部函数

外部函数是指能被其他文件中的函数调用的函数。C 语言中，不做特意说明的函数都是外部函数。

在定义外部函数时，也可以在其函数头前面加上 extern。定义的一般形式为：

```
extern 函数类型 函数名(形参表列)
```

例如：

```
extern int fun(int a,int b)
```

加上 extern 说明的作用，除了提醒编程人员函数的外部性质之外，没有别的任何作用。

一个文件内调用其他文件的外部函数时，调用前一般要对被调用的外部函数作函数声明，当被调用的外部函数是 int 型时可以省略函数声明。若不声明，系统编译、链接不会报错，但程序运行结果可能会错误。

例如，在 VC++6.0 平台上，建立一个工程，并在工程里面建立两个文件 file1.c 和 file2.c。

file1.c 源程序：

```
float f1()
{
    printf("*****");
    return 1.5;
}
```

file2.c 源程序：

```
void main()
{
    float f1();
    printf("\n%f\n",f1());
 }
```

程序运行结果：

```
*****
1.500000
```

程序运行结果正确。但是，若删除主函数中对 f1 函数的声明语句，则程序编译、链接仍然正确，但运行结果是错误的。

程序运行结果：

```
*****
0.000000
```

7.7.3 多个源程序文件的编译与链接

当多人合作编写一个程序或者一人编写一个较大程序时，通常将一个程序分成多个源程序文件编写，然后再将多个文件组合调试。合作之初，要对程序中所有外部的、共享的部分，如外部变量、外部函数、外部类型等，进行系统设计并说明。若各成员不知道可共享的部分，就无法对其引用。

在 VC++6.0 平台上，只要将多个源程序文件添加在一个工程中，就可以将它们组合成一个程序进行编译、链接和运行。

也可以在 VC++6.0 平台上，不创建工程，直接使用编写程序文件的方法，编写几个不同名的源程序文件，然后按以下步骤进行操作：

（1）将各相关文件、包含有主函数的文件存放于同一个目录下；

（2）在主函数所在文件的开头，使用文件包含命令依次包含其他文件；

（3）在主函数所在文件的窗口内，编译、链接和运行。

例如，有三个源程序文件 file1.c、file2.c、file3.c，内容如下：

file1.c 源程序：

```
void f1()
{  printf("*****");   }
```

file2.c 源程序：

```
void f2()
{  printf("+++++");  }
```

file3.c 源程序：

```
#include "file1.c"
#include "file2.c"
void main()
{    f1();   f2();     }
```

在文件 file3.c 打开的窗口内编译、链接，即可将这 3 个源程序文件组合成一个程序。然后运行程序即可得到输出结果。

程序输出结果：

```
*****+++++
```

需要说明的是，通过#include 包含文件的方法，将多个源程序文件组合起来，对这些源程序文件进行编译、链接的效果如同将这些文件的内容放在一个文件内编译、链接一样。这种方法的特点是：

（1）各个源程序文件内原先限定的 static 外部变量、static 函数的“局部”效果不复存在；

（2）组合前各个源程序文件内定义的同名的外部变量属于“重复定义”，系统编译、链接时会报错。

本 章 小 结

1．C 程序是由函数组成的，每一个 C 程序都必须有一个 main 函数。函数之间是平等、独立的，main 函数例外，它必须首先执行。

2．对函数的处理包括定义、声明和调用。定义是编写一个具备特定功能的模块，不能嵌套、交叉；声明是为调用做准备，有时可以省略；调用是实现函数的功能。

3．函数有有参和无参之分、有返回值和无返回值之分、自定义函数和库函数之分。

4．每个函数都由函数头、函数体两部分组成。函数头用于该函数和主调函数对接，函数类型是函数返回值的类型，函数名是函数调用的标识符，函数形参是函数内部变量的特殊形式，它可以接收函数调用时实参传递过来的值或地址，函数体内的变量则无这个功能。函数体是实现各种特定功能的语句集合。

5. 函数头是函数的入口，函数的出口是函数体内执行到的最后一条语句，一般是 return 语句，可以使用 return 返回一个值。

6．调用函数时，不能指定函数和实参的类型。若需要实参，实参应该与形参数量相等、类型一致，实参必须是具体的值，数值、字符、地址均可，常量、变量、表达式均可。

7．数组作函数的形参时，实参必须是与形参数组类型相同的地址，一般是同类型数组的首地址，也可以是同类型的其他地址，形参数组将这个地址当作自己的首地址。

8．实参给形参提供普通数值时，是单向传递、是赋值；实参给形参提供数组首地址时，被调函数访问形参数组等同于访问实参数组。

9．函数直接调用自己或通过其他函数间接地调用自己，称为函数的递归调用。递归函数具有特殊的算法模型，但有时，使用简短的递归函数能编写出功能强大的程序。递归函数运行时，常需要较多且数量不好预估的内存，所以，递归函数解决问题的规模一般不能太大。

10．变量定义的位置、函数定义的位置，加之 static 限定、extern 拓展，使得变量有动态存储与静态存储之分、内部变量与外部变量之分、在不同场合函数能不能被调用之分。这些功能为多人合作编写大型程序提供了方便。

11．外部变量、静态内部变量强化了函数之间的联系、弱化了函数之间的独立性，应尽量少用或不用。各函数之间的联系应尽量发生在函数调用时，实参给形参的值传递或地址传递，以及被调函数运行结束时，值或地址的返回。

习 题 七

一、单项选择题

1．定义函数头时，有时可以省略的部分是（　　）。

A．函数类型、函数形参及其类型　　B．函数类型、函数名

C．函数名、函数符“()”　　D．多个形参类型与形参名之间的分隔符“,”

2．函数头中定义的形参与函数体中定义的内部变量的区别是（　　）。

A．外部变量与内部变量的区别

B．形参的初始值必须通过实参传递得到，内部变量的值只能靠函数运行时赋值、键入等方式得到

C．形参的值不能改变，内部变量的值可写也可读

D．形参的值能返回给实参，内部变量的值无法返回

3．关于分号“;”在函数中的使用，下列叙述错误的是（　　）。

A．定义函数头时，末尾不能缺少分号

B．函数声明时，末尾不能缺少分号

C．函数调用时，如果函数无返回值，末尾不能缺少分号

D．函数调用时，如果函数有返回值，末尾分号可有可无。无分号时，该函数调用相当于一个表达式；有分号时，该函数调用的返回值丢弃

4．关于函数的类型，下列叙述正确的是（　　）。

A．函数的类型是函数名的类型

B．函数的类型是函数返回值的类型

C．函数的类型是指函数形参的类型

D．函数的类型是指调用该函数时实参必须提供的数据的类型

5．函数的返回值可以通过下面（　　）得到。

A．函数体中的“函数名=表达式;”语句

B．函数体中的“return;”语句

C．函数体中的“return 表达式;”语句

D．函数体中的“return 函数名=表达式;”语句

6．函数的返回值需要 2 个时，可以通过下面（　　）得到。

A．return 表达式 1,表达式 2;　　B．return 表达式 1;表达式 2;

C．return 表达式 1;return 表达式 2;　　D．无法通过 return 语句返回 2 个值

7．关于函数调用的准备工作，下列叙述正确的是（　　）。

A．调用库函数、自定义函数前，都应该使用“#include <头文件名>”

B．调用库函数、自定义函数前，都应该使用函数声明

C．调用库函数前，应该使用“#include <头文件名>”，调用自定义函数前，应该使用函数声明

D．调用库函数、自定义函数前，不必做任何准备工作

8．关于函数声明，下列叙述错误的是（　　）。

A．如果函数类型是 int 型或者省略类型，则可省略函数声明

B．如果被调函数在主调函数前面定义，则可省略函数声明

C．如果函数类型是无类型即 void 型，则可省略函数声明

D．可以通过复制函数头，在后面加一个分号“;”的方法进行函数声明

9．关于函数声明的方法，下列叙述正确的是（　　）。

A．可以省略函数的类型　　B．可以省略函数的名称

C．可以省略函数的形参类型　　D．可以省略函数的形参名称

10．关于有参函数的调用，下列叙述正确的是（　　）。

A．调用函数，通过函数名实现

B．调用函数，通过函数名、实参实现

C．调用函数，通过函数类型、函数名、实参实现

D．调用函数，通过函数类型、函数名、实参类型、实参实现

11．一维数组作形参时，关于这个形参定义的叙述正确的是（　　）。

A．这个数组的类型、数组名、数组符号[]、数组长度都不能省略

B．可以省略数组的类型

C．可以省略数组名

D．可以省略数组长度

12．若以一维数组作形参，调用函数时形参必须得到（　　）。

A．实参传递过来的值

B．实参传递过来的数组首地址

C．实参传递过来的值或数组首地址

D．实参传递过来的与形参数组元素地址同类型的地址，形参以这个地址作为形参数组的首地址

13．下面（　　）方法不可以结束一个函数的运行。

A．调用库函数 exit　　B．return 语句

C．break 语句　　D．运行到函数体的最后一条语句之后

14．定义一个函数之后，它的函数名如果被引用，则函数名的含义是（　　）。

A．一个地址，即这个函数的入口地址　　B．一个地址，即这个函数的返回地址

C．一个值，即这个函数的返回值　　D．一个值，即这个函数需要的实参值

15．下面程序运行时输出（　　）。

```
int x=5,y=10;
int f(int a,int b)
{
   static int y=1;
   y++;
   return a+b+x+y;
}
void main()
{
   int a=2,b=3;
   printf("%d ",f(a+b,x+y));
   printf("%d\n",f(a+b,x+y));
}
```

A．35 35　　B．36 36　　C．27 27　　D．27 28

16．下面程序运行时输出（　　）。

```
void f(int n,char c)
{
```

```
    if(n==1)printf("%c",c);
    else
    {
        f(n-1,c-1);
        printf("%c",c);
    }
}
void main()
{   f(5,'H');   }
```

A. HHHHH　　B. HGFED　　C. DEFGH　　D. 55555

17. 下面程序运行时输出（　　）。

```
void f1()
{   printf("*");    }
void f2()
{   f1();  }
void f3()
{   f1();  f2();   }
void main()
{   f1();  f2();  f3();   }
```

A. ***　　B. ****　　C. *****　　D. ******

18. 下面程序运行时输出（　　）。

```
int f(int a,int b)
{
    return (a+b)/2.0;
}
void main()
{
    double x=3.5,y=4.5;
    printf("%d\n",f(x,y));
}
```

A. 3　　B. 3.5　　C. 4　　D. 4.5

二、填空题

1. 下面程序的功能是：输出两个数中的较大值，请补全程序。(函数声明题)

```
void main()
{
    ________
    double x=3,y=4;
    printf("%lf\n",f(x,y));
}
double f(double a,double b)
{   return a>b?a:b; }
```

2．下面程序的功能是：输出矩形字符拼图，行数、列数、字符由主函数输入，请补全程序。（函数头设计题）

```
#include<stdio.h>
________
{
    int i,j;
    for(i=0;i<n;puts(""),i++)
        for(j=0;j<m;j++)
            putchar(c);
}
void main()
{
    int a,b;
    char c;
    printf("行数=");scanf("%d",&a);
    printf("列数=");scanf("%d",&b);
    getchar();                          /* 换行，避免后面字符输入错误 */
    printf("字符=");scanf("%c",&c);
    f(a,b,c);
}
```

3．下面程序的功能是：利用递推公式 $a_{n+1}=\dfrac{a_n+a/a_n}{2}$ 编写一个开平方函数，其中，a 是待开平方数，a_n、a_{n+1} 是前后两次递推所得近似值，请补全程序。要求不使用库函数 sqrt。（函数的返回值）

```
#define D 1e-8                          /* 设置精度 */
#include <math.h>
double f(double a)                      /* 求a的平方根 */
{
    double an;
    an=a/2.0;                           /* 设定第一个平方根的大约数 */
    while(fabs(an*an-a)>D)              /* 只要误差大于精度设置值，就继续循环 */
        an=(an+a/an)/2.0;
    ________ ;
}
void main()
{
    double x;
    scanf("%lf",&x);
    printf("%lf的平方根=%lf\n",x,f(x));
}
```

4．下面程序的功能是：将一个一维数组所有元素值增 1，请补全程序。（函数调用题）

```
void f(int a[],int n)
```

```
{
    int i;
    for(i=0;i<n;i++)a[i]++;
}
void main()
{
    int b[]={7,4,1,8,5,2,9,6,3};
    int m=sizeof(b)/sizeof(int);          /* 数组b的长度 */
    int i;
    _______;
    for(i=0;i<m;i++)printf("%d ",b[i]);
}
```

5．下面程序的功能是：函数 f 采用“二维转一维”方式，顺序查找二维数组 a 内的一个值 x，找到则通过外部变量返回行、列号（起始号为 0），找不到则行、列号均为-1，请补全程序。（函数返回题）

```
int i,j;
void f(int a[],int p,int q,int x)
{
    int k=p*q;
    for(i=0;i<p;i++)
        for(j=0;j<q;j++)
            if(a[i*q+j]==x) _______;
    i=j=-1;
}
void main()
{
    int a[3][4]={11,22,33,66,55,44,77,88,99,741,852,963};
    f(&a[0][0],3,4,742);
    printf("i=%d j=%d\n",i,j);
    getch();
}
```

6．下面程序的功能是：插入法升序排序，请补全程序。（函数的嵌套调用）

```
#define N 10
void f1(int a[],int n,int x)    /* a数组升序，原有长度n，升序插入x */
{
    int i;
    for(i=n-1;i>=0;i--)
        if(a[i]<=x)                 /* 若x不小于a[i]，则x写入到a[i]紧后边 */
        {
            a[i+1]=x;
            return;
        }
```

```
    else                                /* 否则，a[i]后移一个位置 */
        a[i+1]=a[i];
  a[0]=x;                               /* 若x一直未能插入，则该插入到最前面 */
}
void f2(int a[],int n)                  /* a数组有长度n，将其升序排序 */
{
  int i;
  for(i=1;i<n;i++)
    f1(_______);                        /* 将a[i]升序插入到a数组的前i个元素中 */
}
void main()
{
  int a[N]={99,66,33,88,55,22,77,44,11,456};
  int i;
  f2(a,N);
  for(i=0;i<N;i++)printf("%d ",a[i]);
}
```

7．勒让德多项式的递推公式是：

$$P_n(x)=\begin{cases}1 & (n=0)\\ x & (n=1)\\ ((2n-1)xP_{n-1}(x)-(n-1)P_{n-2}(x))/n & (n>1)\end{cases}$$

编写递归函数计算指定 n、x 时 $P_n(x)$的值。（函数递归调用题）

```
double p(int n,double x)
{
  if(n==0)return 1;
  if(n==1)return x;
  return_______;
}
void main()
{   printf("%lf\n",p(5,0.5));  }
```

三、编程题

1．求一元二次方程 $ax^2+bx+c=0$ 的通解。要求：主函数输入 a、b、c 的值，根据 b^2-4ac 的正、负或 0 分别调用三个函数，计算并输出方程的根；不得使用外部变量。

2．求两个正整数的最小公倍数、最大公约数。要求：（1）主函数输入、输出，另编一个函数求最小公倍数、最大公约数；（2）输入的两个正整数必须是主函数的内部变量，计算结果最小公倍数、最大公约数必须使用外部变量。

3．编写函数 fun，求 sum=d+dd+ddd+⋯+dd⋯d（n 个 d），其中，d 为 1～9 的数字。例如：3+33+333+3333+33333（此时 d=3，n=5），位值 d 和项数 n 在主函数中输入。

4．系列函数编程题，可选做一部分。

函数原型	功　能	要　求
int f1(int a[])	向数组 a 输入若干个元素的值， 返回值是输入的数据个数	输入的数据必须是正整数， 否则，函数 f1 结束
void f2(int a[],int n)	输出数组 a 的 n 个元素的值	
void f3(int a[],int n)	将数组 a 的 n 个元素排成升序	排序算法不限
int f4(int a[],int n,int k)	在一个升序数组 a 的 n 个元素中，查找是否存在数值 k，若找到，返回所在位置元素的下标，若找不到，返回-1	采用“二分查找”算法
void main()	定义数组 a；调用 f1 函数输入数组 a；调用 f2 函数输出数组 a；调用 f3 函数将数组 a 排序；调用 f2 函数输出数组 a；输入要查找的数 k；调用 f4 函数查找 k 在数组 a 中的下标并输出这个下标（若找不到，则输出“找不到”）	与前面的 f1~f4 函数 构成完整程序

5．编写一个函数，函数原型是 void f(char c[])，功能是将数组 c 中的字符串逆序存放。要求：另编一个主函数，负责数组 c 的定义、字符串输入、调用 f 函数逆序存放字符串及输出逆序后的字符串。

6．编写一个函数，函数原型是 int f(char a[],char b)，功能是返回字符 b 在字符串 a 中的个数。另编一个主函数，负责输入、调用 f 函数及输出。

7．编写一个函数，函数原型是 void f(int n)，功能是将 n 的各位值按逆序输出。要求：（1）f 函数是递归函数；（2）将每一位的值以一个空格分隔开；（3）另编一个主函数，负责输入 n 的值、调用 f 函数。

第8章 编译预处理

学习目标

1．理解编译预处理的概念。

2．掌握宏定义、文件包含和条件编译三种预处理命令的使用。

3．理解带参数的宏定义与有参函数的区别。

编译预处理是C语言编译系统的一个重要组成部分，主要有宏定义、文件包含、条件编译。编译预处理不是C语句，其作用是为编译系统提供必要的前置信息，告诉编译系统在对源程序进行编译之前应该做些什么。合理使用编译预处理功能，可增加程序的可读性，方便程序的调试和移植，有利于程序的模块化设计，提高代码效率。

编译预处理命令均以“#”开头，结尾不带分号“;”，每行只能写一条编译预处理命令。C语言与其他高级语言的一个重要区别是可以使用预处理命令和具有预处理功能。本章主要介绍宏定义命令（define）、文件包含命令（include）和条件编译命令（ifdef、ifndef、if）的使用。

8.1 宏 定 义

C 语言允许用一个标识符来代替一个字符串，该标识符被称作“宏”。宏定义分为两种：不带参数的宏定义和带参数的宏定义。

8.1.1 不带参数的宏定义

不带参数的宏定义的一般形式为：

```
#define  宏名  宏体
```

说明：

（1）# define 是宏定义命令，它的作用是在程序中用宏名代替宏体。

（2）宏名是一个自定义标识符，通常用大写字母表示，以示与变量名或函数名相区别。

（3）宏体是一个字符串。

例如，宏定义如下：

```
#define  PI  3.1415926                /* 用PI代表3.1415926 */
#define  PR  printf                   /* 用PR代表printf */
#define  YES  1                       /* 用YES代表1 */
#define  STUDENT struct stu           /* 用STUDENT代表struct stu */
```

若程序中使用了宏定义，在对程序编译之前需要对这些宏定义命令进行预编译，将源程序中出现的宏名 PI 替换为 3.1415926，PR 替换为 printf，STUDENT 替换为 struct stu。这一替换过程称为“宏展开”。

【例 8-1】 输入圆的半径，分别求出圆的周长和面积。

源程序：

```
/* 利用宏定义，求圆的周长和面积 */
#include<stdio.h>
#define PI 3.1415926
void main()
{
    float l,s,r;
    printf("please input radius:");
    scanf("%f",&r);                    /* 输入圆的半径 */
    l=2*PI*r;                          /* 宏展开应为l=2*3.1415926*r; */
    s=PI*r*r;                          /* 宏展开应为s=3.1415926*r*r; */
    printf("圆的周长=%.4f,圆的面积=%.4f\n",l,s);
}
```

程序运行结果：

```
please input radius:3↙
圆的周长=18.8496,圆的面积=28.2743
```

有关不带参数宏定义的使用要注意以下几点：

（1）宏展开是用宏体简单替换宏名，不作语法检查，出现错误也不会报告，只有在宏展开后编译时才会报告错误。

（2）程序中双引号中与宏名相同的内容不被替换。

例如：

```
#define TRUE 0
```

在语句 printf("TRUE");中，输出的信息仍然是 TRUE，而不是 0。

（3）宏展开后源程序将变长。

（4）使用宏名，可以减少程序中重复书写某些宏体的工作量。

（5）宏定义一般放在程序的开头，宏名的有效范围从定义的位置到文件的结束。

（6）宏定义可以嵌套，后定义的宏可使用已定义的宏。

例如：

```
#define  X  2
#define  Y  X*X
```

思考题：执行下面程序后，程序的输出结果是什么？

```
#define A 3+'A'                  /* 'A'的ASCII码为65 */
void main()
```

```
{
    int y;
    y=4*A;                          /* 宏展开后注意优先级 */
    printf("%d",y);
}
```

8.1.2 带参数的宏定义

C 语言的预处理命令允许使用带参数的宏定义，即宏名后面可以带有形式参数，在宏体中包含宏名后面的参数。在程序中用到时，实际参数会代替这些形式参数。

1. 带参数的宏定义

带参数的宏定义的一般形式为：

```
#define  宏名(参数表) 宏体
```

例如：

```
#define  L(x)  (x)*(x)*(x)         /* 代表x的立方 */
#define  F(x)  1/(x)               /* 代表x的倒数 */
```

使用带参数的宏定义要注意以下几点：

（1）宏名后面的参数必须在宏体中用到。

（2）宏定义中宏名和左括号之间没有空格。

带参数的宏定义在宏展开时将宏调用用宏体替换，同时形参用实参替换，使用起来较不带参数的宏定义复杂。

当实参中含有运算时，宏展开可能会出问题，需要特别注意。例如，有以下宏定义：

```
#define  L(x)  x*x
```

若将形参 x 用实参 a+b 替换，L(a+b)会变成 a+b*a+b，这显然与原意不相符。

若将宏定义改成：

```
#define  L(x)  (x)*(x)
```

L(a+b)宏展开就变成了(a+b)*(a+b)，与原意就相符了。

因此，在带参数的宏定义中，宏体中的个别参数有时候需要用括号( )括起来。

【例 8-2】 带参数的宏替换。

源程序：

```
#include<stdio.h>
#define  POWER(x)  ((x)*(x))              /* x为形式参数 */
#define  MAX(x,y)  (x)>(y)?(x):(y)        /* x,y为形式参数 */
void main()
{
    int a,b,c,d,x;
    a=5; b=10; x=225;
    c=POWER(a+b);            /* 宏展开应为 c=((a+b)*(a+b)); */
    x=x/POWER(a+b);          /* 宏展开应为 x=x/((a+b)*(a+b)); */
```

```
    d=MAX(a+6,b);            /* 宏展开应为 d=(a+6)>(b)?(a+6):(b); */
    printf("c=%d,d=%d,x=%d\n",c,d,x);
}
```

程序运行结果：

```
c=225,d=11,x=1
```

2. 带参数的宏定义与有参函数的区别

带参数的宏定义与有参函数很相似，使用的时候要注意两者的区别：

（1）函数调用要求实参和形参类型一致，如实参是表达式，必须先计算出值，然后再传递给形参；宏名无类型，宏体也无类型，宏展开只进行参数的简单替换。

（2）函数调用是在程序运行时处理，为形参分配临时的内存单元，可以有返回值；而宏展开是在编译前进行的，展开时并不为形参分配内存单元，不进行值的传递，没有返回值的概念。

（3）调用函数最多得到一个返回值，而用宏定义可以设法得到多个值。

（4）宏展开会使源程序变长，而函数调用不会使源程序变长。

（5）宏替换不占运行时间，只占编译时间，而函数调用则占运行时间（分配存储空间、保留现场、值传递、返回等）。

总的来说，当语句较简单时，可考虑使用宏定义，从程序执行的速度来说，它优于函数。

宏也具有一定的作用范围，默认情况下，宏的作用范围从定义位置开始到源程序文件结束。也可以用“#undef 宏名”命令来终止宏的作用域。

思考题：输入三角形的三边长，求面积，用带参数的宏定义和有参函数分别实现。

8.2 文 件 包 含

一个大型的程序通常都分为多个模块，由不同的程序员编写，最终需要将它们组合在一起进行编译。另外，在程序设计中，有一些程序代码会经常使用，例如程序中的函数、宏定义等。为了方便代码的重用和包含不同模块文件的程序，C 语言提供了文件包含的方法。

文件包含是指在一个文件中包含另一个源程序文件的内容，前面各章中用到的 stdio.h 和 string.h 等头文件引用都是通过文件包含命令实现的。

文件包含命令的一般形式为：

```
#include "被包含文件名"
```

或

```
#include <被包含文件名>
```

例如：#include <stdio.h>，在编译预处理时，会把 stdio.h 头文件的内容与当前的文件组合在一起进行编译。

【例 8-3】 用户自己编写两个文件 type.h 和 file.c，可以在 file.c 中通过文件包含命令将 type.h 包含到 file.c 中。

头文件 type.h 的内容为：

```
#define N 5
#define M1 N*3
#define PR printf
```

程序文件 file.c 的内容为：

```
#include <stdio.h>
#include "type.h"
#define M2 N*2
void main()
{
    int i;
    i=M1+M2;
    PR("i=%d\n",i);
}
```

程序运行结果：

```
i=25
```

预处理时，先把文件 type.h 的内容复制到文件 file.c 中，再对 file.c 进行编译，而 type.h 不发生变化。两个文件放在同一个目录下。

说明：

（1）被包含的文件一般指定为头文件（*.h），也可为 C 程序等文件。

（2）一个 include 命令只能指定一个被包含文件，如果要包含 n 个文件，则要用到 n 个 include 命令。

（3）不能包含.obj 文件。文件包含是在编译前进行处理，不是在链接时进行处理。

（4）当被包含文件名用双引号括起来时，系统先在当前目录中寻找包含的文件，若找不到，再按系统指定的标准方式检索其他目录。而用尖括号时，系统直接按指定的标准方式检索。一般系统提供的头文件用尖括号，自定义的文件用双引号。

（5）被包含文件与当前文件，在预编译后形成一个文件，而非两个文件。预编译前后各文件的内容如图 8-1 所示。

（6）文件包含可以嵌套，但必须按顺序包含。

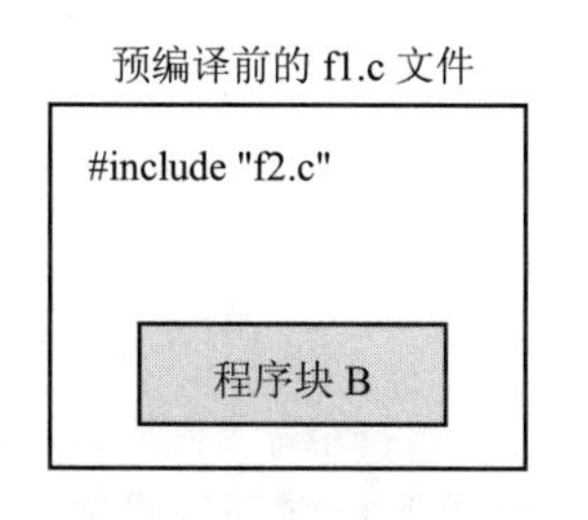

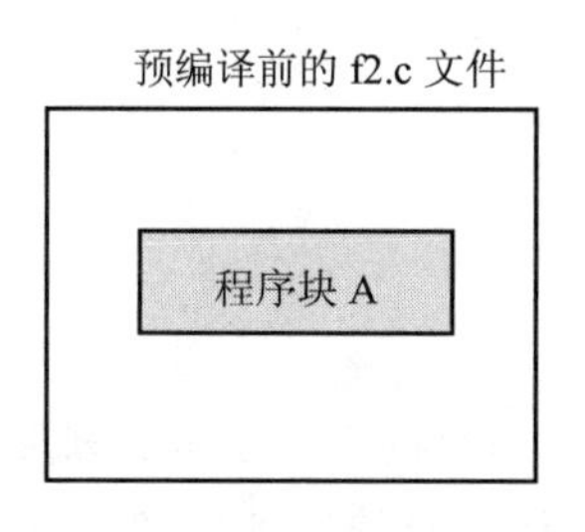

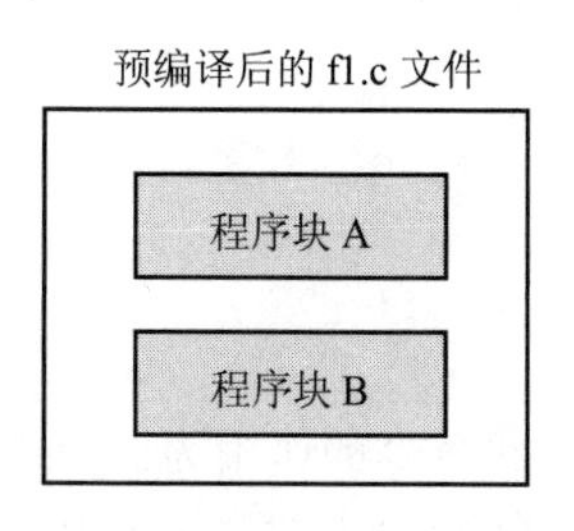

图 8-1　预编译前后各文件的内容

8.3 条 件 编 译

条件编译是指在特定的条件下，对满足条件和不满足条件的情况分别进行处理：满足条件时编译某些语句，不满足条件时编译另一些语句。例如，我们编写的程序可能要在多个平台上运行，若程序中使用了某个库或与硬件相关的属性、方法，当把程序从一个平台（如 Windows 系统）移植到另一个平台（如 Linux 系统）运行时，就得修改这个库以及与硬件相关的属性、方法，为了提高程序的健壮性，就要在程序中用到条件编译。条件编译有多种形式。

1. 使用#ifdef 的形式

```
#ifdef  标识符
        程序段1
[#else
        程序段2]
#endif
```

此命令的作用为：当标识符已经被#define 命令定义过，则对程序段 1 进行编译，否则对程序段 2 进行编译。与 if-else 语句一样，#else 子句可以缺省，缺省后的形式为：

```
#ifdef  标识符
        程序段1
#endif
```

2. 使用#ifndef 的形式

```
#ifndef  标识符
         程序段1
[#else
         程序段2]
#endif
```

此命令的作用为：当标识符未被#define 命令定义过，则对程序段 1 进行编译，否则对程序段 2 进行编译。它与第一种形式正好相反。

3. 使用#if 的形式

```
#if  表达式
     程序段1
[#else
     程序段2]
#endif
```

此命令的作用为：当表达式值为真（非零）时，编译程序段 1，否则编译程序段 2。

【例 8-4】 根据给定的条件编译，使给定的字符串以小写字母或大写字母形式输出。

源程序：

```
#include <stdio.h>
#define CHANG  1                                    /* 定义宏CHANG代表1 */
void main()
{
    int i=0;
    char str[20]="Hello World",c;
    while((c=str[i])!='\0')
    {
        #if CHANG
            if(c>='a'&& c<='z')  c-=32;       /* 小写改为大写字母 */
        #else
            if(c>='A'&& c<='Z')  c+=32;       /* 大写改为小写字母 */
        #endif
        printf("%c",c);
        i++;
    }
    printf("\n");
}
```

程序运行结果：

```
HELLO WORLD
```

如将 CHANG 定义为 0，则将编译另一条 if 语句，程序输出结果将变为：

```
hello world
```

使用条件编译可增加程序的通用性，减少目标代码的长度，得到不同的目标代码文件。条件编译命令的应用范围仅仅受限于程序员的想象力。

本 章 小 结

1. 预处理命令以#开头，不是 C 语句，末尾不加分号，每行只能写一条编译预处理命令。

2. 预处理命令不能直接进行编译，对它们进行预处理后，编译程序才能对预处理后的源程序进行通常的编译。

3. 掌握“宏”概念的关键是“换”，同时，要注意宏展开后运算的优先级问题。

4. 文件包含命令可以包含系统自带的头文件，也可以包含自己编写的文件。

5. 条件编译可以对满足条件和不满足条件的情况分别进行处理。

习　题　八

一、单项选择题

1. 下面程序的运行结果是（　　）。

```
#include<stdio.h>
#define F(X,Y) X*Y
void main()
{
    int a=3,b=4;
    printf("%d\n",F(a++,b++));
}
```

A. 12　　B. 15　　C. 16　　D. 20

2. 下面程序的运行结果是（　　）。

```
#include<stdio.h>
#define M(x,y,z) x*y+z
void main()
{
    int a=1,b=2,c=3;
    printf("%d\n",M(a+b,b+c,c+a));
}
```

A. 19　　B. 17　　C. 15　　D. 12

3. 下面程序的运行结果是（　　）。

```
#include<stdio.h>
#define SQR(X) X*X
void main()
{
    int a=16,k=2,m=1;
    a/=SQR(k+m)/SQR(k+m);
    printf("%d\n",a);
}
```

A. 16　　B. 2　　C. 9　　D. 1

二、填空题

1. 设有如下宏定义：

```
#define  SWAP(z,x,y)  {z=x;x=y;y=z;}
```

以下程序段通过宏调用实现变量 a 与 b 内容互换，请填空。

```
float a=5,b=16,c;
SWAP(_______,a,b);
```

2. 下面程序的运行结果是________。

```
#include<stdio.h>
#define N 10
#define S(x) x*x
#define F(x) (x*x)
```

```
void main()
{
    int i1,i2;
    i1=1000/S(N);
    i2=1000/F(N);
    printf("%d  %d\n",i1,i2);
}
```

3．下面程序的运行结果是________。

```
#include<stdio.h>
#define ADD 1
void main()
{
    int a=12,b=5;
    #if  ADD
        printf("a=%d,b=%d,a+b=%d\n",a,b,a+b);
    #else
        printf("a=%d,b=%d,a+b=%d\n",a,b,a-b);
    #endif
}
```

三、编程题

1．输入正方体的边长 a，求其表面积 s 及体积 v。

2．编写程序，定义一个宏，用于判断某年是否为闰年。

第9章　指　针

学习目标

1. 掌握地址、指针的概念。
2. 掌握各种指针变量的定义、初始化、指向的方法。
3. 掌握通过指针变量访问存储单元的地址和数值的方法。
4. 掌握指针变量在一维数组、二维数组中的使用方法。
5. 掌握字符型指针变量在字符串中的使用方法。
6. 掌握指针作函数参数的使用方法。
7. 了解指向函数的指针的使用方法。
8. 了解函数返回指针的使用方法。
9. 了解指针数组、多级指针的使用方法。

不使用指针大部分问题也能被解决。但是，通过指针指向的变化逐个访问数组元素、数组行，可以极大地提高访问速度；使用指针作函数的形参、实参时，可以很方便地得到多个返回值，既不需要通过 return 返回，也不需要通过外部变量返回；使用指针可以有效地表示树、图等复杂的数据结构；使用指针数组、行指针等，可以更方便、更灵活地编写出各种功能强大的程序。本章主要介绍地址和指针的概念、指针变量、指针与数组、指针与字符串、指针与函数等知识。

9.1　地址和指针的概念

指针是 C 语言中对地址的特殊称谓，是 C 语言程序中一个重要的、特殊的概念。

一个地址默认表示一个字节。C 语言中，一般的变量、数组在内存中占用的存储空间不止一个字节，所谓变量的地址、数组的地址都是指它们占用的连续存储空间的起始字节的地址，即首地址，简称首址。习惯用十六进制数表示地址，这个数也称为“地址值”。如有定义：

```
float b;
char c;
int a[2];
```

各变量地址示意图如图 9-1 所示。由于变量 b 占用 ffa0～ffa3 这 4 个字节，故称变量 b 的地址是 ffa0，也称 ffa0 是变量 b 的首地址或指针。

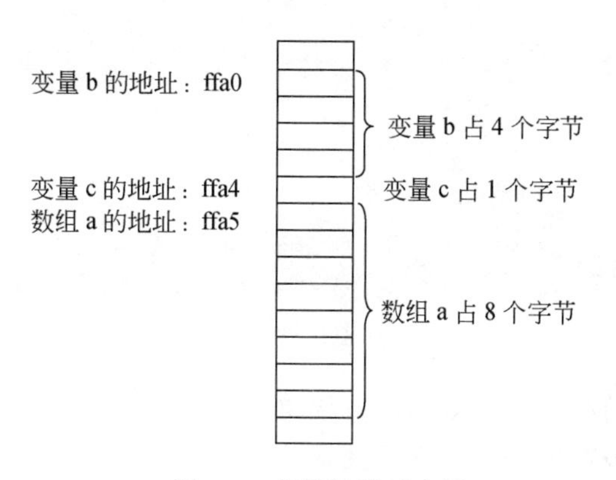

图 9-1　变量地址示意图

指针也有常量和变量之分。例如：定义变量 a 后，程序中的&a 就是一个常量；定义数组 b 后，程序中的 b、&b[2]也都是常量。这是因为，运行程序时，系统分配内存后，各变量、各数组元素所占的内存地址不可更改，直到程序运行结束、所占内存交还给操作系统为止。指针变量则是 C 程序中的一种特殊变量，它们可以存放各种指定类型的地址，但不可以存放数值。指针变量存放哪个对象的地址，它就指向这个对象。习惯上，将上述地址常量称为“地址”，将上述存放地址的变量称为“指针变量”，简称“指针”。

计算机访问内存的过程，是先访问内存地址，然后从该地址内读出或向该地址内写入数据。一般程序都是通过直接引用变量名对变量值进行读写，或者通过“数组名[下标]”的形式对数组元素值进行读写。如果要得到变量或数组元素的地址，只需在它们的名字前面加上求地址运算符“&”即可。而 C 程序中引入的指针变量能够存放某个变量或数组元素的地址，程序直接使用指针变量名就能得到内存地址，在指针变量前面加上间接访问运算符“*”就能读写内存的值。

指针变量的类型简称指针类型。指针类型有多种划分方式：

（1）按指向地址的数据类型划分。有 int 型指针、char 型指针、float 型指针、double 型指针等。

（2）按级别划分。有一级指针、二级指针、三级指针等。其中，一级指针只能指向数据，应用最多；二级指针只能指向一级指针；三级指针只能指向二级指针，等等。

（3）按指向数组数据的数量划分。有元素指针、行指针、页指针等。其中，元素指针就是通常说的一级指针，若数组是 int 型，元素指针就是 int 型指针。相应地，行指针是二级指针，页指针是三级指针等。需要注意的是，元素指针、行指针、页指针概念只针对数组。

（4）按指针指向对象的特殊性划分。有函数指针（指向函数的指针）、结构体指针（指向结构体的指针）等，变量指针、行指针、多级指针等也在这种类别划分之列。

（5）其他。将多个同类型指针组合：指针数组。返回指针的函数：指针函数。指针用于函数定义与调用：有指针形参、指针实参两种。

9.2 指针变量

9.2.1 指针变量的定义

指针变量和其他变量一样，必须先定义后使用，指针变量定义的一般形式为：

```
数据类型 *指针变量名;
```

其中，*是指针符号。

如：

```
int *p;              /* 定义一个int型指针变量，指针变量名为p */
double *q;           /* 定义一个double型指针变量，指针变量名为q */
int *p,a,b,*q;       /* 定义两个int型指针变量p和q，两个int型变量a和b */
```

注意：指针变量名的命名同样必须遵守标识符的命名规则。

初学者一般认为，内存地址都一样，只是地址值不同而已，这是错误的。前面说过，C 语言中的地址，一般是指连续多个字节的起始字节的地址。字节的数量有多有少，即使字节数相同，这段内存空间中存放的数据编码也可能不同，例如，int 型、float 型数据都是 4 字节，但它们的数据编码是不一样的。C 语言中，为了通过指针变量访问它所指向存储单元内的值，规定每个指针都必须有确定的类型。

指针的类型以定义指针时的“数据类型*”表示，其含义是，该指针是这种“数据类型”的指针，该指针变量只能存放该“数据类型”的地址。例如，定义了 double *q;，则指针变量 q 只能存放 double 型数据的地址，此时，如果强行让 q 存放 float 型的地址，则通过*q 间接访问那个 float 型地址里面的值就会出错。再如，定义了 double p,*q;，虽然其中的 double 与*没有写在一起，q 的指针类型仍然是 double 型。

9.2.2 指针变量的初始化与赋值

指针变量的初始化，是指在定义指针变量的同时赋予其一个地址，或者说确定其指向。

指针变量初始化的一般形式为：

```
数据类型 *指针变量名=地址;  （*是指针符号）
```

例如，下面的几种形式都是正确的：

```
int a;
int *p=&a;              /* 定义int型指针变量p，并使p指向a */
```

等价于：

```
int a,*p=&a;
```

等价于：

```
int a,*p;
p=&a;
```

注意：

（1）上述几种形式中出现的“*”都是指针符号，它们是语法符号，而不是后面提到的间接访问运算符。

（2）a 是变量，&a 是常量，这是因为，在程序运行过程中，a 的值可以随时改变，而 &a 不能改变。

（3）最后一种形式中，语句“p=&a;”中 p 的前面不能有*号，因为这是对指针变量 p 进行访问，而不是定义 p。语句“p=&a;”的功能是给指针 p 一个指向，习惯读成“p 指向 a”，这是一条赋值语句，不是严格意义上的初始化，但效果一样。

下面的几种初始化都是错误的：

（1）给指针变量赋一个不存在的地址。例如：

```
int *p=&a; int a;
```

或

```
int *p=&a,a;
```

由于给指针变量 p 赋初值&a 时，还未定义变量 a，当然&a 也不存在。

（2）让指针变量指向一个不明地址单元。例如：

```
int *p=0x3000;
```

编程者的意图是定义指针变量 p，并让它指向地址为 0x3000 的内存单元，但 C 语言禁止指针变量指向任何一个不明内存单元，只能指向程序自身定义的某个变量、某个数组或某个动态内存空间。

（3）让指针变量指向数值常量。例如：

```
int *p=&300;
char *q=&'A';
```

编程者试图让指针变量 p、q 指向数值常量 300、字符'A'，但 C 语言中没有计算常量值地址的功能，"&300"与"&'A'"都是错误的表示方法。不过，C 语言中，指针可以指向字符串常量，详见 9.4.2 节。

9.2.3 指针变量的引用

所谓指针变量的引用，就是通过指针变量得到存储单元的地址或对存储单元的值进行读写，也包括对指针变量自身的运算。

注意：对指针变量所指向存储单元的值进行读写前，必须先让该指针变量有确定的指向。因为，定义指针变量时，若不赋初值，那么指针的指向是随机的。初学者稍不注意，就可能对指针随机指向的地址单元进行读写，这是错误的。

C 程序中，使用指针变量名可以直接得到指针指向存储单元的地址。而使用“*指针变量名”可以访问指针变量指向存储单元的值。

“&”与“*”是与指针有关的运算符，都是单目运算符，优先级 2 级，从右至左结合。

“&”运算符的功能是求变量或数组元素的地址，使用的一般形式为：

```
&变量名
```

或

```
&数组元素
```

“*”运算符的功能是访问指针变量指向存储单元内的值，使用的一般形式为：

*指针变量名

&、*、普通变量 a、指针变量 p 有 5 种组合形式，在 C 程序中的功能如下：
&a —— 变量 a 占用内存空间的地址，即 a 的地址
a —— a 的值
&p —— 变量 p 自身占用内存空间的地址
*p —— 指针 p 指向存储单元的值
p —— p 里面存放的某个变量的地址
例如：

```
int a,b;
int *p=&a,*q;      /* 定义指针p和q，并让p指向a */
*p=8;              /* 往变量a中赋值8，等同于语句a=8； */
*q=*p;             /* 错误，因为q没有明确的指向 */
q=&b;              /* 让q指向b */
*q=*p;             /* 正确，等同于b=a;，原因是p指向了a，q指向了b */
```

注意：C 语言中“*”有三种不同的用途：

（1）“*”作为双目运算符，表示进行乘法运算。例如：a*b。

（2）定义变量时，将“*”置于变量名前，是指针符号，相当于告知编译系统，它后面是一个指针变量。例如：int *p。

（3）间接访问运算符，将“*”置于指针变量前，表示对指针变量指向存储单元的值读或写。例如：*p=2。

使用运算符&、*、指针变量、普通数值变量以及指针变量的明确指向，便可进行各种数值、地址的访问。例如：定义语句“int a,*p=&a;”之后，就可以通过*p 对变量 a 的值读或写，也可以把 p 当成&a 访问 a 的地址。

【例 9-1】 使用指针，从键盘输入 2 个整数，按升序输出这两个数。

分析：定义两个指针变量，分别指向两个整型变量，然后，通过指针变量交换两个整数。

源程序：

```
void main()
{
    int a,b,t;
    int *p=&a,*q=&b;
    printf("a=");scanf("%d",p);        /* 不要将p误写成&p */
    printf("b=");scanf("%d",q);        /* 不要将q误写成&q */
    if(*p>*q){t=*p;*p=*q;*q=t;}        /* 其中，*p相当于a，*q相当于b */
    printf("%d %d\n",*p,*q);
}
```

程序运行结果：

```
a=5↙
b=10↙
```

```
5 10
```

再次运行程序，程序运行结果：

```
a=10↙
b=5↙
5 10
```

本程序通过指针变量实现对普通变量的访问，其作用仅仅是示例指针变量的使用方法，这种方法不如直接使用普通变量 a、b 或它们的地址&a、&b 进行访问简单明了，访问速度也会变慢。但是，指针的真正作用并不在此。

思考题：将例 9-1 程序中的两条语句做如下修改，其他代码不变，分析程序的运行结果。

（1）int a,b,t;修改为：int a,b,*t;。

（2）if(*p>*q){t=*p;*p=*q;*q=t;}修改为：if(*p>*q){t=p;p=q;q=t;}。

9.2.4 指针变量的运算

当指针变量指向数组元素或二维数组行时，可以对两个指针变量做比较运算、减法运算、赋值运算，也可以对一个指针变量加、减一个整数。一般变量的指针虽然也能运算，但通常都是无意义的。假设 p、q 是指向同一数组两个不同元素的指针，n 为整数，则关于指针变量的运算及功能如表 9-1 所示。

表 9-1 指针变量的运算及功能

指针变量的运算	功　能
p+n、p−n	p 所指向元素的后面或前面的第 n 个元素地址
p+=n、p−=n	让 p 指向它后面或前面的第 n 个元素
p++、++p、p−−、−−p	让 p 指向它后面或前面的一个元素
q−p	q、p 两个指向之间的元素个数
p<q	判断 p 指向的地址是否小于 q 指向的地址，是为 1，不是为 0
p= =q	判别 p、q 的指向是否相同，是为 1，不是为 0
…	两个同类型指针间的所有关系运算，成立结果为 1，否则为 0
p=q	赋值运算，让 p 指向 q 的指向

表 9-1 关于指针的运算在数组内都是合法的、有意义的运算，除此以外，对指针的运算大多是非法的，例如：p+q、p*=2、p/3 都是非法运算。

注意：指针变量加、减一个数值常量时，系统自动将这个数值常量转变成与指针变量同类型的地址值后加、减，而不是直接加、减这个数。例如，假设 int 型指针 p 指向的存储单元地址是 3000，则 p+5 指向的存储单元地址不是 3005 而是 3020，即 3000+5×4，其中，4 是一个 int 型数据所占存储单元的字节数。

0 地址是值为 0 的地址，C 系统将这个地址定义成符号常量 NULL，使用 NULL 时，程序前面需要有#include<stdio.h>。程序中需要使用“0 地址”时，不能直接写 0，而要写 NULL，否则，程序会认定是数值 0 而不是地址 0。系统规定，可以使用指针指向 0 地址的单元，但不可以对其值读或写。例如：

```
#include <stdio.h>
```

```
void main()
{
    int *p=NULL;
    *p=10;                  /* 向0地址单元写入10 */
    printf("%d",*p);
}
```

程序运行时，会提出错误警告并终止程序的运行。

9.3 指针与数组

9.3.1 指针与一维数组

指针在一维数组中的应用，一般是定义两个与该数组类型相同的指针变量：一个指针逐个指向数组各元素，可称之为“活动指针”；另一个指针指向数组的紧后边，这个“紧后边”的意思是紧挨着数组最后一个元素的后边，作为前一个指针变量循环时的终止条件，可称之为“固定指针”。

数组定义后，程序中引用的数组名并不代表该数组的第一个元素值，更不代表该数组的所有元素值。一维数组中，数组名代表数组起始元素的地址，简称数组起始地址或数组地址或数组首地址。二维数组中，数组名代表数组起始行的地址，也简称为数组地址。

为使用方便，指针指向一维数组时，习惯上，不是将下标为 0 的元素地址赋值给指针，而是直接让“指针=数组名”。因此，“数组名+数组长度”就是该数组的紧后边元素的地址，“指向数组元素的指针++”就是让该指针指向它的后一个元素。

【例 9-2】 通过指针输入数组的 10 个元素，找出数组中的最大值并输出。

分析：可以设置三个指针变量，max 指向数组最大元素，q 指向数组的紧后边，p 依次指向数组各元素。各指针指向如图 9-2 所示，算法 N-S 流程图如图 9-3 所示。

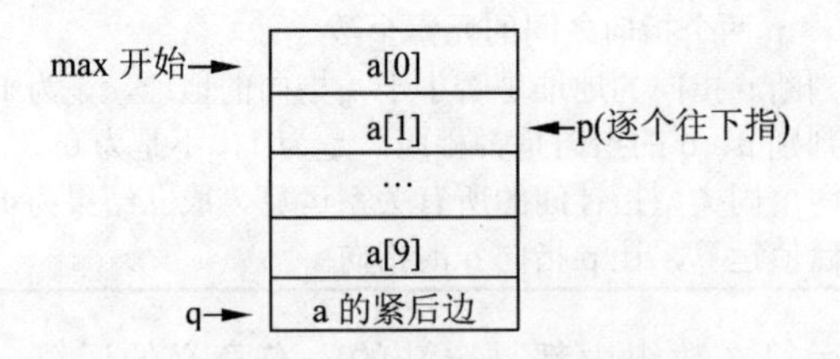

图 9-2 各指针指向

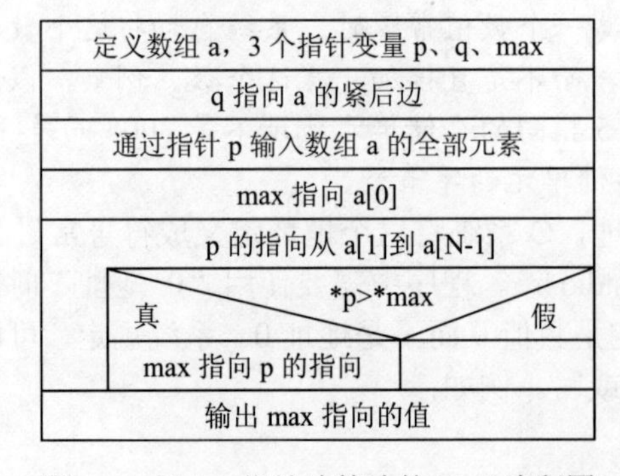

图 9-3 例 9-2 指针法算法的 N-S 流程图

在图 9-2 中，max 指针开始指向 a[0]，将 max 指向的值与 p 指向的值比较，如果 max 指向的值小，则让 max 指向与 p 指向相同；然后 p 继续指向下一个元素，将 max 指向的值与 p 指向的值比较……如此循环，直到 p 指向与 q 指向相同为止。

指针法源程序：

```
#define N 10
void main()
{
    int a[N],*p,*q,*max;
    q=a+N;
    for(p=a;p<q;p++)
        scanf("%d",p);                  /* 数组输入 */
    for(max=a,p=a+1;p<q;p++)
        if(*p>*max)max=p;               /* 寻找最大数的地址 */
    printf("MAX=%d\n",*max);            /* 输出max指向的值 */
}
```

本例中，指针 q 指向数组 a 的紧后边，不是数组 a 内部的某个元素。可以使用该地址作为循环的终止条件，但不要对该地址中的数据进行读写，这是因为该地址并未分配给程序中的某个变量，读写其中的数据可能会导致不可预见的错误。

本题也可以用下标法访问数组元素，算法的 N−S 流程图如图 9-4 所示。

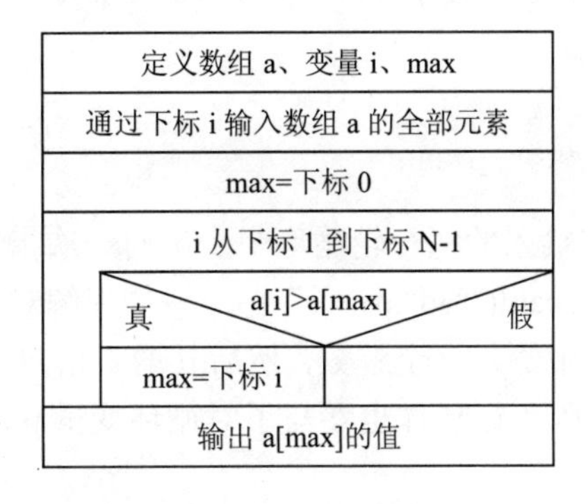

图 9-4　例 9-2 下标法算法的 N-S 流程图

下标法源程序：

```
#define N 10
void main()
{
    int a[N],i,max;
    for(i=0;i<N;i++)
        scanf("%d",a+i);                /* a+i即&a[i] */
    for(max=0,i=1;i<N;i++)
        if(a[i]>a[max])max=i;           /* 寻找最大数的下标 */
    printf("MAX=%d\n",a[max]);          /* max是最大数的下标 */
}
```

运行这两个程序，得到相同的结果，程序运行结果：

```
4 5 6 7 8 9 1 2 3 0↙
MAX=9
```

程序运行时，使用指针法，通过 p 能直接得到元素地址，并间接读或写里面的值。使用下标法，每个元素的地址都要经过一系列计算才能得到。例如，访问 a[3]的过程是：首先，根据数组名 a 得到数组的首地址，根据数组类型得到一个元素占用的字节数是 4，然后，计算 3×4 得到 a[3]的偏移地址 12（即 a[3]偏移数组首地址的字节数），然后，将 a 代表的地址与 a[3]的偏移地址相加才能得到 a[3]的物理地址（实际地址），最后，读或写这个地址里面的数据。因此，指针法访问数组比下标法速度快很多。

思考题：*分析用下面程序段输入数组元素的方法与指针法源程序的区别。*

```
int a[N],*p,*max;
for(p=a;p<a+N;p++) scanf("%d",p);
```

提示：*这个程序段与指针法相比，缺少了对活动指针 p 截止条件 q 的设置，循环过程中 a、N 都是常量，每一轮循环都要计算"a+N"这个"截止指针"，程序运行速度自然要降低很多。*

若将指针法源程序中输入循环语句：

```
for(p=a;p<q;p++) scanf("%d",p);
```

改为：

```
for(p=a;p<q;)scanf("%d",p++);
```

程序的功能不变，且在输入的每一轮循环中少访问一次指针变量 p，程序运行速度会更快。但是，循环体语句"scanf("%d",p++);"中 p++的理解对初学者来说是个难点，应理解成"向 p 指向的存储单元中输入一个整数，然后 p 增 1 指向下一个元素"。此外，这种改动使得程序的可读性变差，因为循环体也参与了对循环变量 p 的控制。因此，对于初学者，不建议作上述改动。

实际应用中，由于程序的不同需求，编程的手段千差万别，但一维数组中指针的基本原理就是这些。

【例 9-3】 猴子选大王问题。话说，一群猴子选大王，它们围坐成一圈，从第一只猴子开始报数 1、2、3，报到 3 的猴子出局，然后从下一只猴子开始按相同规则报数、出局，以此循环，直到剩下最后一只猴子就是猴王。

题目看似简单，算法却有点复杂，需要一定的技巧。此题在国际数学界称为"约瑟夫环"，衍生的题目有"猴子选大王""同学围圈玩出局游戏"等。

分析：数组的各元素分别存放每只猴子的在局状态，1 为在局、0 为出局，元素下标+1 对应猴子编号（数组下标从 0 开始）。从第一个元素开始依次累加猴子的在局状态，在局则 1 被累加、出局 0 虽然被累加但与不被累加无异（此为巧妙之处），累加到 3 时，对应那只猴子的在局状态改为 0、累加值清零、剩余猴子数减 1。一轮累加完毕，再进行下一轮，但是，累加值带入第二轮。如此循环，直到剩余猴子数等于 1 为止。以 16 只猴子为例，数到 3 的猴子出局，初始在局状态、第一轮、第二轮后在局状态，示意图如图 9-5 所示。算法 N−S 流程图如图 9-6 所示。

初始在局状态	编号	1轮后在局状态	编号	2轮后在局状态	编号
1	1	1	1	1	1
1	2	1	2	0	2
1	3	0	3	0	3
1	4	1	4	1	4
1	5	1	5	1	5
1	6	0	6	0	6
1	7	1	7	0	7
1	8	1	8	1	8
1	9	0	9	0	9
1	10	1	10	1	10
1	11	1	11	0	11
1	12	0	12	0	12
1	13	1	13	1	13
1	14	1	14	1	14
1	15	0	15	0	15
1	16	1	16	0	16

图 9-5　初始在局状态、第一轮、第二轮后在局状态

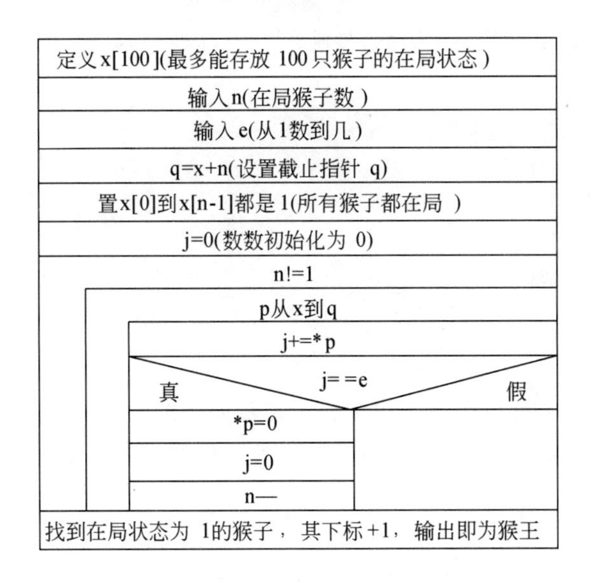

图 9-6　猴子选大王算法的 N−S 流程图

源程序：

```
void main()
{
    int j,n,e,*p,*q;
    int x[100];                    /* 最多100只猴子参选，保存每只猴子在局状态 */
    printf("猴子的数量(<=100): "); scanf("%d",&n);
```

```
    printf("从1数到"); scanf("%d",&e);/* 键入e，使程序更灵活 */
    q=x+n;                              /* 设置截止指针q */
    for(p=x;p<q;p++) *p=1;              /* 设置猴子都在。1在局、0已出局 */
    j=0;                                /* 数数初始化0 */
    while(n!=1)                         /* 只要剩余猴子数不是1 */
    {
        for(p=x;p<q;p++)                /* 不论猴子是否出局，p逐个指向它们 */
        {
            j+=*p;                      /* 如果p所指猴子已出局，*p为0，等同不被累加 */
            if(j==e)                    /* 如果数到e */
            {
                *p=0;                   /* 设该猴子状态为0，表示出局 */
                j=0;                    /* 数数从头开始 */
                n--;                    /* 剩余猴子数少1 */
            }
        }
    }
    for(p=x;p<q;p++)
        if(*p==1)
        {
            printf("猴子大王为第%d号猴子！\n",p-x+1);     /* 猴子编号从1开始 */
            break;                                        /* 不可能有第二只猴王 */
        }
}
```

程序运行结果：

```
猴子的数量(<=100):80↙
从1数到5↙
猴子大王为第38号猴子!
```

关于这个问题有许多种算法。本算法属于比较简单的一种，但是，出局猴子仍然占据位置、每圈数数都没有漏掉它们，使得程序计算速度较慢，当 n、e 的值都很大时速度更慢。

9.3.2 指针与二维数组

一维数组中只有元素地址的概念，二维数组中既有元素地址又有行地址的概念。在第 6 章中讲过，二维数组可看作是一个特殊的一维数组，这个一维数组中的每个元素又是一个包含多个元素的一维数组。

二维数组定义后，例如，int a[3][4];，数组名 a 代表该数组起始行的行地址，a[0]表示第 1 行起始元素的地址，如图 9-7 所示。虽然这两个地址在同一处，但意义不同，使用方法也不同。例如，天津市和平路的地址，与天津市和平路 1 号的地址，可以理解成地址相同、概念不同。进一步探讨可以认为，“和平路地址+1”是和平路旁边山东路的地址，而

“和平路 1 号地址+1”是和平路 2 号的地址。二维数组中行地址与元素地址概念的区别就类似于此，而这种概念的区别是由于地址类型的不同。

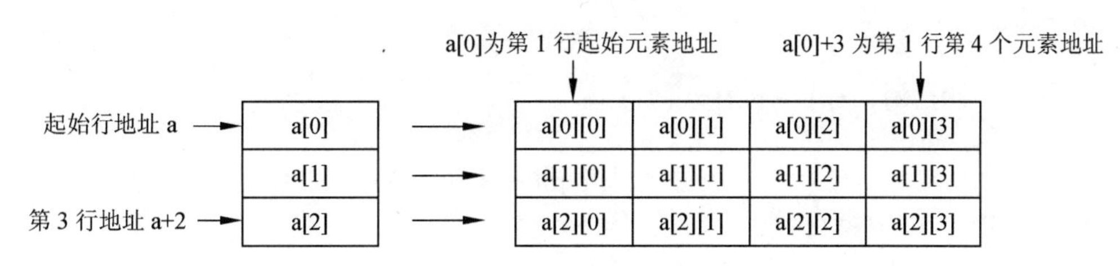

图 9-7　行地址与元素地址

二维数组中，“*行地址”得到的是元素地址，“*元素地址”得到的是元素的值。

定义上面的数组 a 后，关于地址与元素的表示方式及含义举例如表 9-2 所示（假设 i、j 为 int 型变量，行、列从 0 开始）。

表 9-2　二维数组中地址与元素的表示方式及含义

表 示 方 法	含　　义
a	0 行的行地址
a+i	i 行的行地址
*a, a[0], &a[0][0]	0 行起始元素的地址
*(a+i), a[i], &a[i][0]	i 行起始元素的地址
*a+j, a[0]+j, &a[0][j]	0 行 j 列元素的地址
*(a+i)+j, a[i]+j, &a[i][j]	i 行 j 列元素的地址
*a+i+j, a[0]+i+j, &a[0][i+j]	0 行 i+j 列元素的地址
**a, *a[0], a[0][0]	0 行起始元素的值
((a+i)+j), *(a[i]+j), a[i][j]	i 行 j 列元素的值

有行地址，就有行指针变量。行指针变量定义的一般形式为：

```
数据类型 (*指针变量名)[数组长度];
```

其中，*是指针符号。

例如：

```
int (*p)[4];
```

的含义是定义一个行指针 p，它指向连续存放的 4 个 int 型数据。

将行指针指向一个二维数组的起始行或某一行，就可以通过该指针访问二维数组元素的地址或值。

【例 9-4】 通过行指针输入一个 3 行 4 列二维数组各元素的值，计算各元素的平均值并输出。

分析：定义两个行指针，p 指向二维数组每一行，q 指向二维数组紧后边一行，q 控制 p 的范围，则可通过 p 访问二维数组每个元素的地址和值，算法的 N-S 流程图如图 9-8 所示。

源程序：

```
#define N 3
#define M 4
void main()
{
    int a[N][M],(*p)[M],(*q)[M];
    int j,sum;
    q=a+N;                      /* 指针q指向a数组的紧后边行 */
    for(p=a;p<q;p++)            /* 输入 */
        for(j=0;j<M;j++)
            scanf("%d",*p+j);  /*  *p+j是行指针p所指向行、下标j列元素的地址 */
    for(p=a,sum=0;p<q;p++)     /* 累加 */
        for(j=0;j<M;j++)
            sum+=*(*p+j);      /*  *(*p+j)是行指针p所指向行、下标j列元素的值 */
    printf("平均值=%lf\n",(double)sum/(N*M));
}
```

程序运行结果：

```
1 2 3 4 5 6 7 8 9 10 11 12↙
平均值=6.500000
```

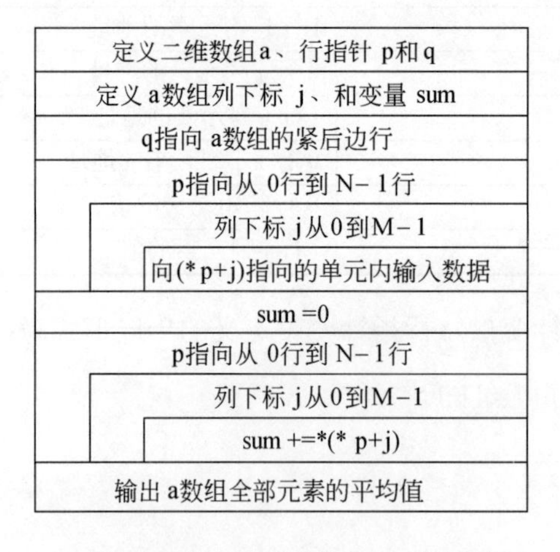

图 9-8　例 9-4 算法的 N-S 流程图

仔细分析不难发现，使用行指针逐个访问二维数组元素，虽然计算各行地址速度较快，但是计算各元素地址与下标法无异，访问速度并不比下标法快。因此，二维数组中一般也是使用指向元素的指针逐个访问数组各元素。在处理存放多个字符串的二维数组时，如果只是对各行字符按行处理、不是对每个字符逐一处理，使用行指针能提高速度。

由于二维数组元素按行逐个连续存放，因此，可以通过指向元素的指针的指向知道它指向哪个元素，也可通过已知元素的下标，计算出如何用指针指向它。

例如，有 int a[N][M],*p=*a;（注：N、M 是整型常量，*a 同&a[0][0]），若要让 p 指向元素 a[i][j]，只需用语句“p+=i*M+j;”即可。反过来，要知道指针 p 指向哪个元素，通过“k=p−*a;i=k/M;j=k%M;”得到的 i、j 就是该元素的行、列下标。

【例 9-5】 通过指向元素的指针输入一个 3 行 4 列二维数组各元素的值，计算各元素的平均值并输出。

分析：定义两个指向元素的指针，p 指向数组的每一个元素，q 指向数组的紧后边元素，q 控制 p 的范围，则可通过 p 访问数组的每一个元素，算法的 N-S 流程图如图 9-9 所示。

源程序：

```
#define N 3
#define M 4
void main()
{
   int k=N*M,a[N][M],*p,*q;
   int sum;
   q=*a+k;                          /* q指针指向二维数组a的紧后边"元素" */
   for(p=*a; p<q;p++)
     scanf("%d",p);                 /* 输入 */
   for(p=*a,sum=0;p<q;p++)
     sum+=*p;                       /* 累加 */
   printf("平均值=%lf\n",(double)sum/k);
}
```

程序运行结果：

```
1 2 3 4 5 6 7 8 9 10 11 12↙
平均值=6.500000
```

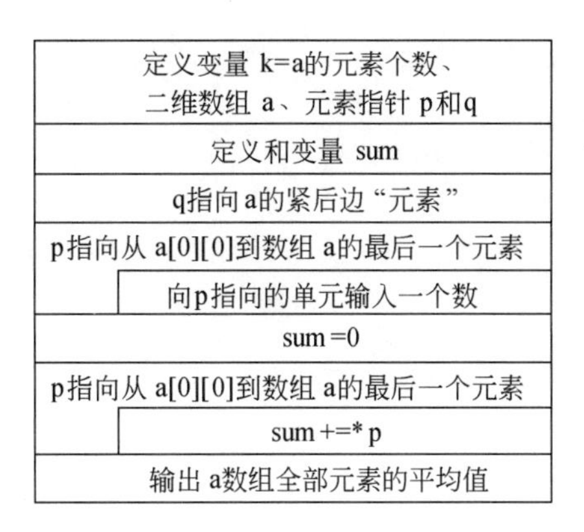

图 9-9　例 9-5 算法的 N-S 流程图

与例 9-4 相比，程序运行时输入相同数据，输出结果是一样的。但是，例 9-5 不仅程序结构简单，运行速度也提高很多，因为，访问元素直接使用了“元素指针”，而不是通过“*行指针+列下标偏移地址”计算得到。

9.4　指针与字符串

C 语言中没有专门表示字符串的数据类型，通常情况下，是将字符串存放在一个一维

char 型数组中，从数组下标为 0 的位置开始逐个存放各个字符的 ASCII 码，最后一个字符之后，系统自动添加一个串结束符'\0'。所有处理字符串的库函数都以'\0'作为字符串的结束标记。字符串有了结束标记，将它交给某一函数处理时，只需给被调函数提供字符串的首地址即可，不必提供该字符串的长度，更不必提供存放该字符串的数组长度。而将数值型数组的首地址交给被调函数处理时，往往还要提供另一个实参即数组长度或数组元素的个数。

编写程序时可以使用指向字符的指针，从字符串的第一个字符起，逐个指向后续字符，实现对字符串的访问，直到指针指向的字符为'\0'时停止，而不必另设指向字符串结束标记的指针。

9.4.1 指向字符数组的指针变量

指向字符数组的指针变量必须是 char 型。通常情况下，使用指向字符的指针变量处理字符数组速度比下标法快很多。

【例 9-6】 将字符串中下标为偶数的所有字符按顺序取出，组成一个新的字符串。

分析：解决该问题可以有多种方法，但各种方法的效率是不同的，下面采用多种方法解决，并对这些方法进行分析和比较。

方法一：利用下标法，只检查数组中下标为偶数的字符。

源程序 1：

```
void main()
{
    char a[100],b[50];
    int i,j;
    gets(a);
    for(i=j=0;a[i]!='\0';i+=2,j++) b[j]=a[i];    /* 每轮循环i增2、j增1 */
    b[j]='\0';                                   /* 添加结束标记 */
    puts(b);
}
```

程序运行结果：

```
abcd1234ab↙（偶数个字符）
ac13a
```

再运行一次，程序运行结果：

```
abcdef123ab↙（奇数个字符）
ace13b烫烫烫烫烫烫烫烫烫烫烫烫烫烫烫烫烫烫烫烫烫烫烫?贰
```

该程序采用下标法，看似正确，一般测试可能也看不出错误，但由于 a 内可能有较多非'\0'的随机字符，若往 a 内输入奇数个字符，很可能产生错误结果。这是由于，循环控制时检查 a 内的字符串何时结束是每隔一个字符检查一下，可能会产生漏检。

方法二：利用下标法，逐个检查数组中所有字符。

源程序 2：

```
void main()
{
    char a[100],b[50];
    int i,j;
    gets(a);
    for(i=j=0;a[i]!='\0';i++)          /* 逐个检查a内各个字符是否是结束标记 */
        if(i%2==0){b[j]=a[i];j++;}
    b[j]='\0';
    puts(b);
}
```

程序运行结果：

```
abcd1234ab↙（偶数个字符）
ac13a
```

再运行一次，程序运行结果：

```
abcdef123ab↙（奇数个字符）
ace13b
```

该程序逐个检查 a 内各个字符是否是字符串结束标记，若不是结束标记且下标为偶数，则将其添加到数组 b 中，程序完整无误。但是，逐个检查结束标记、逐个判断数组元素下标是否为偶数以及不使用指针访问数组元素，会使程序运行速度降低很多。

方法三：利用指针法，逐个检查数组中所有字符。

源程序 3：

```
void main()
{
    char a[100],b[50],*p,*q;
    gets(a);
    for(p=a,q=b;*p!='\0';p++)          /* 其中，p指向数组a、q指向数组b */
        if((p-a)%2==0){*q=*p;q++;}     /* 下标为偶数的字符存放到q指向的数组，即b数组 */
    *q='\0';
    puts(b);
}
```

使用了指针，程序运行速度得到提高，但其他问题与源程序 2 相同，仍不完美。

方法四：利用指针法，检查数组中下标为偶数的字符，采用字符串双结束标记。

源程序 4：

```
#include <string.h>
void main()
{
    char a[100],b[50],*p,*q;
```

```
    gets(a);
    a[strlen(a)+1]='\0';                          /* 增加第二个结束标记 */
    for(p=a,q=b;*p!='\0';p+=2,q++) *q=*p;     /* 每轮循环p在a内增2、q在b内增1 */
    *q='\0';
    puts(b);
}
```


由于输入字符串 a 回车后，a[strlen(a)]存放的是字符串结束标记'\0'，本程序又在下一个位置设置了一个'\0'，相当于设计了字符串双结束标记，使得 p 在 a 内跳着走也不会越过字符串结束标记。程序使用巧妙的方法，综合了前 3 个程序的优点。

方法五：利用指针法，检查数组中下标为偶数的字符，采用固定指针控制查找范围。

源程序 5：

```
void main()
{
    char a[100],b[50],*p,*q,*r;
    gets(a);
    r=a+strlen(a);                          /*  r指向a里面字符串的结束标记 */
    for(p=a,q=b;p<r;p+=2,q++)
        *q=*p;  /* 循环条件不是看p指向的是否是结束标记，而是看p指向是否等于或越过r */
    *q='\0';
    puts(b);
}
```

程序质量与源程序 4 近似，但算法没有使用特定技巧。

【例 9-7】 一个字符型二维数组内存放多个字符串，将它们以字符串为单位升序排列。

分析：处理多个字符串利用行指针比较方便，排序可以采用冒泡法，对字符串进行比较用库函数 strcmp。

注意：字符串交换可以使用 3 个 strcpy 函数，切不可使用字符串赋值试图达到交换字符串的目的。

源程序：

```
#include <string.h>
#define N 4
void main()
{
    char a[N][100],t[100],(*p)[100],(*q)[100];
    int i;
    q=a+N;                              /* 行指针q指向a的紧后边行 */
    for(p=a;p<q;p++)gets(*p);           /* 输入N个字符串 */
    q--;                                /* 行指针q指向a的最后一行 */
    for(i=1;i<N;i++,q--)                /* 排序趟数i控制 */
        for(p=a;p<q;p++)                /* 控制活动行指针p */
```

```
        if(strcmp(*p,*(p+1))>0)    /* 如果前一个字符串大于后一个字符串，则交换 */
        {   strcpy(t,*p);  strcpy(*p,*(p+1));  strcpy(*(p+1),t);  }
    puts("");                          /* 换行 */
    for(i=0;i<N;i++)puts(a[i]);        /* 输出N个字符串 */
}
```

程序运行结果：

```
zhangsan↙
lisi↙
wangwu↙
zhaoliu↙

lisi
wangwu
zhangsan
zhaoliu
```

本程序使用行指针要比使用指向元素的指针方便许多，但要注意，每次处理一行字符时，库函数一般都要求提供这行字符的首地址，必须将指向这行字符的行指针作间接访问运算*才能得到这行字符的首地址。

但是，由于指向一行字符的行指针所表示的地址值与该行首个字符的地址值相同，恰好这一程序中所有字符指针都用于实参，即使将它们全部改成行指针或部分改成行指针，这些实参在传递给形参时会自动转换成相应的字符指针，所以程序也都是正确的。也就是说，可以将上面程序中库函数 gets、strcmp 和 strcpy 实参中的所有*去掉，但程序中的其他行指针都不能改成字符指针，这充分反映了 C 语言规则的严格和 C 程序的灵活。

思考题：*利用二维数组对多个字符串排序，存在哪些缺点？*

【例 9-8】 编程将有 n 个字符的串的后 m 个字符移到最前面，其他字符依次后移，如图 9-10 所示。

方法一：将原始字符串存到字符数组 a 中，利用 b 数组做中转站，先将 a 数组后面的 m 个字符复制到 b 数组中，再将 a 数组前面的 n−m 个字符连接到数组 b 前面 m 个字符的后面，最后再将 b 数组的内容放回 a 数组。

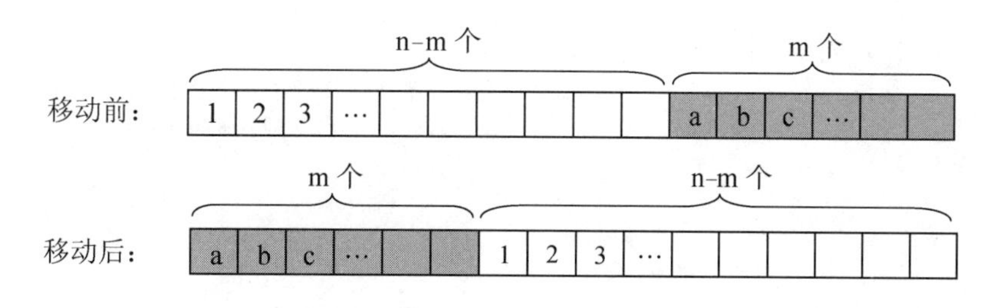

图 9-10　字符移动前后示意图

源程序 1：

```
#include <string.h>
void main()
{
    char a[100],b[100],*p,*q,*pm;     /* b是中转站，pm做截止指针用 */
    int n,m;
    printf("输入一个字符串(长度<100)：");
    gets(a);
    n=strlen(a);                      /* 计算a字符串的长度 */
    printf("移动多少个字符到前面(<%d)：",n);
    scanf("%d",&m);                   /* 输入移动字符数 */
    p=pm=a+n-m;                       /* p、pm指向a中第一个要移动的字符 */
    q=b;                              /* q指向第一个要移动的字符在b中存放的位置 */
    for(;*p!='\0';p++,q++)*q=*p;      /* 将a的后m个字符复制到b的最前面 */
    p=a;                              /* p指向a的第一个字符，q指向b中位置不变 */
    for(;p<pm;p++,q++)*q=*p;          /* 将a的剩余字符复制到b的后面 */
    *q='\0';                          /* 添加结束标记 */
    strcpy(a,b);                      /* 将中转站的字符串拷贝到原存储空间 */
    puts(a);                          /* 输出验证 */
}
```

方法二：设字符串存在字符数组 a 中，将 a 中的最后一个字符移到最前面，其他字符依次后移一个位置，如此 m 遍。

源程序 2：

```
#include <string.h>
void main()
{
    char a[100],*p,t;
    int n,m,i;
    printf("输入一个字符串(长度<100)：");
    gets(a);
    n=strlen(a);
    printf("移动多少个字符到前面(<%d)：",n);
    scanf("%d",&m);
    for(i=0;i<m;i++)
    {
        for(p=a+n-2,t=*(p+1);p>=a;p--)
            *(p+1)=*p;                /* 将a中除最后一个字符外的所有字符依次后移 */
        *a=t;                         /* a中最后一个字符放在最前面 */
    }
    puts(a);
}
```

程序运行结果：

```
输入一个字符串(长度<100)：abcdefg↙
```

```
移动多少个字符到前面(<7)：3↙
efgabcd
```

这两个程序功能相同，与源程序 1 相比，源程序 2 少定义一个中转站数组 b，节省了内存空间；双循环虽然语句复杂，但程序结构简单；字符移动次数太多，运行速度太慢。

9.4.2 指向字符串常量的指针变量

字符串常量不是程序运行时键入的一串字符，而是书写在程序中的一串字符，存储时也是以'\0'作为字符串结束标记。

字符串常量如"abcdefg"参与运算时，所代表的是这个字符串常量的首地址，语句：

```
printf("%x\n","abcdefg");
```

输出的是字符串"abcdefg"中字符'a'的地址。

字符串常量作为调用字符串处理函数的实参，同样地，也是以该字符串常量的首地址传递给形参的。

字符串常量也可以在定义时作为初值赋值给一维字符数组，若要引用这个字符串常量只要使用数组名即可。但是，若不是通过赋初值的方式给予，就不方便了。例如程序段：

```
char a[100]="abcdefg";
char b[][100]={"1111","2222","3333"};
```

是正确的。而程序段：

```
char a[100];
a="abcdefg";
```

是错误的。因为 a 是数组名，是地址常量，不能更改，赋值就是更改。如果改成程序段：

```
char a[100];
strcpy(a,"abcdefg");
```

则是正确的。“strcpy(a,"abcdefg");”的功能是将字符串"abcdefg"包括它后面的结束标记'\0'复制到 a 开始的连续地址单元中。

如果使用字符指针指向字符串常量，则要方便一些，例如：

```
char *p="abcdefg";
```

或者：

```
char *p;p="abcdefg";
```

都是正确的，因为这个字符指针 p 可以随时指向任意字符。这个例子中，定义指针 p 时，p 有一个随机的指向，下一句 p="abcdefg";则确定了 p 的指向。

注意：是“p 指向这个字符串”，而不是“p 存放这个字符串”。

【例 9-9】 编写两个函数，使用指向字符串常量的指针作参数，计算同一个字符串常量中 a 字符的个数及 b 字符作为单词首字符的个数（均不区分大小写，假设单词首字符为'b'或'B'的附加条件是：单词在字符串最前面或单词前面有','、'.'、' '、'?'、'!'这五个字符之一。）

分析：第一个函数只需判断指针指向的字符是否是'a'或'A'，第二个函数需要判断指针指向的字符是否是'b'或'B'，以及前一个字符是什么字符，两个函数算法的 N−S 流程图分别如图 9-11 和图 9-12 所示。

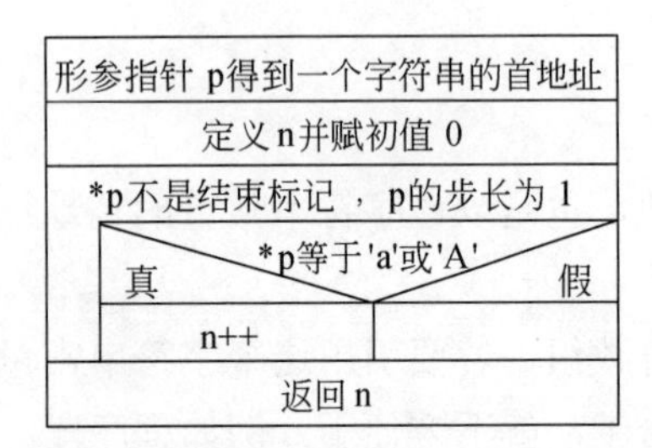

图 9-11　函数 f1 算法的 N-S 流程图

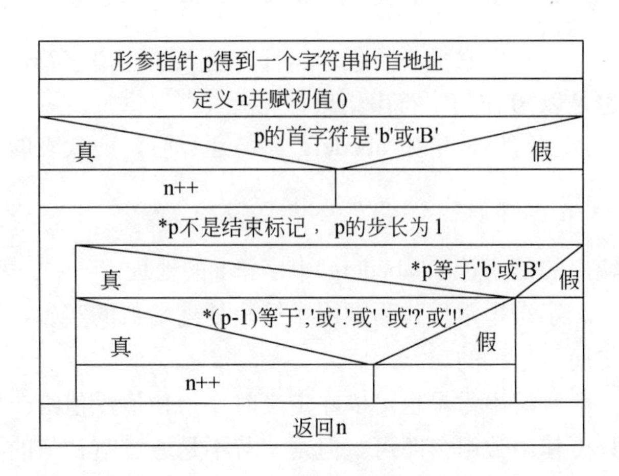

图 9-12　函数 f2 算法的 N-S 流程图

源程序：

```
int f1(char *p)      /* 求指针p所指字符串中字符a或A的个数并将其返回 */
{
    int n=0;
    for(;*p;p++)
        if(*p=='a'||*p=='A')n++;
    return n;
}
int f2(char *p)      /* 求指针p所指字符串中单词首字符为b或B的个数并将其返回 */
{
    int n=0;
    if(*p=='b'||*p=='B')n++;
    for(p++;*p;p++)
        if(*p=='b'||*p=='B')
            if(*(p-1)==','||*(p-1)=='.'||*(p-1)==' '||*(p-1)=='?'||*(p-1)=='!')
                n++;
    return n;
}
void main()
{
    char *p="bagfdg abcd ajdhj bhdg,jbgdf jdbjkla A akjh.";
    printf("a字符的个数=%d  b字符为单词首字符的个数=%d\n",f1(p),f2(p));
}
```

程序运行结果：

```
a字符的个数=6  b字符为单词首字符的个数=2
```

思考题：若要修改单词首字符为'b'或'B'的附加条件，需要如何修改上述程序？

9.5 指针与函数

9.5.1 指针作函数参数

与其他简单变量相同，指针变量可以作为函数的形参。使用指针变量作形参时，对应的实参可以是同类型的指针变量或地址值。

【例 9-10】 编写一个函数，功能是复制一个字符串，要求不使用库函数 strcpy。

源程序 1：

```
void copy(char a[],char b[])
{
    int i;
    for(i=0;a[i]!='\0';i++)b[i]=a[i];
    b[i]='\0';
}
```

形参为数组，函数体内使用下标法访问各个字符，速度慢。

源程序 2：

```
void copy(char *a,char *b)
{
    int i;
    for(i=0;a[i]!='\0';i++)b[i]=a[i];
    b[i]='\0';
}
```

与源程序 1 相比，只是形参由数组改为指针，其他没有变化，程序本质一样。注意，指针名后面也可以加上[i]，表示该指针所指位置后面的第 i 个元素。

源程序 3：

```
void copy(char *a,char *b)
{
     for(;*a!='\0';a++,b++)*b=*a;
         *b='\0';
}
```

这个函数真正使用了指针，提高了程序处理的速度。

源程序 4：

```
void copy(char *a,char *b)
```

```
{
    for(;*b++=*a++;);        /* 注意，最后的";"表示循环体为空 */
}
```

将循环体与循环条件合二为一，进一步提高了程序处理的速度，而且先复制、后判断循环条件，因此，循环后的添加结束标记可以省略。

源程序 5：

```
void copy(char *a,char *b)
{
    while(*b++=*a++);        /* 用while语句取代了for语句 */
}
```

修改了源程序 4 的控制方式，这是一个比较好的函数。

上述源程序 1~5 全部是正确的，由源程序 5，再补充一个主函数，即可实现复制一个字符串的完整功能。

源程序：

```
void copy(char *a,char *b)
{
    while(*b++=*a++);
}
void main()
{
    char a[100],b[100];
    gets(a);   copy(a,b);   puts(b);
}
```

程序运行结果：

```
123abc↙
123abc
```

【例 9-11】 编写一个函数，将给予的两个数按由小到大的顺序返回。

分析：因为要返回两个数，所以不能使用 return 返回，只能使用指针作函数参数。题目所说的给予两个数，可以通过值传递方式给予，但是，通过指针参数传递更方便。

源程序 1：

```
void swap(int *a,int *b)
{
    int t;
    if(*a>*b){t=*a;*a=*b;*b=t;}
}
```

这个程序是正确的，只要主调函数提供两个确定的地址作实参，调用这个 swap 函数，swap 函数就能将这两个地址内的数按由小到大的次序调整好，然后主调函数输出这两个地址内的数即可。

源程序 2：

```
void swap(int *a,int *b)
{
    int *t;
    if(*a>*b){t=a;a=b;b=t;}
}
```

这个程序是错误的。程序中形参指针得到两个数的地址后，根据两个数的大小不同，可能会交换指向，但是不会交换实参两个地址内的值。

源程序 3：

```
void swap(int *a,int *b)
{
    int *t;
    if(*a>*b){*t=*a;*a=*b;*b=*t;}
}
```

这个程序也是错误的。指针 t 没有明确的指向，不可以用来作为 a、b 两个地址内数值交换的过渡存储单元。

源程序 4：

```
void swap(int a,int b)
{
    int t;
    if(a>b){t=a;a=b;b=t;}
}
```

这个程序也是错误的。形参 a、b 不是指针而是普通变量，它们的值由实参赋值过来，即使交换值也只是交换两个形参的值，与主调函数实参无关。

将源程序 1 与主函数组合，即可构成完整程序。

```
void main()
{
    int a,b;
    scanf("%d%d",&a,&b);
    swap(&a,&b);
    printf("min=%d max=%d\n",a,b);
}
```

程序运行结果：

```
5 10↙
min=5 max=10
```

下面程序段是 C 语言初学者常犯的错误：

```
int  a;
scanf("%d",a);
```

程序编译、链接不会出错，但是运行时，键入数值后，一般会报错，如图 9-13 所示。

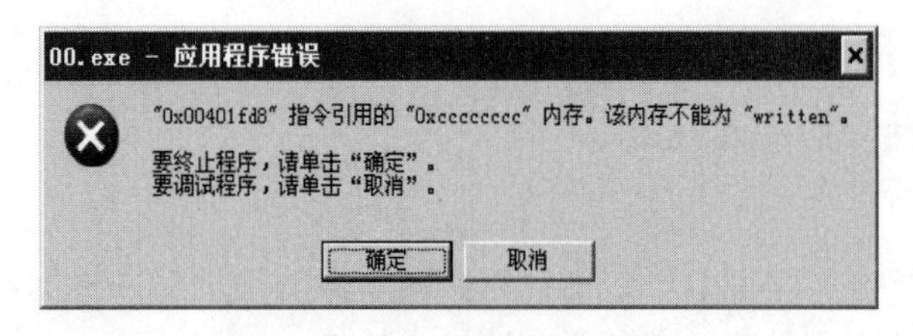

图 9-13　运行程序提示错误

这是错误调用 scanf 函数所致。scanf 函数要求实参是“输入格式串”和“若干个输入数据存放的内存地址”。若实参类型与形参不符，会自动转换成形参的类型。本程序段中，scanf 函数的第二个实参是 a，它表示的是变量 a 的值（定义 a 时产生的随机数）而不是地址，scanf 函数会将 a 的值转换成地址并试图往这个地址里面（本例是 0xcccccccc）写入从键盘键入的值，导致被系统拒绝并报错。更多情况下，定义变量 a 时产生的随机数是 0，产生的报错提示是地址 0x00000000 不能 written。

9.5.2　指向函数的指针

指向函数的指针简称函数指针。定义函数指针时必须告诉系统它所指向函数的类型、形参类型，定义的一般形式为：

```
函数类型 (*指针变量名)(形参类型表列);
```

其中，形参表列说明每个形参的类型，形参之间用逗号分隔。

例如：

```
int (*p)(int [],int);
```

表示定义了一个函数指针 p，它指向的函数是 int 型、两个形参分别是 int 型一维数组、int 型变量。若指针指向的函数无形参，可省略形参类型表列。

使用“函数指针=函数名”就可以让该指针有确定的指向（指向这个函数），函数名是函数的入口地址，类似于数组名。

函数指针有了确定的指向后，就可以通过这个指针调用该函数。

```
double sum(double a,double b)
{   return a+b;  }
void main()
{
   double (*pf)(double,double);/* 定义函数指针pf，其中的两个形参类型"double,
                                   double"不能省 */
   int x,y,s;
   scanf("%d%d",&x,&y);
   pf=sum;                        /*  pf指向sum函数 */
```

```
    s=pf(x,y);            /* 通过指针pf调用函数sum，等同于s=sum(x,y) */
    printf("s=%d\n",s);
}
```

将函数指针作为某一函数的实参，并让这个函数去调用这个指针所指向的函数，使函数的调用更加灵活。

【例 9-12】 使用函数指针作函数参数，计算两个正整数的最小公倍数与最大公约数。

源程序：

```
int lcm(int a,int b)                    /* 计算a、b的最小公倍数 */
{
    int i,m,n;
    if(a>b) {  m=a;  n=b;  }
    else   {  n=a;  m=b;  }
    for(i=m;;i+=m)
        if(i%m==0&&i%n==0)return i;
}
int gcd(int a,int b)                    /* 计算a、b的最大公约数 */
{
    int i;
    for(i=a<b?a:b;;i--)
        if(a%i==0&&b%i==0)return i;
}
int fun(int a,int b,int (*pf)())        /* 形参pf是函数指针，实参是它指向的函数 */
{   return pf(a,b);    }                /* a、b作实参调用pf指向的函数 */
void main()
{
    int a,b;
    scanf("%d%d",&a,&b);
    printf("%d %d\n",fun(a,b,lcm),fun(a,b,gcd));
            /* 实参lcm、gcd是已经定义过的函数名，作为调用fun函数时pf形参的指向 */
}
```

程序运行结果：

```
15  20↙
60  5
```

本程序中，若不定义 fun 函数，而将主函数中语句

```
printf("%d %d\n",fun(a,b,lcm),fun(a,b,gcd));
```

改为：

```
printf("%d %d\n",lcm(a,b),gcd(a,b));
```

则程序更为简捷。但在处理复杂数据结构的问题时，使用函数指针可能会更方便。

9.5.3 返回指针值的函数

返回指针值的函数即指针函数，指针函数定义的一般形式为：

数据类型 *函数名(形参表列){函数体}　（其中，*是指针符号）

与一般函数定义相比，仅仅是函数头中函数名前面多了一个符号*。例如：

```
int *f(int a[],int n)
{
    ⋮
    return 指针值;
}
```

注意：指针函数的函数头 int *f(int a[],int n)与指向函数的指针（即函数指针）的函数头 int (*f)(int a[],int n)的区别。指针函数定义时，*f 两端少了一对圆括号()。理解的方法是：虽然定义中的符号*、()不是运算符而是语法符号，但是可以将它们看成与对应的运算符*、()有相同的优先级，()的优先级是 1 级、*是 2 级，*f 两端不加()时，f 先与它后面的()结合构成函数，所以定义的是指针函数；*f 两端加()时，f 先与*结合构成指针，所以定义的是指向函数的指针。

【例 9-13】 编写一个函数，函数的功能是：在含有 n 个元素的 int 型数组 a 中查找是否存在数值 x。如果查找成功，返回 x 在数组 a 中的地址（假设唯一）；如果 a 中不存在 x，返回地址 0。

分析：此题相当于在有 n 个元素的数组中查找是否存在数值 x，若存在则返回 x 的地址，否则返回 0 地址，则定义的函数返回值是个地址值，即指针函数，其中，数组 a、数组元素个数和要查找的数值 x 作函数的形参。

源程序：

```
#include<stdio.h>
int *find(int a[],int n,int x)
{
    int *p,*q=a+n;
    for(p=a;p<q;p++)
        if(*p==x)return p;/* 如果找到，返回地址值 */
    return NULL;            /* 如果找不到，返回NULL（系统在stdio.h中定义的0地址）*/
}
void main()
{
    int a[10]={44,55,66,88,77,99,33,22,11,6},*p,x;
    scanf("%d",&x);
    p=find(a,10,x);       /* 调用函数find，要求返回x在数组a的前10个元素中的地址 */
    if(p) printf("%d\n",p-a+1);/* 如果前面得到的p不是0地址，输出x是a中的第几个数 */
    else  printf("数据不存在\n");
}
```

程序运行结果：

```
55↙
2
```

再运行一次，程序运行结果：

```
93↙
数据不存在
```

从结构上看，本程序中的函数 find 有两个出口 return p;和 return NULL;，并不符合一个模块“一个入口一个出口”的规范，但是，在编写短小程序时，这种编程方法可以使程序更简单清晰，因而仍然被广泛采用。

程序运行时，主函数通过调用函数 find 得到 x 在数组 a 中的地址后，不是输出该地址，而是输出元素序号。这是因为，程序在不同运行环境下得到的地址值虽然都是那个元素的地址，但可能每次运行各不相同，看不出 find 函数的正确运行效果，而本程序根据这个地址输出它的元素序号更直观。

思考题：若将上面的函数头 int *find(int a[],int n,int x)修改成 int find(int a[],int n,int x)，修改后 find 函数的功能是：若 x 在数组 a 中，返回所在位置的元素序号，否则，返回-1。如何修改上述程序？

9.6 指针数组和多级指针

9.6.1 指针数组的定义

将多个相同类型的指针组合在一起存放在一个数组中，这样的数组就叫做指针数组。

指针数组定义的一般形式为：

```
数据类型 *数组名[数组长度]；  (*是指针符号)
```

例如：

```
int *p[10];
```

其含义是：定义一个数组 p，它是一个 int 型指针数组，含有 10 个元素，每个元素都相当于一个 int 型指针变量。

与行指针定义 int (*p)[10];相比，指针数组定义时*p 两端少了一对圆括号()。理解的方法是：虽然定义中的符号*、[]不是运算符而是语法符号，但是，可以将它们看成与对应的运算符*、[]有相同的优先级，[]的优先级是 1 级、*是 2 级，*p 两端不加()时，p 先与[]结合构成数组，所以定义的是指针数组；*p 两端加()时，p 先与*结合构成指针，所以定义的是行指针。

指针数组可以存放多个指针元素，它们可以同时指向多个变量，也可以同时指向一个一维数组的每个元素或二维数组每一行的起始元素。

9.6.2 指针数组与字符串

指针数组更多地用于处理多个字符串。

【例 9-14】 输入一个阿拉伯数字格式的月份，输出对应的月份名称。

分析：用一个字符型二维数组 a 存放 12 个字符串，最长的月份名称是“十一月”，3

个汉字占用 6 个字节，结束标记占用 1 个字节，共占用 7 个字节，所以，a 数组的列数最少是 7，使用字符指针数组将数组的每一个元素分别指向一个字符串。

源程序：

```
void main()
{
    char a[12][7]={ "正月","二月","三月","四月","五月","六月",
                    "七月","八月","九月","十月","十一月","腊月"  };
    char *p[12];
    int i;
    for(i=0;i<12;i++)p[i]=a[i]; /* 指针数组p的每一个元素分别指向每一个字符串 */
    scanf("%d",&i);
    if(i>=1&&i<=12)puts(p[i-1]);
}
```

本程序的主要目的是说明指针数组的用法和作用，如果本程序不使用指针数组，而使用下面方法，则程序更简练一些。

```
void main()
{
    char a[12][7]={ "正月","二月","三月","四月","五月","六月",
                    "七月","八月","九月","十月","十一月","腊月"  };
    int i;
    scanf("%d",&i);
    if(i>=1&&i<=12)puts(a[i-1]);
}
```

这两个程序运行结果一样，程序运行结果：

```
12↙
腊月
```

【例 9-15】 不改变字符型二维数组中各行存放的字符串的存储状态，将这些字符串按升序输出。

分析：先将指针数组 p 的各个指针依次指向二维数组 a 的各个字符串，然后调整 p 的各个指针的指向，使得 p[0]指向的字符串最小、p[1]指向的字符串次小……最后按 p 的各个指针顺序输出它们指向的字符串，即可实现多个字符串的升序输出。注意，不是多个字符串升序存放。

源程序：

```
#define M 100                  /* 每个字符串不得多于99个字符 */
#define K 4                    /* 处理4个字符串 */
void main()
{
    char a[K][M]={ "zhangsan","lisi","wangwu","zhaoliu"};
    char *p[K],*t;             /* p是char型指针数组 */
```

```
    int i,j;
    for(i=0;i<K;i++)p[i]=a[i];   /* 让p的各个指针元素依次指向a的每个字符串 */
    for(i=1;i<K;i++)              /* 对指针数组p冒泡排序，i控制趟数 */
       for(j=0;j<K-i;j++)         /* 对p的各指针元素的下标j控制 */
          if(strcmp(p[j],p[j+1])>0)
          {  t=p[j];  p[j]=p[j+1];  p[j+1]=t;  }
               /* 如果前后两个指针指向的字符串不符合升序,则交换这两个指针的指向 */
    for(i=0;i<K;i++)puts(p[i]); /* 按升序输出a的K个字符串 */
}
```

程序运行结果：

```
lisi
wangwu
zhangsan
zhaoliu
```

本程序与例 9-7 输出结果一样，但处理过程大不一样，运行速度要比例 9-7 快很多。例 9-7 是将字符型二维数组 a 内的各行字符串以行为单位进行了交换，实现了“升序存储”，按序输出字符串自然是升序，不过交换一个字符要分 3 步，交换行则相当于交换若干个字符，速度很慢。而本程序，只是交换了指向字符型二维数组的指针数组各元素的指向，是将指针数组进行了“升序指向”，每次交换指向只需 3 步，假设平均一行字符数有 m 个，则本程序速度要比例 9-7 提高近 m 倍，这在处理大型字符数组中极为重要。两种处理方法示意图如图 9-14 和图 9-15 所示。

处理前，二维数组 a 内存放字符串
zhangsan
lisi
wangwu
zhaoliu

处理后 ，二维数组 a内存放字符串
lisi
wangwu
zhangsan
zhaoliu

图 9-14　例 9-7 处理前后字符串存放示意图

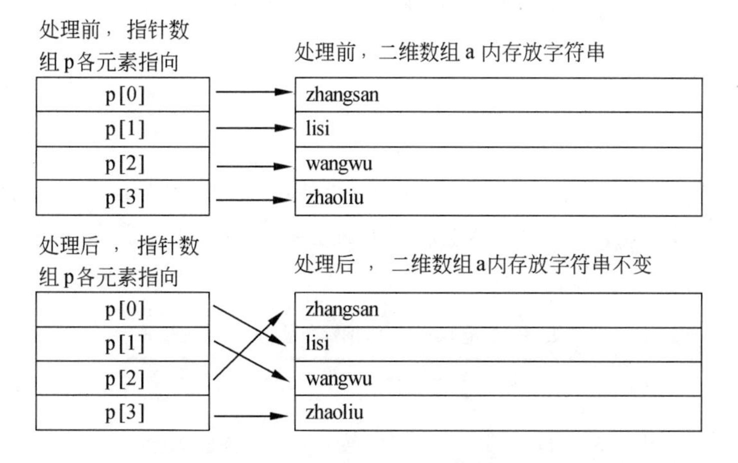

图 9-15　例 9-15 处理前后指针数组 p 各元素指向、字符串存放示意图

例 9-14 和例 9-15 都将处理的字符串存放在二维数组中，缺点是不管处理的多个字符串长度是否相等，定义的二维数组列数必须大于等于最长字符串的元素个数，造成了存储空间的浪费，因此，可以不使用二维数组存放多个字符串，而用指针数组各元素直接指向各字符串常量，然后再进行处理，程序输出结果不变，又节省了存储空间。则例 9-15 可改写如下：

```
#define M 100                                /* 每个字符串不得多于99个字符 */
#define K 4                                  /* 处理4个字符串 */
void main()
{
    char *p[K]={ "zhangsan","lisi","wangwu","zhaoliu"}; /* 指针数组各元素直
                                                           接指向各字符串 */
    char *t;
    int i,j;
    for(i=1;i<K;i++)                         /* 对指针数组p冒泡排序，i控制趟数 */
        for(j=0;j<K-i;j++)                   /* 对p的各指针元素的下标j控制 */
            if(strcmp(p[j],p[j+1])>0)
           {  t=p[j];  p[j]=p[j+1];  p[j+1]=t;  }
                  /* 如果前后两个指针指向的字符串不符合升序,则交换这两个指针的指向 */
    for(i=0;i<K;i++)puts(p[i]);              /* 按升序输出a的K个字符串 */
}
```

思考题：若例 9-14 不使用二维数组存放表示各月份的字符串，而直接让指针数组各元素指向每个字符串，程序输出结果不变，如何修改程序？

9.6.3　多级指针

存储变量地址的变量是指针变量，存储指针变量地址的变量也称为指针变量。为了区分这两种不同的变量，前者称为一级指针变量，简称一级指针，后者则称为二级指针。

二级指针变量定义的一般形式为：

数据类型 **指针变量名；　（**是两个指针符号）

例如：

```
int **p;
```

该语句的含义是，定义了一个二级指针 p，它用于存放指向 int 型一级指针的地址。

例如，定义：int a,*p=&a,**q=&p;，则 p 是一级指针，q 是二级指针，它们的关系如图 9-16 所示。

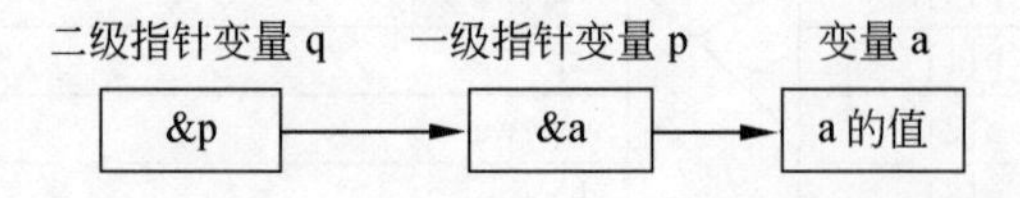

图 9-16　普通变量、一级指针变量和二级指针变量的关系

以此类推，一个存放二级指针变量地址的指针变量称为三级指针变量，等等。但在实际应用中，大部分场合只使用一级指针，少量场合使用二级指针，三级指针很少使用，更高级指针几乎不用。过高级别指针的使用，不仅会降低访问速度，也会降低程序的可读性。

无论指针级别如何，访问它们或通过它们访问内存的运算仍然是：

（1）指针名——当指针有确定的指向后，使用“指针名”得到指针指向存储单元的地址。

（2）地址运算符&——&指针，得到指针自身占用内存的地址。

（3）间接访问运算符*——*指针，得到指针指向存储单元内存放的值或地址。

（4）下标运算符[]——指针[整型量]，得到指针自身地址偏移该“整型量”后地址里面存储的值或地址。

其中，（3）、（4）两个运算，访问的结果是值还是地址，与指针的级别有关，指针级别越高，越需要更多级的间接访问或下标运算才能访问到值，否则访问出的结果仍然是地址。

【例 9-16】 将例 9-15 中升序输出各个字符串部分，即语句

```
for(i=0;i<K;i++)puts(p[i]);
```

进行优化，优化手段是不采用下标法得到各字符串指针 p[i]，而是采用指针法。

源程序：

```
#define M 100                          /* 每个字符串不得多于99个字符 */
#define K 4                            /* 处理4个字符串 */
void main()
{
    char a[K][M]={ "zhangsan","lisi","wangwu","zhaoliu"};
    char *p[K],*t;                     /* p是char型指针数组 */
    char **d,**e;                      /* 定义两个二级指针 */
    int i,j;
    for(i=0;i<K;i++)
      p[i]=a[i];                       /* 让p的各个指针元素依次指向a的每个字符串 */
    for(i=1;i<K;i++)                   /* 对指针数组p冒泡排序，i控制趟数 */
      for(j=0;j<K-i;j++)               /* 对p的各指针元素的下标j控制 */
          if(strcmp(p[j],p[j+1])>0)
          {  t=p[j];  p[j]=p[j+1];  p[j+1]=t;  }
                 /* 如果前后两个指针指向的字符串不符合升序,则交换这两个指针的指向 */
    e=&(p[K]);                  /* e作为下一句中d在p指针数组内改变指向的截止地址 */
    for(d=&(p[0]);d<e;d++)puts(*d);   /* 按升序输出a的K个字符串 */
}
```

程序中，倒数第二条语句 e=&(p[K]);里面的 p[K]是指针数组 p 的“紧后边”元素，虽然出界但只要不读或写内容、只访问地址则不妨碍使用，e 要指向它，e 就必须是一个二级指针。最后一条语句 for(d=&(p[0]);d<e;d++)puts(*d);中，d 是指向指针数组 p 各个元素的活动指针，与 e 相同，它也必须是一个二级指针，它的起始指向是 p[0]、终止指向是 p[K−1]，

*d 即是数组 p 某个元素指向的字符串的首地址。

本程序运行结果与例 9-15 相同，但运行速度更快。

9.6.4 指针数组作函数参数

用指针数组作函数形参时，对应的实参应该是同类型的且已经存在的指针数组。程序运行时，不论这两个指针数组是否同名，它们实质上是同一个指针数组，因为是地址传递。因此，被调函数在运行过程中，无论是对这个指针数组各个元素的指向读出还是修改，都如同在主调函数中对这个指针数组做同样的处理，被调函数调用结束时，形参指针数组的状态可以在主调函数中继续使用。

【例 9-17】 编写一个函数 sort，不改变字符型二维数组 a 中各行字符串的存储状态，升序输出这些字符串。（例 9-15 的变形，使用指针数组作形参）

分析：在主函数中，将指针数组 p 的各个指针依次指向二维数组 a 的各个字符串，然后将 p、p 的长度 K 作实参调用函数 sort，在 sort 函数内，通过调整 p 的各个指针的指向，使得 p[0]指向的字符串最小、p[1]指向的字符串次小……，然后回到主函数，按 p 的各个元素顺序输出它们指向的字符串，即可实现多个字符串的升序输出。

源程序：

```
#include <stdio.h>
#include <string.h>
#define M 100                              /* 每个字符串不得多于99个字符 */
#define K 4                                /* 处理4个字符串 */
/* 重新调整字符型指针数组p各元素的指向，使p[0]、p[1]……p[k-1]指向的字符串为升序 */
void sort(char *p[],int k)
{
   char *t;
   int i,j;
   for(i=1;i<k;i++)                        /* 对指针数组p冒泡排序，i控制趟数 */
      for(j=0;j<k-i;j++)                   /* 对p的各指针元素的下标j控制 */
         if(strcmp(p[j],p[j+1])>0) /* 前后两个指针指向的字符串不符合升序 */
         {
            t=p[j];  p[j]=p[j+1];  p[j+1]=t;   /* 交换两个指针的指向 */
         }
}
void main()
{
   char a[K][M]={"zhangsan","lisi","wangwu","zhaoliu"};
   char *p[K];                             /* 定义字符型指针数组p */
   int i;
   for(i=0;i<K;i++) p[i]=a[i];             /* 让p的各个元素依次指向a的每个字符串 */
   sort(p,K);                              /* 指针数组p和实际处理字符串个数K作实参 */
   for(i=0;i<K;i++) puts(p[i]);            /* 按升序输出a的前K个字符串 */
}
```

程序运行结果:

```
lisi
wangwu
zhangsan
zhaoliu
```

注意：本题是升序输出多个字符串不是将多个字符串升序存放。程序运行结果与例9-15运行结果相同。

本章小结

1．指针即地址。习惯上，将地址常量称为地址，而将存放地址的变量称为指针变量（简称为指针）。假设数据类型都是 int，标识符都是 p，关于指针的定义及含义如表 9-3 所示。

表 9-3　指针的定义及含义

指针定义	含　　义
int　*p	指向 int 型数据的指针 p
int　(*p)[N]	指向连续 N 个 int 型数据的行指针 p
int　*p[N]	有 N 个元素的数组 p，元素都是 int 型指针，即指针数组
int　(*p)(形参表列)	指向函数的指针 p，函数的类型是 int
int　*p(形参表列){函数体}	定义了函数 p，它返回一个 int 型地址
int　**p	指向 int 型指针的指针，即二级指针 p
void　*p	不指向具体地址的指针 p

2．定义指针变量时，需要在指针的前面加上指针符号“*”，加几个*，就表示这个指针变量的级别是几级。

3．指向同一数组的指针变量、指针与整型数值之间可以进行一些运算，如两个指针变量相减、赋值、所有的关系运算，单个指针变量进行加或减整型数值、++、--运算，但是一般不可以进行其他运算。

4．可以向指针赋一个常量地址或变量地址，这称为指针的指向。指针有具体的指向后，才能对它作间接访问，否则，指针会有一个随机的指向，使得对它的间接访问失败。

5．指针变量作形参时，可以接收实参传递过来的地址，并对这个地址里的值进行读或写。在不使用 return 语句的情况下，使用多个指针形参可以返回多个数值，使用多级指针作形参时，则可通过形参返回地址。

6．通过对指向数组元素的指针进行++或--运算，能快速地访问数组的所有元素。二维数组内，使用行指针也能访问数组的所有元素，但是不如使用指向数组元素的指针访问速度快。

7．通过指向字符的指针，可以快速地访问多个连续存放的字符，处理字符串时，一定要注意，每个字符串保存时末尾都有一个字符串结束标记字符'\0'或数值 0。

8．通过指向数值型数组元素的指针，可以快速地访问数组内多个连续存放的数值。

处理时，最好设定一个数组紧后边元素的指针（截止指针），再设定一个活动指针让它在数组内从头指到尾，每轮循环只要判断这个活动指针是否在截止指针之前即可。

9．指针数组包含多个指针元素，它们可以同时指向多个存储单元。通过对指针数组的排序，能快速有序地输出多个字符串，这比直接将这些字符串排序后输出要快得多。

10．有返回指针的函数、指向函数的指针，通过它们可以更灵活方便地编写出各种功能的程序。

习　题　九

一、单项选择题

1．若有定义：int x,*p;，则正确的赋值表达式是（　　）。

A．p=&x　　B．p=x;　　C．*p=&x　　D．*p=*x

2．若有定义：int a[5],*p=a;，则对 a 数组元素的正确引用是（　　）。

A．*a[3]　　B．a+2　　C．*(p+5)　　D．*(a+2)

3．若有定义：int a[2][3];，则对 a 数组的第 i 行 j 列元素地址的正确引用是（　　）。

A．*(a[i]+j)　　B．(a+i)　　C．*(a+j)　　D．a[i]+j

4．下列程序段的运行结果是（　　）。

```
char *s="abc123";
printf("%d",s+3);
```

A．123　　B．字符'1'　　C．字符'1'的地址　D．4

5．定义 int a[5]={10,20,30,40,50},*p=&a[2];，则表达式++*p 的值是（　　）。

A．20　　B．30　　C．21　　D．31

6．以下程序的输出结果是（　　）。

```
void main()
{
    int **q,*p,a=10;
    p=&a;q=&p;
    printf("%d\n",**q);
}
```

A．q 的地址　　B．10　　C．a 的地址　　D．b 的地址

7. 有定义: int a[4][3]={0},(*p)[3]=a,i,j;，则都是对数组 a 元素的正确引用（0≤i<4,0≤j<3）的表达式是（　　）。

A．a[i][j],a[i]+j,*(*(a+i)+j)　　B．*(p+i)[j],p[i]+j,*(*(p+i)+j)

C．*(p+i)[j],p[j],*(p+i+j)　　D．p[i][j],*(p[i]+j),*(a[i]+j)

8．下列选项中，不正确的语句组是（　　）。

A．char s[]="Beijing";　　B．char s[10]; strcpy(s,"Beijing");

C．char s[10];s="Beijing";　　D．char *s; s="Beijing";

9．若有定义：int (*f)();，则下面叙述正确的是（　　）。

A．f 是一个指向一维数组的指针

B．f 是一个指向 int 型变量的指针

C．f 是一个指向函数的指针，该函数返回值为 int 型

D．这是一个函数，函数返回值为指向 int 型变量的指针

10．若有定义 int a[]={1,2,3},*p=a;，当执行 p++后，下列说法错误的是（　　）。

A．p 向高地址移动了一个字节　　B．p 向高地址移动了一个元素的位置

C．p 向高地址移动了 4 个字节　　D．p 与 a+1 等价

11．对于语句 int *p[4];，下列描述中正确的是（　　）。

A．p 是一个指向数组的指针，所指向的数组包含 4 个 int 型元素

B．p 是一个指向某数组中第 4 个元素的指针，该元素为 int 型

C．p[4]表示某个数组第 4 个元素的值

D．p 是一个具有 4 个元素的指针数组，数组的每个元素都是 int 型指针

二、填空题

1．下面程序的输出结果是________。

```
void main()
{
    int a[]={1,2,3,4,5},*p=a;
    *(p+3)+=2;
    printf("%d,%d",*p,*(p+3));
}
```

2．下面程序的功能是：输出字符串中第 n 个字符及之后的所有字符，请补全程序。

```
void main()
{
    char ___①___="This is a book.";
    int n=3;
    p=___②___;
    printf("%s\n",p);
}
```

3．下面函数的功能是将字符串 s2 连接在字符串 s1 的后面，请补全程序。

```
void constr(char *s1,char *s2)
{
    while(*s1)
      ___①___;
    while(*s2)
    {
        *s1=___②___;s1++;s2++;
    }
    ___③___ ;
}
```

4．下面程序的功能是求出a、b两数之和存放在c中，a、b两数之差存放在d中，并输出c、d，请补全程序。

```
void hc(int x,int y,int *p,int *q)
{
    *p=x+y;
    ____①____;
}
void main()
{
    int a,b,c,d;
    scanf("%d,%d",____②____);
    ____③____;
    printf("%d,%d\n",c,d);
}
```

三、编程题（注意：本章所有编程题都要求采用指针法访问内存，所有编写的自定义函数，都需要有主函数验证其正确性。）

1．编写一个只有主函数的程序。功能：定义一个字符型一维数组，输入一个字符串，统计其中大写英文字母、小写英文字母、空格字符、数字字符、其他字符的个数并输出。

2．编写一个函数，找出一个数值型二维数组的鞍点并返回该鞍点的行、列下标。所谓鞍点，是指二维数组中的一个元素，它所在行的值最大、所在列的值最小。提示：因为要返回两个值，所以建议在形参中另设两个指针形参，主函数调用这个查找鞍点的函数时，附加两个存放返回值的实参变量地址。

3．编写一个函数，函数原型是void f(int *a,int *b,int *c,int *d)。功能：根据a、b指针指向的两个数，计算出它们的最小公倍数和最大公约数，并将这两个数保存在指针 c、d指向的内存单元中。

4．编写一个函数，函数原型是void f(int a[],int n,int k)。功能：将数值k插入到有n个元素的升序数组a中。

5．编写一个模糊查询函数，函数原型是int f(char *p,char *q)。功能：若q指向的字符串在p指向的字符串中，函数返回1，否则返回0。

6．编写一个密码输入与校验函数，函数原型是int f(char *p)。功能：在函数体内输入一个字符串，若与p指向的预置密码字符串完全相同，返回0，否则重新输入密码。若三次输入错误，则返回 1。要求：（1）主函数中设定一个字符串常量作为预置密码；（2）预置密码中只含有大小写英文字符、数字字符、下画线，且都是半角字符；（3）输入密码时，每输入一个字符屏幕上显示一个"*"，同时计算机发出一声"嘀"；（4）因密码输入错误，从第二遍输入起，提示输入者剩余输入机会数。

7．编写一个字符串替换函数。函数原型是void f(char *p,char *q,char *r)。功能：在字符串p中，将所有的子串q都替换成r。要求自动替换。

8．完成题7的功能。要求手动替换，所谓手动，是每次替换前，屏幕显示q子串及前后几个字符、停顿，若确需替换，输入 Y 或 y，否则输入回车。手动替换可以防止误替换。

第10章　结构体、共用体和枚举类型

学习目标

1. 掌握结构体类型、结构体变量、结构体数组、结构体指针的定义和使用。
2. 掌握结构体类型数据在函数参数和函数返回值方面的应用。
3. 了解链表的概念。掌握链接的建立、插入、删除、查找等基本操作。
4. 了解共用体类型的定义。
5. 掌握枚举类型、枚举变量的定义和使用。

在解决实际问题时，一组相关的数据往往具有不同的数据类型，例如，在学生成绩表中，学号为整型或字符串，姓名为字符串，各科的成绩为整型或实型。由于数组只能存放一组相同数据类型的数据，所以不能用一维数组来存放一名学生的信息；如果定义多个单独的变量存放一名学生的信息，又难以反映它们之间的内在联系。为了更好地解决此类问题，C 语言提供了结构体类型，可以将多个不同类型的数据组织在一起。本章主要介绍结构体类型、结构体变量、结构体数组、结构体指针的使用，以及链表的建立、插入、删除、查找等基本操作。

10.1　结构体类型

结构体类型是一种由用户自己定义的数据类型。一个结构体类型的数据由若干“成员”组成，每一个成员的数据类型可以是基本类型、构造类型或指针。结构体类型需要先定义，后使用。

10.1.1　结构体类型的定义

结构体类型定义的一般形式为：

```
struct 结构体类型名
{
    类型说明符    成员名1;
    类型说明符    成员名2;
        ⋮
    类型说明符    成员名n;
};
```

其中：

（1）struct 是 C 语言关键字。

（2）结构体类型名和成员名由用户自行命名，遵循标识符的命名规则。

（3）“struct 结构体类型名”一经定义，则成为一种新的数据类型，与其他数据类型一样，可以用来声明变量、数组、指针，也可以用来声明函数或函数的参数，还可以用来声明另外一个结构体类型的成员。

例如，定义一个学生结构体类型 struct student，包含的成员有学号（char 型数组）、姓名（char 型数组）、性别（char 型）、年龄（int 型）、成绩（float 型），定义如下：

```
struct student
{
    char num[5];            /* 学号 */
    char name[10];          /* 姓名 */
    char sex;               /* 性别 */
    int age;                /* 年龄 */
    float score;            /* 成绩 */
};
```

定义结构体类型时，需注意以下几点：

（1）结构体成员的类型可以是基本类型、构造类型或指针，成员的定义方法与这些类型的数据声明方法一致。成员的数据类型相同时，可以使用一条语句声明。

例如，上例中存放学号和姓名的成员，可以声明为：

```
char num[5],name[10];
```

（2）结构体类型的定义可以放在函数外部，也可以放在函数内部。放在函数外部时，从定义处开始，直到它所在的源程序结束全局有效；放在函数内部时，只在本函数内局部有效。

（3）结构体成员的数据类型可以是另外一个已经定义的结构体类型，这种情况称为结构体的嵌套。例如：

```
struct date
{
    int year,month,day;
};
struct employee
{
    int num;                    /* 员工编号 */
    char name[10];              /* 姓名 */
    struct date birthday;       /* 出生日期 */
    float salary;               /* 工资 */
};
```

其中，成员 birthday 的数据类型是另外一个已经定义的结构体类型 struct date，形成了结构体类型定义的嵌套。上面的定义也可以写成如下形式：

```
struct employee
```

```
{
    int num;
    char name[10];
    struct date
    {int year,month,day;} birthday;
    float salary;
};
```

10.1.2 用 typedef 命名数据类型

C 语言不仅提供了丰富的数据类型，而且还允许用户自己定义类型说明符，也就是说允许用户为已有的数据类型命名一个“别名”，为数据类型命名“别名”使用的关键字是 typedef。一般形式为：

```
typedef 已有数据类型说明符 新类型说明符;
```

例如：

```
typedef double REAL;
```

该语句将 REAL 命名为 double 类型的别名，则变量定义语句：

```
REAL x,y;
```

等价于：

```
double x,y;
```

用 typedef 为结构体类型命名别名，可以使程序书写简单而且意义更为明确，增强程序的可读性。

例如，使用 typedef 将 10.1.1 节定义的结构体类型 struct student 命名为 STU，语句如下：

```
typedef struct student STU;
```

则变量定义语句：

```
STU stu1,stu2;
```

相当于：

```
struct student stu1,stu2;
```

实际使用时，通常将结构体类型的定义与 typedef 语句合并在一起，例如：

```
typedef struct student
{
    char num[5];          /* 学号 */
    char name[10];        /* 姓名 */
    char sex;             /* 性别 */
```

```
    int age;            /* 年龄 */
    float score;        /* 成绩 */
}STU;
```

此时，可以省写结构体类型名 student。

10.2 结构体变量

10.2.1 结构体变量的定义

定义结构体类型后，就可以用它来定义结构体变量。定义结构体变量有 3 种方式。

（1）在定义结构体类型的同时，定义结构体变量。一般形式为：

```
struct 结构体类型名
{
    类型说明符    成员名1;
    类型说明符    成员名2;
        ⋮
    类型说明符    成员名n;
}变量名列表;
```

例如：

```
struct student
{
    char num[5];
    char name[10];
    char sex;
    int age;
    float score;
}stu1,stu2;
```

其中，struct student 是结构体类型，stu1、stu2 是结构体变量名。使用这种方法定义的结构体类型 struct student，可以再单独定义其他结构体变量。

（2）先定义结构体类型，再定义结构体变量。

结构体类型定义后就可以用来定义该类型的变量，一般形式为：

```
struct 结构体类型名 变量名列表;
```

例如，利用方法（1）中已定义的结构体类型 struct student 定义两个结构体变量 stu3 和 stu4，可以使用下面的语句。

```
struct student stu3,stu4;
```

（3）定义结构体类型时不定义结构体类型名，直接定义结构体变量。

一般形式为：

```
struct
{
    类型说明符    成员名1;
    类型说明符    成员名2;
        ⋮
    类型说明符    成员名n;
}变量名列表;
```

例如：

```
struct
{
    char num[5];
    char name[10];
    char sex;
    int age;
    float score;
}stu5,stu6;
```

注意：使用这种方法定义的结构体类型由于未指定结构体类型名，所以只能使用一次，因而，不提倡使用该方法定义结构体类型和结构体变量。

10.2.2 结构体变量的引用

结构体变量是成员的集合，通常情况下，程序中只能对结构体成员分别进行操作，引用结构体成员的一般形式为：

```
结构体变量名.成员名
```

其中，“.”称为成员运算符。

例如：stu1.num、stu1.score、stu1.name、stu1.name[2]（name 成员的第三个字符）等。

若结构体成员为嵌套的结构体类型，则引用成员的一般形式为：

```
结构体变量名.一级成员名.二级成员名
```

例如：有 10.1.1 节定义的结构体类型 struct employee 变量 w1，则对变量 w1 的出生日期成员引用为：w1.birthday.year、w1.birthday.month 和 w1.birthday.day。

【例 10-1】 结构体类型与结构体变量的使用。

源程序：

```
#include <stdio.h>
struct student
{
    char num[5];          /* 学号 */
    char name[10];        /* 姓名 */
    char sex;             /* 性别 */
    int age;              /* 年龄 */
```

```
    float score;        /* 成绩 */
};
void main()
{
    struct student stu1;
    printf("输入结构体变量stu1的各成员:\n");
    printf("学号(不超过4个字符)=");gets(stu1.num);
    printf("姓名(不超过9个字符)="); gets(stu1.name);
    printf("性别(输入 F 或 M)="); scanf("%c",&stu1.sex);
    printf("年龄=");scanf("%d",&stu1.age);
    printf("成绩=");scanf("%f",&stu1.score);

    printf("输出信息:\n");
    printf("学号:%s,姓名:%s,",stu1.num,stu1.name);
    if(stu1.sex=='F' || stu1.sex=='f' )
        printf("性别:女");
    else if(stu1.sex=='M' || stu1.sex=='m')
        printf("性别:男");
    else
        printf("性别有误");
    printf(",年龄:%d,成绩:%.2f\n", stu1.age,stu1.score);
}
```

程序运行结果：

```
输入结构体变量stu1的各成员:
学号(不超过4个字符)=1601↙
姓名(不超过9个字符)=zhangli↙
性别(输入 F 或 M)=F↙
年龄=19↙
成绩=87.5↙
输出信息:
学号:1601,姓名:zhangli,性别:女,年龄:19,成绩:87.50
```

从本例题可以看出，结构体变量的成员在输入、输出以及参加各种运算时，与同类型的简单变量使用方法相同。

需要特别说明的是，结构体变量可以作为一个整体直接赋值给另一个同类型的结构体变量。例如：

```
struct XY
{
    int x;
    double y;
}t1,t2;
t1.x=123;t1.y=4.5;
t2=t1;
```

执行赋值语句 t2=t1;后，相当于将 t1 的所有成员逐个赋值给 t2 的所有成员，即相当于执行了如下赋值语句：

```
t2.x=t1.x; t2.y=t1.y;
```

10.2.3 结构体变量的初始化

与简单变量初始化的概念类似，结构体变量的初始化就是在定义结构体变量的同时，为结构体变量的各个成员赋初始值，一般形式为：

```
struct 结构体类型名 结构体变量名={初始化数据};
```

需要说明的是：

（1）由于结构体变量是由多个成员构成的，所以“{}”中应包含多个数据，各数据之间用逗号分隔。

（2）各初始化数据的类型应该与对应的成员类型一致。例如：

```
struct XY
{
    int x;
    double y;
}t1={123,4.5};
```

（3）可以只给前面的部分成员赋初始值，后面未赋值的成员自动赋 0 值（char 型数组赋空串），但是，不允许用逗号跳过前面的成员只给后面的成员赋初始值。

例如，使用例 10-1 中的结构体类型 struct student 定义结构体变量 stu1，并对学号、姓名、性别、年龄 4 个成员做初始化，语句为：

```
struct student stu1={"1603","chenxin",'F',20};
```

执行下面的语句，观察结构体变量 stu1 各成员的值。

```
printf("学号:%s 姓名:%s ",stu1.num,stu1.name);
printf("性别:%c 年龄:%d 成绩:%.2f\n",stu1.sex,stu1.age,stu1.score);
```

可以看到输出信息为：

```
学号:1603 姓名:chenxin 性别:F 年龄:20 成绩:0.00
```

其中，未赋初值的成员 score 初始值为 0。

10.3 结构体数组

当数组元素的数据类型为结构体类型时，该数组称为结构体数组。结构体数组具有数组的一切性质：数组元素具有相同的结构体类型；结构体数组中元素的起始下标从 0 开始；数组名表示结构体数组的首地址；整个结构体数组存放在一段连续的存储空间中等等。

实际应用中，通常使用的是一维结构体数组，因而，本章只介绍一维结构体数组的相关知识。

10.3.1　结构体数组的定义及初始化

1. 结构体数组的定义

与 10.2.1 节介绍的结构体变量的定义方法相同，结构体数组的定义也分为 3 种方式，分别是：

（1）在定义结构体类型的同时，定义结构体数组。例如：

```
struct student
{
    char num[5];
    char name[10];
    int age;
    float score[3];
    float ave;
}stu[3];
```

其中，stu 为数组名，包含 3 个元素，分别为 stu[0]、stu[1]和 stu[2]，每个元素的数据类型都是 struct student 类型。

（2）先定义结构体类型，再定义结构体数组。

（3）定义结构体类型时不定义结构体类型名，直接定义结构体数组。

方法（2）、方法（3）定义结构体数组的方法与 10.2.1 节定义结构体变量的方法相同，不再赘述。

2. 引用结构体数组元素的成员

结构体数组由多个元素构成，每个数组元素又由多个成员构成，要引用结构体数组元素的成员，一般形式为：

```
数组名[下标].成员名
```

例如，要为上面定义的 stu 数组第一个元素的 name 成员和 age 成员赋值，可以使用如下语句：

```
strcpy(stu[0].name,"wangli");  stu[0].age = 19;
```

3. 结构体数组的初始化

结构体数组的初始化，就是在定义结构体数组时，为结构体数组元素的各成员赋初始值。需要说明的是：

（1）结构体数组初始化时，由于每个元素相当于一个结构体变量，是由多个成员构成的，所以，只要将各个元素的初始值按顺序放在内嵌的大括号内即可。当整个数组的所有元素都有初始值时，内嵌的大括号可以省写。例如：

```
struct node
{
    char ch;
```

```
    int data ;
}t[3]={{'A',12},{'E',210},{'U',67}};
```

初始化后，数组 t 各元素的值如图 10-1 所示。书写时，内层的 3 对大括号可以省写。即：

```
struct node
{
    char ch;
    int data ;
}t[3]={'A',12,'E',210,'U',67};
```

	成员：ch	成员：data
t[0]	A	12
t[1]	E	210
t[2]	U	67

图 10-1　初始化后的 t 数组

（2）与普通数组的初始化类似，如果结构体数组的全部元素均已在初值表中列出，或各元素的初值表都用内嵌的大括号括住，可以省写数组长度。例如：

```
struct node
{
    char ch;
    int data ;
}t[]={'A',12,'E',210,'U',67,'I',15};
```

此时，数组 t 中被省写的数组长度应该为 4。

10.3.2　结构体数组的应用

在实际应用中，结构体数组经常用来存储一组具有相同数据结构的数据，例如，一个班级的所有学生信息、一个公司的所有职员信息等。

【例 10-2】 仿照例 10-1 定义结构体类型 struct student，然后，输入一个班级的学生信息，并进行如下处理：

（1）求全班学生的平均分；

（2）查找并显示分数最高的学生信息。

分析：该问题可以分成 4 个步骤处理：

（1）定义结构体类型，并用该类型声明结构体数组，用于存储全班学生的信息；

（2）输入结构体数组中的所有数据；

（3）使用循环语句计算所有学生成绩的总和，同时查找成绩最高的学生；

（4）输出平均成绩和成绩最高的学生的信息。

源程序：

```
#include <stdio.h>
```

```
#define N 5                         /* 班级学生人数为N */
struct student
{
    char num[5];                    /* 学号 */
    char name[10];                  /* 姓名 */
    char sex;                       /* 性别 */
    int age;                        /* 年龄 */
    float score;                    /* 成绩 */
};
void main()
{
    struct student s[N],stu;        /* stu存放成绩最高的学生的信息 */
    int i;
    float sum;

    for(i=0;i<N;i++)
    {
        printf("输入第%d个学生的信息：\n",i+1);
        printf("学号(不超过4个字符)=");gets(s[i].num);
        printf("姓名(不超过9个字符)="); gets(s[i].name);
        printf("性别(输入 F 或 M)=");scanf("%c",&s[i].sex);
        printf("年龄=");scanf("%d",&s[i].age);
        printf("成绩=");scanf("%f",&s[i].score);
        getchar();
    }

    stu=s[0];
    sum=s[0].score;
    for(i=1;i<N;i++)
    {
        sum+=s[i].score;
        if(s[i].score>stu.score)
            stu=s[i];
    }

    printf("----------------------------------------\n");
    printf("学号\t姓名\t性别\t年龄\t成绩\n");
    for(i=0;i<N;i++)
        printf("%s\t%s\t%c\t%d\t%.1f\n",s[i].num,s[i].name,s[i].sex,
        s[i].age,s[i].score);

    printf("成绩最高的学生信息是:\n");
    printf("%s\t%s\t%c\t%d\t%.1f\n",stu.num,stu.name,stu.sex,stu.age,st
    u.score);
    printf("平均分=%.2f\n",sum/N);
```

```
}
```

程序运行结果：

```
输入第1个学生的信息：
学号(不超过4个字符)=1501↙
姓名(不超过9个字符)=陈力↙
性别(输入 F 或 M)=M↙
年龄=19↙
成绩=76.5↙
输入第2个学生的信息：
学号(不超过4个字符)=1502↙
姓名(不超过9个字符)=王云↙
性别(输入 F 或 M)=F↙
年龄=20↙
成绩=92↙
输入第3个学生的信息：
学号(不超过4个字符)=1503↙
姓名(不超过9个字符)=张琪琪↙
性别(输入 F 或 M)=F↙
年龄=19↙
成绩=63.5↙
输入第4个学生的信息：
学号(不超过4个字符)=1504↙
姓名(不超过9个字符)=李明↙
性别(输入 F 或 M)=M↙
年龄=21↙
成绩=87↙
输入第5个学生的信息：
学号(不超过4个字符)=1505↙
姓名(不超过9个字符)=孙军↙
性别(输入 F 或 M)=M↙
年龄=20↙
成绩=70.5↙
----------------------------------------
学号      姓名      性别      年龄      成绩
1501      陈力      M         19        76.5
1502      王云      F         20        92.0
1503      张琪琪    F         19        63.5
1504      李明      M         21        87.0
1505      孙军      M         20        70.5
成绩最高的学生信息是：
1502     王云       F         20        92.0
平均分=77.90
```

10.4　结构体类型指针

当指针指向一个结构体变量或数组时，称为结构体类型指针。该类型的指针与指向简单数据类型变量或数组的指针用法基本相同。

10.4.1　指向结构体变量的指针

1. 结构体类型指针的定义与初始化

结构体类型指针的定义和初始化方法，与第 9 章介绍的其他类型指针的定义和初始化方法相同，一般形式为：

```
struct 结构体类型名 *指针变量名[=结构体变量或数组的地址];
```

例如：

```
struct student stu;
struct student *p1=&stu, *p2;
```

上面语句定义了两个指针变量 p1 和 p2，均为指向结构体类型 struct student 的指针，同时，将 p1 的值初始化为 stu 变量的地址。

2. 用结构体类型指针引用结构体变量的成员

当指针指向结构体变量后，就可以通过指针变量引用该结构体变量的成员。引用结构体变量成员的一般形式为：

```
(*指针变量名).成员名
```

或者：

```
指针变量名->成员名
```

其中，运算符“->”专门用于通过指针访问结构体变量的成员，其优先级为最高级。

【例 10-3】 结构体类型指针的使用。

源程序：

```
#include <stdio.h>
struct student
{
    char num[5];          /* 学号 */
    char name[10];        /* 姓名 */
    char sex;             /* 性别 */
    int age;              /* 年龄 */
    float score;          /* 成绩 */
};
void main()
{
    struct student stu={"1607","wang",'M',20,67.5};
```

```
    struct student *p=&stu;

    printf("方法1---\n");
    printf("%s,%s,%c,%d,%.2f\n",(*p).num,(*p).name,(*p).sex,(*p).age,
    (*p).score);
    printf("方法2---\n");
    printf("%s,%s,%c,%d,%.2f\n",p->num,p->name,p->sex,p->age,p->score);
}
```

程序运行结果：

```
方法1---
1607,wang,M,20,67.50
方法2---
1607,wang,M,20,67.50
```

注意：因为成员运算符“.”的优先级高于指针运算符“*”，所以，在第一种引用方法中，括号是不能省写的。

10.4.2 指向结构体数组的指针

指针变量可以指向一个结构体数组，这时，结构体指针变量的值是整个结构体数组的首地址。结构体指针变量也可指向结构体数组的某一个元素，这时，结构体指针变量的值是该数组元素的首地址。

例如，有如下定义和赋值语句：

```
struct student stu[5],*ps;
ps=stu;
```

ps 为指向结构体数组 stu 的指针变量，则 ps 同时也指向了数组元素 stu[0]，ps+1 指向数组元素 stu[1]，ps+i 则指向数组元素 stu[i]，通过 i 的变化，可以遍历数组中的每一个元素。这与指向普通数组的指针变量的操作是一致的。

【例 10-4】 利用指针的移动，从结构体数组中查找指定的姓名。

分析：解决该问题，可采用第 6 章例 6-6 所介绍的顺序查找算法，不同之处是，本例题使用指针指向结构体数组，并通过指针自增的方法依次遍历数组各元素。

源程序：

```
#include <stdio.h>
#include <string.h>
#define N 4
struct person
{
    char num[5];
    char name[10];
    int age;
}class[N]={"1601","zhang",21,"1602","wang",20,"1603","sun",22,"1604",
"zhao",19};
```

```
void main()
{
    char find[10];            /* 待查找的姓名 */
    int flag;                 /* flag为1表示查找成功，为0表示查找失败 */
    struct person *p;
    printf("输入要查找的姓名:");gets(find);

    flag=0;
    for(p=class;p<class+N;p++)
        if(strcmp(p->name,find)==0)
        {
            printf("学号:%s\t姓名:%s\t年龄:%d\n",p->num,p->name,p->age);
            flag=1; break;
        }
    if(flag==0)
        printf("查无此人\n");
}
```

执行程序，输入数组中存在的姓名，程序运行结果：

```
输入要查找的姓名:sun↙
学号:1603        姓名:sun        年龄:22
```

再执行一次程序，输入一个不存在的姓名，程序运行结果：

```
输入要查找的姓名:liu↙
查无此人
```

10.5　结构体与函数

结构体类型定义后，结构体类型的变量、数组、指针都可以作为函数的参数，同样，结构体类型或结构体类型的指针也可以作为函数的返回值类型。

10.5.1　结构体类型数据作函数参数

结构体类型数据作函数的参数时，形参和实参有以下 3 种形式：

（1）形参为结构体变量名时，实参可以是同类型的结构体变量名或数组元素；

（2）形参为结构体类型的指针时，实参可以是同类型的指针、结构体变量或数组元素的地址、数组名；

（3）形参为结构体数组名时，实参可以是同类型的指针、结构体变量或数组元素的地址、数组名。

【例 10-5】 结构体变量作函数的参数。

源程序：

```
#include <stdio.h>
#include <string.h>
```

```
struct example
{
    int a;
    char str[10];
};
void main()
{
    struct example arg;
    void f1(struct example);
    arg.a=200;  strcpy(arg.str,"abcd");
    f1(arg);
    printf("main函数中:\t%d,%s\n",arg.a,arg.str);
}
void f1(struct example parm)
{
    parm.a+=10;
    parm.str[2]='+';
    printf("f1函数中:\t%d,%s\n",parm.a,parm.str);
}
```

程序运行结果：

```
f1函数中:       210,ab+d
main函数中:     200,abcd
```

从运行结果可以看出，结构体变量作为函数的形参和实参时，是将实参结构体变量的值整体赋值给形参结构体变量，即 parm=arg。当形参结构体变量 arg 的值发生改变时，不会影响实参 parm，属于值传递。这一点与普通变量作为形参和实参的性质完全相同。

【例 10-6】 将例 10-5 的函数参数改用结构体类型的指针。

源程序：

```
#include <stdio.h>
#include <string.h>
struct example
{
    int a;
    char str[10];
};
void main()
{
    struct example arg;
    void f1(struct example *);
    arg.a=200;  strcpy(arg.str,"abcd");
    f1(&arg);
    printf("main函数中:\t%d,%s\n",arg.a,arg.str);
}
```

```
void f1(struct example *parm )
{
    parm->a +=10;
    parm->str[2]='+';
    printf("f1函数中:\t%d,%s\n",parm->a,parm->str);
}
```

程序运行结果：

```
f1函数中:       210,ab+d
main函数中:     210,ab+d
```

从运行结果可以看出，结构体类型的指针作函数的形参时，可以将结构体变量的地址作为实参传递给形参，即 parm=&arg。在 f1 函数中，通过形参间接地实现了对实参变量的操作。这一点与普通指针作为形参的性质完全相同。

【例 10-7】 使用结构体数组作函数的参数，实现简单的图书管理功能。要求：

（1）定义图书结构体类型，成员包括：书号、书名、单价；定义结构体数组存放多本图书的信息。

（2）图书浏览功能：显示所有图书信息。

（3）新增图书功能：在数组末尾追加新的图书记录。

（4）删除图书功能：根据书号删除指定的图书记录。

源程序：

```
#include <stdio.h>
#include <string.h>
#define N 30                              /* 图书数组中元素个数不超过30 */
typedef struct                            /* 定义结构体类型BOOK */
{
    char num[5];                          /* 书号 */
    char name[20];                        /* 书名 */
    double price;                         /* 价格 */
}BOOK;

void display(BOOK b[]);                   /* 显示所有图书记录 */
int search(BOOK b[],char *);              /* 按照书号查找图书是否存在 */
void insert(BOOK b[]);                    /* 新增图书记录 */
void del(BOOK b[]);                       /* 按照书号删除图书记录*/
int n=0;                                  /* 全局变量。存放图书数量 */
void main()
{
    BOOK b[N];
    int sel;
    do
    {
        printf("0-退出\t1-浏览\t2-插入\t3-按书号删除图书\n");
```

```
        printf("请选择:"); scanf("%d",&sel); getchar();
        switch(sel)
        {
            case 0:                     /* 结束程序执行 */
                return;
            case 1:                     /* 浏览所有图书记录 */
                display(b);break;
            case 2:                     /* 新增图书记录 */
                insert(b);  break;
            case 3:                     /* 删除图书记录 */
                del(b);break;
        }
    printf("------------------------------------------------------\n");
    }while(sel!=0);
}

void  display(BOOK b[])                 /* 显示所有图书信息 */
{
    BOOK *pb;
    printf("书号\t书名\t\t单价\n");
    for(pb=b;pb<b+n;pb++)
        printf("%s\t%s\t%.2f\n",pb->num,pb->name,pb->price);
}

int search(BOOK b[],char *pnum)         /* 查找成功返回位置，查找失败返回-1 */
{
    int i;
    for(i=0;i<n;i++)
        if(strcmp(b[i].num,pnum)==0)
            return i;
    return -1;
}

void insert(BOOK b[])                   /* 追加图书记录 */
{
    char bnum[5];                       /* 待追加的图书书号 */
    while(1)
    {
        printf("输入书号(0000结束插入):");gets(bnum);
        if(strcmp(bnum,"0000")==0) return;
        if(search(b,bnum)!=-1)
            printf("该书号已存在，请重新输入!\n");
        else
        {
            strcpy(b[n].num,bnum);
```

```
            printf("输入书名:");gets(b[n].name);
            printf("输入单价:");scanf("%lf",&b[n].price);
            getchar();
            n++;
        }
    }
}

void del(BOOK b[])                          /* 删除图书记录 */
{
    char bnum[5];                           /* 待删除图书的书号 */
    int i,k;
    printf("输入书号:");gets(bnum);
    k=search(b,bnum);
    if(k==-1)
        printf("该图书不存在!\n");
    else
    {
        for(i=k;i<n;i++)
            b[i]=b[i+1];
        n--;
    }
}
```

需要说明的是，本例定义的 4 个函数中，作为形参的结构体数组 b 都可以改用结构体类型的指针，对程序的功能和执行过程无任何影响。例如：

```
void display(BOOK *b);
int search(BOOK *b,char *pum);
void insert(BOOK *b);
void del(BOOK *b);
```

程序运行结果：

```
0-退出  1-浏览  2-插入  3-按书号删除图书
请选择:2↙
输入书号(0000结束插入):1001↙
输入书名:高等数学↙
输入单价:45.7↙
输入书号(0000结束插入):1002↙
输入书名:计算机原理↙
输入单价:34.5↙
输入书号(0000结束插入):1001↙
该书号已存在，请重新输入!
输入书号(0000结束插入):1004↙
输入书名:大学英语↙
```

```
输入单价:40.8↙
输入书号(0000结束插入):0000↙
--------------------------------------------
0-退出  1-浏览  2-插入  3-按书号删除图书
请选择:1↙
书号     书名           单价
1001    高等数学        45.70
1002    计算机原理      34.50
1004    大学英语        40.80
--------------------------------------------
0-退出  1-浏览  2-插入  3-按书号删除图书
请选择:3↙
输入书号:1002↙
--------------------------------------------
0-退出  1-浏览  2-插入  3-按书号删除图书
请选择:1↙
书号     书名           单价
1001    高等数学        45.70
1004    大学英语        40.80
--------------------------------------------
0-退出  1-浏览  2-插入  3-按书号删除图书
请选择:0↙
```

10.5.2 函数的返回值为结构体变量或结构体指针

函数的返回值可以是一个结构体变量或结构体类型的指针。需要说明的是：

（1）如果函数的返回值为结构体变量，主调函数中接收返回值的应该是同类型的结构体变量。

（2）如果函数的返回值为结构体类型的指针，主调函数中接收返回值的应该是同类型的指针。

10.6.3 节例 10-8 中定义的 create()函数其返回值为结构体类型的指针，学习该例题时可观察到这类函数的定义及调用方法。

10.6 链表——结构体指针的应用

10.6.1 链表的概念

在例 10-7 的图书管理程序中，采用了结构体数组存储图书信息。由于数组中的所有元素在内存中是连续存放的，这种存储方法的优点是，只需要知道数组的首地址，就可以通过数组下标快速访问到数组的其他元素。

数组这种存储结构也有它的不足之处：一方面，在 C 语言中，由于数组的元素个数是固定不变的，如果不断地向数组中添加新元素，超出所定义的数组长度时，将会产生意想不到的错误；另一方面，为了防止元素个数的超出，如果将数组长度定义过大，又会浪费存储空间。

链表较好地解决了数组的上述不足，它是一种动态的存储结构，可以根据需要随时申请或释放存储空间。

链表中存储的每个数据元素称为节点，是一个结构体类型的数据。由于各节点所占用的内存空间是动态分配的，所以它们的存储地址可能是不连续的，因此，为了访问到链表中的每个节点，各节点中除了必需的数据成员之外，还必须有一个指针成员用于存放下一个节点的首地址。

1. 链表节点的定义

为了简单起见，假设每个节点中只包含一个 int 型数据成员和一个指针成员，则链表的节点可定义为：

```
struct node
{
    int data;
    struct node *next;
};
```

在定义 struct node 结构体类型时，其 next 成员的数据类型又使用了 struct node 数据类型，这种定义方式称为递归结构。

通过指针成员 next 将各个节点连接起来，就能形成一个链表。例如，下面的定义和赋值语句可以描述一个含 3 个节点的链表，如图 10-2 所示。

```
struct node n1,n2,n3,*head;
n1.data=10; n1.next=&n2;
n2.data=20; n2.next=&n3;
n3.data=30; n3.next=NULL;
head=&n1;
```

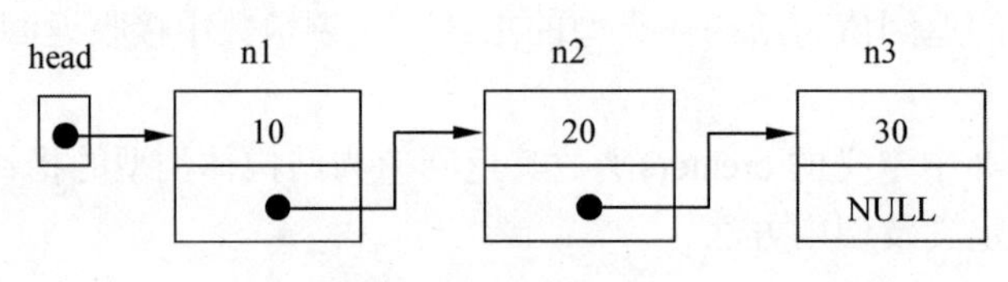

图 10-2　链表示意图

实际使用时，链表的节点是通过 malloc()函数动态分配的存储空间，而不是像本例这样直接定义变量。

为了访问链表的第一个节点，通常定义一个指针变量指向链表的第一个节点，该指针称为头指针，如图 10-2 中的指针 head。图 10-2 所示的链表中，通过前一个节点的 next 成员能够访问到后一个节点，这种形式的链表称为单向链表。除此之外，还有双向链表、单向循环链表、双向循环链表等，受篇幅所限，本书只介绍单向链表的操作。

2. 创建链表的一般过程

在 C 语言中，生成一个链表的一般过程为：

（1）向系统申请一段内存空间作为一个新节点，其大小由节点的数据类型决定；

（2）向新节点的各数据成员中添加数据；

（3）将新节点的首地址赋给前一个节点的 next 成员，使新节点连接到链表上。

3. 使用链表的优缺点

链表是一种动态存储结构，可以根据需要随时申请内存空间，增加新节点，在存储不定量的数据信息时更灵活；但是由于节点的存储空间不一定是连续的，必须依靠前一个节点才能访问到后一个节点，导致链表的访问速度降低。

10.6.2 动态内存管理函数

链表操作最重要的一个环节是动态的内存分配与释放，与此相关的函数主要有 3 个，分别是 malloc()函数、calloc()函数和 free()函数。这 3 个函数的原型定义在头文件 stdlib.h 中。

1. malloc()函数

malloc()的函数原型为：

```
void *malloc(unsigned size)
```

函数的功能是：向内存申请一段长度为 size 个字节的连续存储空间。如果申请成功，则返回该段内存空间的首地址，否则，返回空指针 NULL。

例如，从内存申请一段存储空间用于存放一个 int 型数据，并将该段内存的首地址赋给指针变量 p，可以使用如下定义和赋值语句：

```
int *p;
p=(int *)malloc(sizeof(int));
```

需要说明的是：

（1）由于在不同的编译器中，同一类型的数据在内存中占用的字节数可能不相同，所以 size 参数尽量不使用常数，而是用 sizeof 运算符计算求得，例如 sizeof(int)。

（2）内存申请成功后，返回的首地址是无具体类型的，即 void *。因而要使用强制类型转换运算符，将其转换成所需的指针类型，例如(int *)。

例如，从内存中申请一段存储空间，用于存放链表上的一个节点，可以使用下面的定义和赋值语句：

```
struct node
{
    int data;
    struct node *next;
};
struct node *q;
q=(struct node *)malloc(sizeof(struct node));
```

2. calloc()函数

calloc()的函数原型为：

```
void *calloc(unsigned n, unsigned size)
```

函数的功能是：向内存申请一段长度为 n*size 个字节的连续存储空间。如果申请成功，则返回该段内存空间的首地址，否则，返回空指针 NULL。

例如，从内存中申请一段存储空间用于存放 20 个 double 型数据，并将该段内存的首地址赋给指针变量 t，可以用如下定义和赋值语句：

```
double *t;
t=(double *)calloc(20,sizeof(double));
```

3. free()函数

free()的函数原型为：

```
void free(void *block)
```

函数的功能是：释放之前分配给指针 block 的存储空间。

10.6.3 链表的基本操作

链表的特点是：各节点需要的存储空间通过动态内存分配的方式获得，每个节点都没有名字，对链表的操作只能通过指针进行。链表的主要操作包括：建立链表、输出链表、插入节点和删除节点等。为方便叙述，在下面链表操作的介绍中，作如下约定：

（1）在一般性描述中，使用的节点类型为：

```
struct node
{
    int data;
    struct node *next;
};
```

（2）将结构体中的 data 成员称为数据域，next 成员称为指针域；

（3）不特别指明链表的头指针时，head 即为链表的头指针；

（4）把指针变量 p 所指向的节点称为 p 节点或节点 p；

（5）为方便插入、删除等操作，通常在链表开头处设置一个空节点作为表头节点。这种形式的链表也称为带头节点的链表。

1. 创建表头节点

链表的头指针 head 初始状态为空指针，即：

```
struct node *head=NULL;
```

向链表中插入一个表头节点的一般步骤为：

（1）申请一个新节点 head;

```
head=(struct node *)malloc(sizeof(struct node ));
```

（2）将 head 节点的指针域赋值为空指针，数据域不使用，不做处理。

```
head->next=NULL;
```

操作完成后，生成的带头节点的空链表形如图 10-3 所示。

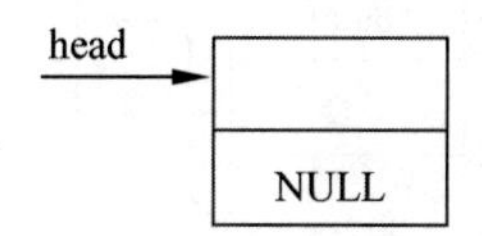

图 10-3 带头节点的空链表

2. 在 head 链表的 p 节点之后插入一个节点

通常情况下，链表形如图 10-4 所示（以含 3 个节点的链表为例）。

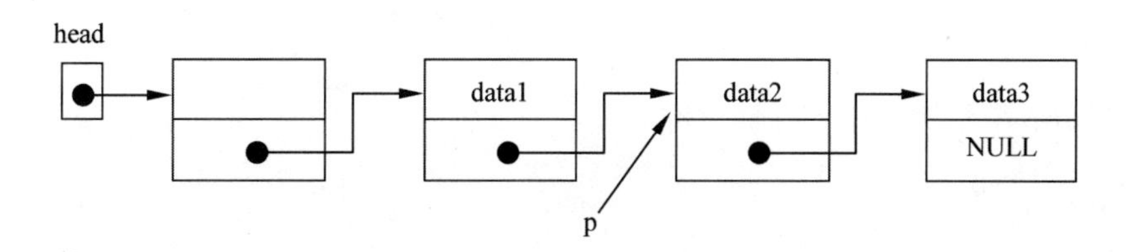

图 10-4 链表的一般形式

在图 10-4 所示链表的 p 节点之后插入一个新节点，一般步骤为：

（1）申请一个新节点 t;

```
t=(struct node *)malloc(sizeof(struct node ));
```

（2）为节点 t 的数据域赋值；例如：

```
t->data=123;
```

（3）将节点 t 连接到链表的 p 节点之后。

```
t->next=p->next;    p->next=t;
```

新节点插入后的链表如图 10-5 所示。

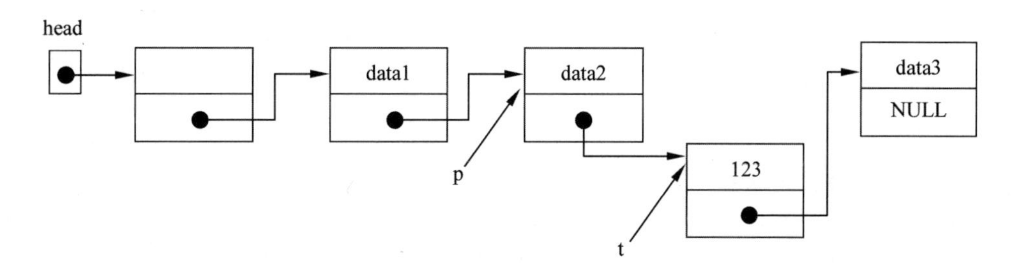

图 10-5 插入节点 t 后的链表

3. 删除 p 节点

在图 10-4 所示的链表中，设 p 节点的前一个节点为 q，如图 10-6 所示。

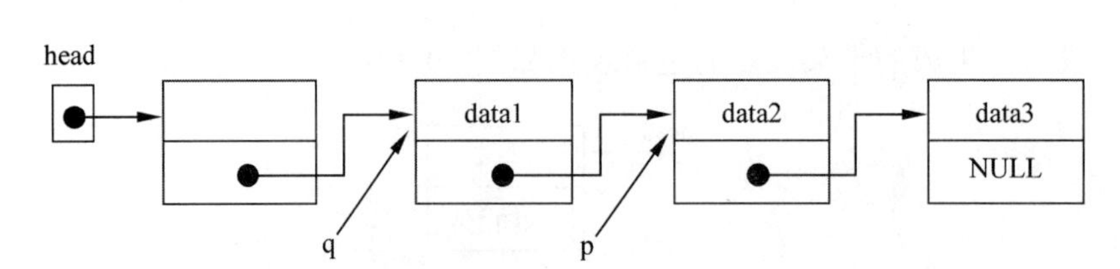

图 10-6　待删除 p 节点的链表示意图

删除图 10-6 所示链表中的 p 节点，一般步骤为：

（1）将 q 节点的指针域指向 p 节点的下一个节点；

```
q->next=p->next;
```

（2）释放 p 节点所占用的存储空间。

```
free(p);
```

删除 p 节点后的链表如图 10-7 所示。

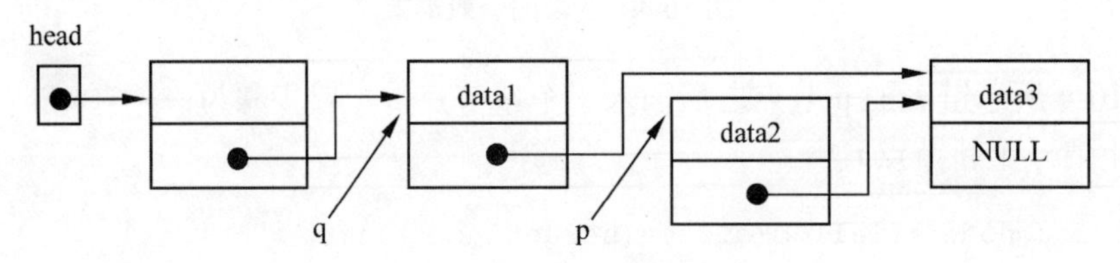

图 10-7　删除 p 节点后的链表示意图

4. 输出链表

输出链表是指输出链表中各节点数据域的值，是一个遍历链表的过程，通常使用 while 循环实现。例如：

```
p=head->next;
while(p!=NULL)
{
    printf("%d\t",p->data);
    p=p->next;                      /* 指针p指向当前节点的下一个节点 */
}
```

【例 10-8】 链表的综合应用。基本功能如下：

（1）建立一个带头结点的单向链表，链表中各节点的数据域按照从小到大顺序排列；

（2）向链表中插入一个新节点，插入后的链表中各节点仍然保持升序排列；

（3）删除节点；

（4）输出链表中所有节点。

源程序：

```
#include <stdio.h>
#include <stdlib.h>
```

```
struct node
{
    int data;
    struct node *next;
};
struct node * create();                     /* 创建链表 */
void  insert(struct node *head);            /* 向链表中插入新节点 */
void  del(struct node *head);               /* 从链表中删除节点 */
void display(struct node *head);            /* 输出链表 */

void main()
{
    struct node *head=NULL;
    int sel;

    head=create();                          /* 创建链表 */
    display(head);                          /* 显示链表 */
    do
    {
        printf("--------------------------------------------\n");
        printf("0-退出\t1-输出链表\t2-插入新节点\t3-删除节点\n");
        printf("请选择:"); scanf("%d",&sel);
        switch(sel)
        {
            case 0:                         /* 结束程序执行 */
                return;
            case 1:                         /* 输出所有节点 */
                display(head);  break;
            case 2:                         /* 新增节点 */
                insert(head);   break;
            case 3:                         /* 删除节点 */
                del(head);break;
        }
    }while(sel!=0);
}

struct node *create()
{
    struct node *head,*p,*q,*t;
    int d;
    printf("创建链表----\n");
    head=(struct node *)malloc(sizeof(struct node ));
    head->next=NULL;
    printf("输入节点的data值(=-9999结束):"); scanf("%d",&d);
```

```
    while(d!=-9999)
    {
            /* 查找新节点的插入位置 */
            p=head;     q=p->next;
            while(q!=NULL && q->data<d)
            {
                p=q; q=q->next;
            }
            /* 新节点t插入到p节点之后 */
            t=(struct node *)malloc(sizeof(struct node ));
            t->data=d;
            t->next=p->next;
            p->next=t;
            printf("输入节点的data值(=-9999结束):"); scanf("%d",&d);
    }
    return head;
}

void  insert(struct node *head)
{
    struct node *t,*p,*q;
    int d;
    printf("输入新节点的data值:"); scanf("%d",&d);
    /* 查找新节点的插入位置 */
    p=head;     q=p->next;
    while(q!=NULL && q->data<d)
    {
        p=q; q=q->next;
    }
    /* 新节点t插入到p节点之后 */
    t=(struct node *)malloc(sizeof(struct node ));
    t->data=d;
    t->next=p->next;
    p->next=t;
    display(head);                      /* 输出插入新节点后的链表 */
}

void  del(struct node *head)
{
    struct node *p,*q;
    int d;
    printf("输入待删除节点的数据:"); scanf("%d",&d);
    q=head; p=head->next;
    /* 查找待删除的节点 */
    while(p!=NULL && p->data!=d)
```

```
    {
        q=p; p=p->next;
    }
    if(p==NULL)
        printf("链表中不存在该节点\n");
    else                                        /* 删除p节点 */
    {
        q->next=p->next;
        free(p);
        display(head);                          /* 输出删除节点后的链表 */
    }
}

void display(struct node *head)
{
    struct node *p;
    p=head->next ;
    printf("显示链表: ");
    while(p!=NULL)
    {
        printf("%d\t",p->data);
        p=p->next;
    }
    printf("\n");
}
```

程序运行结果:

```
创建链表----
输入节点的data值(=-9999结束):34↙
输入节点的data值(=-9999结束):65↙
输入节点的data值(=-9999结束):12↙
输入节点的data值(=-9999结束):78↙
输入节点的data值(=-9999结束):-9999↙
显示链表: 12      34      65      78
----------------------------------------------
0-退出  1-输出链表      2-插入新节点      3-删除节点
请选择:2↙
输入新节点的data值:47↙
显示链表: 12      34      47      65      78
----------------------------------------------
0-退出  1-输出链表      2-插入新节点      3-删除节点
请选择:3↙
输入待删除节点的数据:12
显示链表: 34      47      65      78
----------------------------------------------
```

```
0-退出  1-输出链表      2-插入新节点     3-删除节点
请选择:1↙
显示链表: 34      47      65      78
---------------------------------------------
0-退出  1-输出链表      2-插入新节点     3-删除节点
请选择:0↙
```

10.7 共用体和枚举类型

与结构体类型类似，共用体类型和枚举类型也是由用户自己定义的数据类型。共用体类型是一种特殊的结构体类型，枚举类型是一种特殊的整数类型。

10.7.1 共用体

共用体也称为联合体，它是一种特殊的结构体类型。

共用体与结构体的相同之处是：结构体和共用体都是由若干个成员组成，除了类型定义的关键字不同之外，类型定义、变量定义以及成员引用的语法格式完全相同。

共用体与结构体的不同之处是：结构体变量的所有成员都有自己独立的存储单元，所有成员占用一段连续的内存空间；共用体变量的所有成员共享同一个存储单元，该单元的大小由成员中所需字节数最大的成员决定。

1. 共用体类型的定义

共用体类型定义的一般形式为：

```
union 共用体类型名
{
    类型说明符      成员名1;
    类型说明符      成员名2;
         ⋮
    类型说明符      成员名n;
};
```

从共用体类型定义的一般形式可以看出，除了关键字 union 不同之外，其他与结构体类型的定义完全相同。例如：

```
union data
{
    int k;
    char ch;
    double x;
};
```

2. 共用体变量的定义

共用体变量的定义方法与结构体相同，也有 3 种方式：

（1）在定义共用体类型的同时，定义共用体变量。例如：

```
union data
{
    int k;
    char ch;
    double x;
}u1;
```

变量 u1 是 union data 类型的变量。

（2）先定义共用体类型，再定义共用体变量。例如：

```
union data u2,u3;
```

变量 u2、u3 都是 union data 类型的变量。

（3）定义共用体类型时，不定义共用体类型名，直接定义共用体变量。例如：

```
union
{
    int k;
    char ch;
    double x;
}u4;
```

3. 共用体成员的引用

共用体变量成员的引用方法为：

```
共用体变量名.成员名
```

例如：

```
u1.ch='A';
u1.k=96;
```

需要说明的是，共用体变量的所有成员共享同一存储单元，存储单元的大小取决于成员中占用内存字节数最多的成员。例如，执行下列语句：

```
printf("%d ",sizeof(u1));
printf("%x,%x,%x\n",&u1.ch,&u1.k,&u1.x);
```

输出结果为：

```
8
42c228,42c228,42c228
```

从输出结果可以观察到，变量 u1 所占用存储单元的字节数 8 就是 double 型成员 x 所占用的内存字节数。同时，u1 变量的 3 个成员的首地址是相同的，说明它们是共享同一存储单元的。

【例 10-9】 分析以下程序的执行结果。

源程序：

```
union
{
    int k;
    char s[2];
}u;
void main()
{
    u.k=0x21314161;                              /* 内存存储情况如图10-8所示 */
    printf("%x,%c,%c\n",u.k,u.s[0],u.s[1]);
    u.s[0]='B'; u.s[1]='b';                      /* 内存存储情况如图10-9所示 */
    printf("%x,%c,%c\n",u.k,u.s[0],u.s[1]);
}
```

程序运行结果:

```
21314161,a,A
21316242,B,b
```

分析结果:

共用体变量 u 有两个成员，int 型成员 k 占 4 字节，char 型数组 s[2]占 2 字节，因而变量 u 占 4 字节。

对 u.k 赋值后，各成员在内存中的相互关系及值如图 10-8 所示。其中，0x61 是字母 a 的 ASCII 码值，0x41 是字母 A 的 ASCII 码值，所以，第一个 printf 函数的输出结果为: 21314161,a,A。

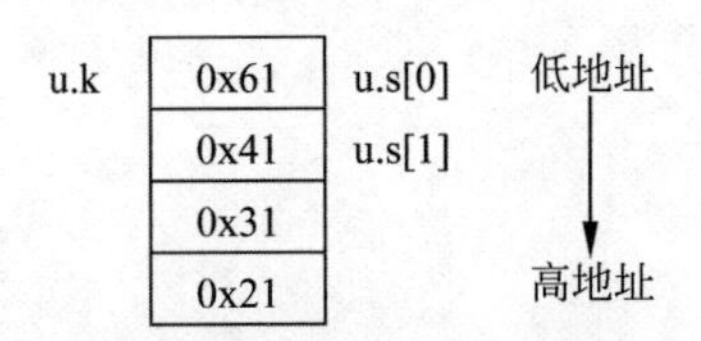

图 10-8　u.k 赋值后的内存存储情况

对 u.s[0]和 u.s[1]重新赋值后，各成员在内存中的值如图 10-9 所示。其中，0x42 为字母 B 的 ASCII 码值，0x62 为字母 b 的 ASCII 码值。所以，第二个 printf 函数的输出结果为: 21316242,B,b。

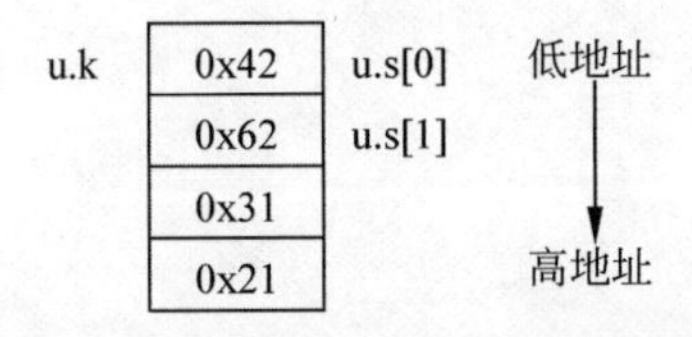

图 10-9　u.s[0]、u.s[1]赋值后的内存存储情况

共用体类型数据由于各成员共享存储空间，某一时刻只能保存一个成员的值，如果对新的成员赋值，就会把原来成员的值覆盖掉，容易造成混乱。因此，在内存资源充足的情况下，不建议使用共用体类型的数据。

10.7.2 枚举类型

所谓“枚举”就是一一列举。枚举类型是由一系列标识符组成的集合，其中，每个标识符代表一个整数值。因此，枚举类型可以看作是一种特殊的整数类型。如果一个变量的取值仅限于几种可能的值，就可以将它定义为枚举变量。

1. 枚举类型的定义

枚举类型定义的一般形式为：

```
enum 枚举类型名 {枚举元素表};
```

其中，enum 是定义枚举类型的关键字；枚举元素表中的各元素之间用逗号分隔。例如：

```
enum color {red,green,blue,yellow,white,black};
```

语句定义了枚举类型 enum color，它的枚举元素依次为 red、green、blue、yellow、white 和 black。enum color 成为了一种新的数据类型，可用来定义变量。

2. 枚举变量的定义

与结构体、共用体变量的定义方式类似，枚举类型变量的定义也有 3 种方式：

（1）在定义枚举类型的同时，定义枚举变量。例如：

```
enum color {red,green,blue,yellow,white,black}mycol;
```

变量 mycol 是 enum color 类型的变量。

（2）先定义枚举类型，再定义枚举变量。例如：

```
enum color mycol2;
```

变量 mycol2 是 enum color 类型的变量。

（3）定义枚举类型时，不定义枚举类型名，直接定义枚举变量。例如：

```
enum {red,green,blue,yellow,white,black}mycol3;
```

3. 枚举元素的值

枚举类型中，每个枚举元素代表一个整数值，该整数值只能是在类型定义时由系统自动赋予或用户指定，不能通过赋值语句或输入的方法获得。

枚举类型定义时，如果用户未对枚举元素指定所代表的整数值，则第一个枚举元素的值为 0，后面的枚举元素按照排列顺序，依次递增 1。例如，前面定义的枚举类型 enum color 中，red 的值为 0，green 的值为 1，blue 的值为 2……black 的值为 5。

枚举类型定义时，可以为一个或多个枚举元素指定值。为某一元素指定值后，其后的元素值依次比它前面的元素值大 1，多个枚举元素可以指定相同的值。例如：

```
enum weekday{Sun,Mon,Tue=5,Wed,Thu,Fri,Sat};
```

其中，Sun 的值为 0，Mon 的值为 1，Tue 的值为 5，Wed 的值为 6……Sat 的值为 9。

4. 枚举变量的使用

枚举变量只能从枚举元素中取值，枚举变量的输入、输出、运算都与整数相同。

例如：

```
enum color {red,green,blue,yellow,white,black}mycol;
mycol=blue;                                   /* 也可以写成 mycol=2; */
printf("%d ",mycol);
```

执行上述语句后，输出结果为 2。需要说明的是，枚举变量的输入、输出都与整数相同，如果输入或输出时要使用各枚举元素对应的字符串，则需要另外编写代码实现。

【例 10-10】 枚举变量的输入、输出。

源程序：

```
#include <stdio.h>
void main()
{
    enum color {red,green,blue,yellow}mycol;
    printf("输入整数0-3:");
    scanf("%d",&mycol);
    switch(mycol)
    {
        case red:                             /* 也可以写成 case 0: */
            puts("red");break;
        case green:                           /* 也可以写成 case 1: */
            puts("green");break;
        case blue:                            /* 也可以写成 case 2: */
            puts("blue");break;
        case yellow:                          /* 也可以写成 case 3: */
            puts("yellow");
    }
}
```

程序运行结果：

```
输入整数0-3:2↙
blue
```

本例中，使用 switch 语句将枚举变量的输出由整数转换成了字符串。

本 章 小 结

1．结构体是一种用户自定义的构造类型。一个结构体由若干个成员组成，各个成员可以具有不同的数据类型。

2．结构体变量的定义有 3 种方法：

（1）先定义结构体类型，再定义结构体变量；

（2）在定义结构体类型的同时定义结构体变量；

（3）不定义结构体类型名，直接定义结构体变量。

3．结构体变量成员的引用方法为：结构体变量名.成员名。

4．结构体数组的所有元素都是结构体类型，结构体数组具有数组的一切性质，数组元素的成员与结构体变量成员的引用方法相同。

5．指向结构体变量的指针称为结构体指针，通过结构体指针引用结构体变量的成员有两种方法：

（1）(*结构体指针).成员名

（2）结构体指针->成员名

6．结构体类型的数据可以作函数的参数，函数的返回值类型也可以是结构体类型或结构体类型的指针。

7．链表是结构体与指针的综合应用，是结构体类型最重要的应用之一。

8．共用体是一种特殊的结构体类型，除了类型定义的关键字与结构体不同之外，它的类型定义、变量定义、成员引用的语法格式与结构体完全相同。共用体与结构体的不同之处在于共用体的所有成员共享同一存储单元。

9．枚举是一种特殊的整数。枚举变量的取值仅限于在枚举类型定义中指定的值。

习　题　十

一、单项选择题

1．C 语言中，定义结构体类型的关键字是（　　）。

A．enum　　B．struct　　C．typedef　　D．union

2．通过结构体变量名引用其成员使用的运算符是（　　）。

A．.　　B．*　　C．&　　D．->

3．要定义一个结构体类型和两个该类型的变量，正确的是（　　）。

A．
```
struct student
{
    char num[5];
    int score;
};
student stu1,stu2;
```

B．
```
struct student stu1,stu2;
struct student
{
    char num[5];
    int score;
};
```

C．
```
struct
{
    char num[5];
    int score;
};
struct stu1,stu2;
```

D．
```
struct student
{
    char num[5];
    int score;
};
struct student stu1,stu2;
```

4．设有下列定义语句，则对成员 age 赋值的语句中错误的是（　　）。

```
struct
```

```
{
    char name[10];
    int age;
}stu,*p=&stu;
```

A．stu->age=19;　B．stu.age=19;　C．(*p).age=19;　D．p->age=19;

5．如果 int 型数据在内存占 4 个字节，则变量 today 占用的内存字节数是（　）。

```
struct date
{ int year,month,day; } today;
```

A．3　B．4　C．6　D．12

6．执行下列程序后，输出结果是（　）。

```
struct abc
{
   int a,b,c;
};
void main()
{
   struct abc s[2]={1,2,3,4,5,6};
   printf("%d",s[0].a+s[1].b);
}
```

A．8　B．7　C．6　D．5

7．有如下定义，能输出字母 W 的语句是（　）。

```
struct person
{
   char name[9];
   int age;
}class[]={"Zhang",17,"Wang",18,"Li",19,"Sun",20};
```

A．printf("%c",class[1].name);　B．printf("%c",class[1].name[0]);
C．printf("%c",class[2].name);　D．printf("%c",class[2].name[1]);

8．执行下列程序后，输出结果是（　）。

```
#include <stdio.h>
union
{
   char ch[4];
   int k;
}r;
void main()
{
   r.ch[0]=2;  r.ch[1]=0;
   printf("%d\n",r.k);
```

```
}
```

A．0　　　　　B．2　　　　　C．12　　　　　D．不确定

9．设有如下定义语句。则枚举常数 yellow 和 white 的值分别是（　　）。

```
enum color { red,yellow,blue=4,green,white};
```

A．1 和 4　　　　　B．1 和 6　　　　　C．2 和 6　　　　　D．3 和 6

10．以下关于 typedef 的叙述中错误的是（　　）。

A．可以通过 typedef 增加新的类型

B．用 typedef 定义新的类型名后，原有类型名仍有效

C．可以用 typedef 将已存在的类型用一个新的名字来代替

D．用 typedef 可以为各种类型起别名，但不能为变量起别名

二、填空题

1．执行下列程序后，输出结果是________。

```
#include <stdio.h>
struct stu
{
    int num;
    char name[10];
    int age;
};
void fun(struct stu *p)
{
    printf("%s\n",p->name);
}
void main()
{
    struct stu s[3]={{101,"zhang",18},{102,"wang",19},{103,"sun",20}};
    fun(s+1);
}
```

2．执行下列程序后，输出结果是________。

```
#include <stdio.h>
#include <stdlib.h>
struct student
{
    int score;
    struct student *next;
};
void main()
{
    struct student *head,*p;
    int k;
```

```
    head=NULL;
    for(k=1;k<=5;k++)
    {
        p=(struct student *)malloc(sizeof(struct student));
        p->score=10*k;
        p->next=head;
        head=p;
    }

    p=head;
    while(p!=NULL)
    {
        printf("%d,",p->score);
        p=p->next;
    }
}
```

3．执行下列程序后，输出结果是________。

```
#include <stdio.h>
struct st
{
    int x;
    int *y;
}*p;
int dt[4]={ 10,20,30,40 };
struct st aa[4]={ 50,&dt[0],60,&dt[1],70,&dt[2],80,&dt[3]};
void main()
{
    p=aa+1;
    printf("%d,%d\n",++p->x,*(p->y));
}
```

三、编程题

1．用结构体数组建立含 5 个人的通讯录，包括姓名、地址和电话号码。能根据键盘输入的姓名输出该姓名对应的地址和电话号码。

2．用结构体数组存放学生成绩单，含 10 名学生的考试成绩，包括姓名、数学、计算机、英语和总分。其中，总分由程序自动计算。主函数的功能：输入 10 名学生的信息，其中，总分为计算所得；输出按总分排序后的 10 名学生的信息。按总分从高到低排序由函数 sort 完成。

3．建立含有 4 个节点的链表，存储从键盘输入的 4 个整数。要求链表的节点按照输入顺序从前到后的顺序链接，并在链表建立完成后，依次输出各节点的值。

第11章　文　件

学习目标

1. 了解文件及文件指针的概念。
2. 掌握文件打开和关闭的方法。
3. 掌握文件顺序读/写的方法。
4. 了解文件随机读/写的方法。
5. 了解与文件操作相关的其他函数。

在前面各章，运行程序时所需要的外部信息都是从键盘输入，而运行结果则输出到显示器上，当程序运行结束后，存放在内存中的所有数据（包括程序运行所需的原始数据、中间结果和最终结果）都会消失，如果能以“文件”形式将这些数据存储到外部存储器中，就可以长期保存，而且以后可以对这些数据随时进行读/写。学习结构体和文件之后，我们就可以方便地编写一个信息管理系统，例如，学生档案管理系统、员工信息管理系统等。本章主要介绍文件的相关概念及文件的打开和读/写等基本操作。

11.1　文件与文件指针

11.1.1　文件的概念

文件（file）是存储在外部介质上的信息的集合。这个集合的名称就是文件名。操作系统以文件为单位对数据进行管理。也就是说，操作系统通过文件名找到指定的文件，然后再对其进行读或写。

1. 文件的分类

可以从不同的角度对文件进行分类：

（1）按存储介质可以分为普通文件和设备文件。

普通文件是指存储在外部介质上的信息的集合，可以是程序文件、数据文件等，使用时才被调入内存。

设备文件是指与主机相连的各种外部设备。操作系统把外部设备也看作文件进行管理，把它们的输入、输出等同于对磁盘文件的读、写。通常把键盘看作标准输入文件，从键盘上输入信息就是从标准输入文件中获取数据，例如常用的 scanf()函数和 getchar()函数的输入。通常把显示器看作标准输出设备，在显示器上显示信息就是向标准输出文件输出数据，例如常用的 printf()函数和 putchar()函数的输出。

（2）按文件的内容可以分为程序文件和数据文件。

程序文件保存的是程序，例如前几章已经多次使用过的源程序文件、目标文件、可执行文件等。

数据文件保存的是数据，例如程序运行需要的原始数据、程序运行的结果等。程序文件的存取一般由系统完成，数据文件的存取（写和读）一般由应用程序完成。本章讨论的文件主要指数据文件。

（3）按文件的存取方式可以分为顺序存取文件和随机存取文件。

顺序存取文件就是对文件按照从头到尾的顺序依次读/写文件内容。

随机存取文件就是通过调用 C 语言库函数定位读/写的位置，然后再对此位置的文件内容进行读/写。

（4）按文件的存储形式可以分为文本文件和二进制文件。

文本文件就是以 ASCII 码字符形式存储的文件，又称为 ASCII 码文件。ASCII 码文件的每一个字节对应一个字符，因而，便于对字符进行逐个处理。但一般占用存储空间较多，而且要花费转换时间（二进制与 ASCII 码之间的转换）。例如，用高级语言程序编写的源程序文件是文本文件，用 Windows“记事本”程序创建的文件也是文本文件。

二进制文件是把内存中的数据，原样输出到磁盘文件中。可以节省存储空间和转换时间，但一个字节并不对应一个字符，不能以字符形式直接输出。例如，C 语言的目标文件就是二进制文件。二进制文件在 Windows 系统中一般不可按记事本方式打开，即使打开，看起来也都是一些“乱码”。

例如，有一个整数 32767，如果按二进制文件存储，需要 4 个字节；如果按 ASCII 文件存储，由于每位数字（看作一个字符）占一个字节，共需要 5 个字节，如图 11-1 所示。

二进制形式存储：	00000000	00000000	01111111	11111111	
	'3'	'2'	'7'	'6'	'7'
ASCII 形式存储：	00110011	00110010	00110111	00110110	00110111

图 11-1　数值的存储形式示意图

C 语言中，无论文件的内容是什么，都看作是字符流，即由一串字节组成，C 语言对文件的存取以字节为单位。输入输出字符流的开始和结束只由程序控制而不受物理符号（例如回车符）的控制。因此，C 语言文件又称流式文件。

2. 文件缓冲系统

C 语言处理文件有两种方式：缓冲文件系统和非缓冲文件系统。

缓冲文件系统是指系统自动地在内存区为程序中每一个正在使用的文件开辟一个文件缓冲区，缓冲区的大小由系统确定。从内存向磁盘输出数据时，首先将数据输出到输出文件缓冲区中，等输出文件缓冲区装满后，再一起输出到磁盘文件中；从磁盘文件向内存读入数据则相反，首先从磁盘文件中将一批数据读入到输入文件缓冲区中，等输入文件缓冲区装满后，再将输入文件缓冲区中的数据逐个送到程序数据区。缓冲文件系统执行方式如图 11-2 所示。这种处理文件的方式不必频繁地访问磁盘，提高了程序执行的效率。

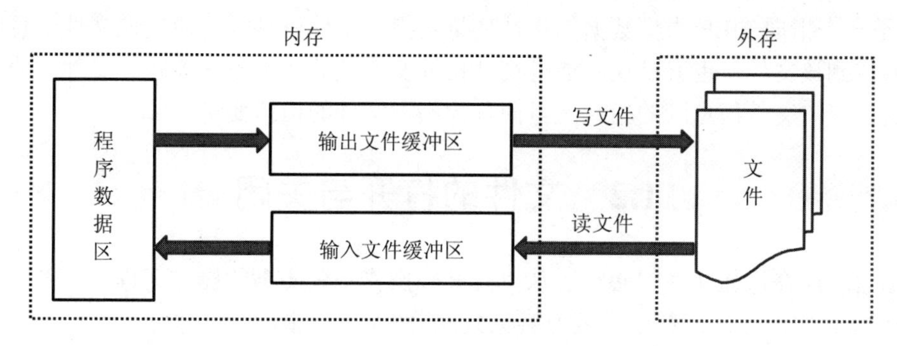

图 11-2　缓冲文件系统示意图

非缓冲文件系统是指系统不为文件自动开辟缓冲区，而由用户根据需要自己设置。这种处理方式可移植性差，ANSI 标准已不再采用，本章所讲的内容都是针对缓冲文件系统。

3. 文件操作的一般过程

C 语言中，对文件的操作一般包括打开文件、处理文件和关闭文件三步。

（1）打开文件

打开文件就是建立用户程序与文件的联系，系统为文件开辟缓冲区。

（2）处理文件。包括文件的读、写、追加、定位等操作。

读数据：从文件中读出数据，即将磁盘文件中的数据输入到计算机内存中。

写数据：向文件中写入数据，即将计算机内存中的数据输出到磁盘文件中。

追加数据：向文件原有数据末尾写入新数据。

定位位置：定位文件要读/写的位置。

（3）关闭文件

关闭文件就是切断用户程序与文件的联系，将缓冲区中的内容写入磁盘，并释放缓冲区。

11.1.2　文件指针

C 语言的文件系统为每个程序打开的文件在内存中开辟一个缓冲区，称为“文件信息区”，用来存放文件的相关信息，例如文件名、文件状态、文件当前的读/写位置等。这些信息保存在一个结构体变量中，该结构体类型由系统定义、名称为 FILE、声明在头文件 stdio.h 中。

用户不必知道 FILE 有多少个成员、成员的类型等，不同的 C 编译系统有所不同。

注意：FILE 必须大写，使用 FILE 前必须在文件前面包含头文件 stdio.h。

在 C 语言中，对文件进行操作是通过文件指针进行的。有了 FILE 类型后，就可以用它定义文件指针变量（简称文件指针），对文件操作前必须定义文件指针。

文件指针定义的一般形式为：

```
FILE  *文件指针变量名;
```

例如：

```
FILE *fp;
```

定义 fp 是一个指向 FILE 类型数据的指针变量，指向文件信息区，通过该文件信息区中的信息能够找到该文件。也就是说，通过文件指针变量能够找到与它关联的文件。为方便起见，将这种指向文件信息区的指针变量简称为指向文件的指针变量。

11.2 文件的打开与关闭

C 语言程序在操作文件时必须遵从“打开→操作→关闭”的操作流程。不打开文件就无法读/写文件中的数据，使用结束为避免数据丢失，应立即关闭文件。

在编写程序时，在打开文件的同时，一般都指定一个文件指针指向该文件，也就是建立起文件指针与文件之间的联系，以便通过指针访问打开的文件。而“关闭”文件是将输出缓冲区中的数据输出到磁盘文件中，防止数据丢失，同时断开文件指针与文件的联系，禁止对该文件进行操作，除非重新打开。

C 语言提供了打开文件和关闭文件的库函数，用 fopen()函数打开一个文件，用 fclose()函数关闭一个文件。

11.2.1 文件的打开

调用 fopen()函数能够打开一个文件，调用 fopen( )函数的一般形式为：

```
文件指针=fopen("文件名","使用文件的方式");
```

函数的功能：表示按参数“使用文件的方式”打开或创建参数“文件名”指定的文件。若打开成功，返回指向该文件的 FILE 类型文件指针，否则，返回一个空指针 NULL。

其中，文件指针必须是定义过的 FILE 类型指针变量；“文件名”可以是一个字符串常量，也可以是字符数组名（或字符指针变量名），若是字符串常量，可以是表示绝对路径或相对路径的文件名，不包含路径表示当前目录下的文件，若是字符数组或字符指针，不加双引号；“使用文件的方式”是个字符串常量，用于指定操作文件的类型和方式，常用的使用文件方式有几种，如表 11-1 所示。

表 11-1 使用文件的方式

文件类型	使用方式	含义
ASCII 码文件	r	文件只允许读、不允许写
	w	文件只允许写、不允许读
	a	只允许在文件末尾追加
	r+	文件既允许读也允许写，但必须先读后写
	w+	文件既允许读也允许写，但必须先写后读
	a+	文件允许读也允许在末尾追加
二进制文件	rb	文件只允许读、不允许写
	wb	文件只允许写、不允许读
	ab	只允许在文件末尾追加
	rb+	文件既允许读也允许写，但必须先读后写
	wb+	文件既允许读也允许写，但必须先写后读
	ab+	文件允许读也允许在末尾追加

例如：

```
FILE *fp1,*fp2;
fp1=fopen("a1.txt", "r");
```

表示以“读”（r 代表 read）的方式打开当前目录下名为 a1.txt 的文本文件。函数的返回值是指向 a1 文件的指针（即 a1 文件信息区的起始地址），并将该返回值赋给文件指针变量 fp1，于是 fp1 和文件 a1.txt 建立了联系，即 fp 指向了该文件，这样就可以通过 fp1 对文件 a1.txt 进行访问。

又例如：

```
fp2=fopen("D:\\aa\\f1.txt","w");
```

表示以“写”（w 代表 write）的方式打开 D 盘 aa 目录下的 f1.txt 文件，并使 fp2 指向该文件。其中，文件路径中的“\\”是转义字符，不能使用“\”。

说明：

（1）文件使用方式由 r,w,a,t,b,+这 6 个字符组合。各字符的含义如下：

r(read)：读；　　w(write)：写；　　a(append)：追加；　　+：读和写；

t(text)：文本文件，可省略；　　b(binary)：二进制文件。

（2）打开文件时，指定的文件可能存在也可能不存在。

当使用方式为 r 时，若文件存在，正常打开，否则，会出错 ；

当使用方式为 w 时，若文件存在，原内容删除，否则，新建一个文件；

当使用方式为 a 时，若文件存在，正常打开，否则，新建一个文件。

（3）程序开始运行时，系统自动打开三个标准文件，可以直接使用。

标准输入文件（一般为键盘）：相应文件指针为 stdin;

标准输出文件（一般为显示器）：相应文件指针为 stdout;

标准错误文件（一般为显示器）：相应文件指针为 stderr。

（4）不管使用哪种方式打开文件，如果文件打开成功，则返回该文件的指针，否则，返回 NULL。

为了避免文件打开时出错，常采用下面的程序段：

```
if ((文件指针=fopen("文件名","使用文件的方式"))==NULL)
{
    printf ("打开文件失败\n") ;
    exit(1);                        /* 头文件为stdlib.h */
}
```

系统检查打开文件是否成功，若打开成功，将返回值赋值给程序中定义的文件指针变量，若打开失败，在显示器上显示“打开文件失败”。exit 函数的作用是关闭所有文件，终止正在执行的程序，exit(0)为正常退出，exit(1)为异常退出。

（5）读方式打开文件时，文件类型要与写入的文件类型保持一致。

即二进制形式写入的文件，读的时候也要以二进制形式打开，否则，以文本文件形式打开，避免读出的数据有误。

11.2.2 文件的关闭

文件操作完成，需要关闭文件。这样做有两个好处：（1）节省系统资源。因为打开的文件要占用一定的系统资源。（2）避免数据的丢失。因为程序结束前缓冲区可能未充满数据，不关闭文件，这些数据就会丢失。若关闭文件，即使缓冲区未满，系统也会将缓冲区剩余的数据输出到磁盘文件，然后再断开文件指针与文件的联系，避免了数据丢失。关闭文件的语句通常写在程序结束前。

调用 fclose()函数能够关闭一个文件。调用 fclose()函数的一般形式为：

```
fclose(文件指针);
```

函数的功能：关闭文件指针所指向的文件。若正常关闭，函数返回值为 0，否则，返回值为-1，该值在头文件 stdio.h 中被定义为符号常量 EOF。

例如：

```
fclose(fp);
```

表示关闭文件指针 fp 指向的文件。

【例 11-1】 以只写的方式打开文本文件 f1.txt，然后关闭，判断文件是否关闭成功。

源程序：

```
#include "stdio.h"
#include "stdlib.h"
void main( )
{
    FILE *fp;
    if ((fp=fopen("f1.txt","w"))==NULL)      /* 判断文件是否打开成功 */
    {
        printf ("打开文件失败\n");
        exit(1);
    }
    if((fclose(fp))==0)                      /* 判断文件是否关闭成功 */
        printf("文件成功关闭\n");
    else
        printf("文件未成功关闭\n");
}
```

程序运行结果：

```
文件成功关闭
```

注意：程序中关闭和打开同一个文件，用的文件指针是同一个。文件关闭后，可以用该文件指针再指向其他文件。

11.3　文件的顺序读/写

每成功打开一个文件后，都有一个文件位置指针，用来标识被打开文件的当前读/写位置。使用 fopen()函数打开文件后，文件位置指针指向文件的开头。进行顺序读/写操作时，每读/写完一个数据，文件位置指针自动移动到下一个要读/写数据的位置，这个位置指针随着文件的读/写在不断改变位置，通过 fseek 函数可以改变文件位置指针。而文件指针指向一个文件，文件读/写不会改变其指向，注意两者的区别。

在成功打开一个文件后，就可以对文件进行读/写操作了。C 编译系统提供了丰富的文件读/写函数，常用的函数有：

（1）字符读写函数：fgetc()和 fputc()。与学过的 getchar()函数和 putchar()函数相似。

（2）字符串读写函数：fgets()和 fputs()。与学过的 gets()函数和 puts()函数相似。

（3）格式化读写函数：fscanf()和 fprintf()。与学过的 scanf()函数和 printf()函数相似。

（4）数据块读写函数：fread()和 fwrite()。

本章的读/写函数与之前学过的读/写函数的区别在于：本章函数的操作对象是文件，而之前各章学过的函数操作对象是标准输入（stdin）、输出（stdout）文件，即键盘和显示器。

11.3.1　字符读/写函数

字符读/写函数就是以字符（字节）为单位对文件进行读/写的函数。C 语言提供了对文件按字符读函数 fgetc()和写函数 fputc()。

1. 字符写函数 fputc()

调用 fputc()函数的一般形式为：

```
fputc(字符常量或变量,文件指针);
```

函数的功能：将一个字符常量或变量写到指定的文件中。若写入成功，返回写入的字符；否则，返回-1。可以通过该返回值判断写入是否成功。

例如：

```
fputc(ch,fp);
```

表示将字符变量 ch 中的字符写到文件指针 fp 指向的文件。

说明：

（1）使用文件的方式必须是写、读/写或追加的方式。

（2）每写入一个字符，文件位置指针自动后移 1 个字节。

【例 11-2】 从键盘读入一串字符遇到回车结束，然后把它们存到文件 D:\f1.txt 中。

分析：从键盘逐个输入字符，可以用循环实现，每次循环把输入的当前字符用 fputc 函数写到文件即可，打开文件用写的方式打开。

源程序：

```
#include "stdio.h"
```

```
#include "stdlib.h"
void main()
{
    FILE *fp;
    char ch;
    if((fp=fopen("D:\\f1.txt","w"))==NULL)  /* 以写的方式打开文件，文件指针fp
                                               指向该文件 */

    {
        printf("打开文件出错!\n");
        exit(1);
    }
    while((ch=getchar())!='\n')         /* 输入一串字符，以回车结束 */
        fputc(ch,fp);                   /* 将ch中的字符写到fp指向的文件 */
    fclose(fp);                         /* 关闭文件 */
}
```

程序运行结果：

```
fdefedfe↙
```

程序运行后，从键盘输入一串字符，显示器上显示输入的字符，同时在文件 D:\f1.txt 中存储了相同的字符串。可以使用 Windows 操作系统自带的“记事本”程序打开该文本文件查看里面的内容。

2. 字符读函数 fgetc()

调用 fgetc()函数的一般形式为：

```
字符变量=fgetc(文件指针);
```

函数的功能：从指定的文件读一个字符到字符变量中。若读成功，返回读出的字符；若遇文件末尾，返回-1。

例如：

```
ch=fgetc(fp);
```

表示从文件指针 fp 所指向的文件中读出一个字符存到字符变量 ch 中。

说明：

（1）打开文件的方式必须是读或读写的方式。

（2）每读出一个字符，文件位置指针自动后移 1 个字节，直到文件末尾为止。

（3）读出的字符可以不赋值给字符变量，即 fgetc(fp)，但读出的字符不能被保存。

（4）每个文件的末尾都有一个文件结束标志。

对于文本文件，可以用-1 表示文件的末尾，也可以通过 feof()函数的返回值判断；对于二进制文件，只能通过 feof()函数的返回值判断。

若 feof（文件指针）返回值为非 0，表示到达文件末尾；若返回值为 0，表示未到达文件末尾。

【例 11-3】 将例 11-2 文件 D:\f1.txt 中的内容读出并写入到另一个文件 D:\f2.txt 中，同时将读出的内容在显示器上显示。

分析：以读的方式打开文件 D:\f1.txt，以写的方式打开文件 D:\f2.txt。利用循环从 f1.txt 文件中逐个读取字符并写入到文件 f2.txt 中，同时将读取的字符在显示器上显示，直到读到文件末尾为止。

源程序：

```
#include<stdio.h>
#include<stdlib.h>
void main()
{
    FILE *fp1,*fp2;
    char ch;
    if((fp1=fopen("D:\\f1.txt","r"))==NULL)
                                    /* 以读方式打开文件，并让fp1指向该文件 */
    {
        printf("can not open the file\n");
        exit(1);
    }
    if((fp2=fopen("D:\\f2.txt","w"))==NULL)
                                    /* 以写方式打开文件，并让fp2指向该文件 */
    {
        printf("can not open the file\n");
        exit(1);
    }
    while(!feof(fp1))                      /* 未读到文件的末尾 */
    {
        ch=fgetc(fp1);                     /* 将读出的字符存到变量ch中 */
        fputc(ch,fp2);                     /* 将ch中的字符写到输出文件中 */
        putchar(ch);                       /* 将ch中的字符显示在显示器上 */
    }
    putchar('\n');
    fclose(fp1);                           /* 关闭输入文件 */
    fclose(fp2);                           /* 关闭输出文件 */
}
```

程序运行结果：

```
fdefedfe
```

运行程序后，显示器上显示从文件 D:\f1.txt 中读出的字符，同时，在 D 盘的根目录上建立了一个名为 f2.txt 的文件，该文件中的内容和 f1.txt 文件中的内容相同。本程序的功能相当于 Windows 操作系统下的文件复制并重命名的功能。

思考题：例 11-3 若不使用字符变量 ch 能否实现（读出的字符不在显示器上显示），如何修改程序？

11.3.2 字符串读/写函数

字符串读/写函数就是以一个字符串为单位对文件进行读/写的函数。C 语言提供了对文件按字符串读函数 fgets()和写函数 fputs()。

1. 字符串写函数 fputs()

调用 fputs()函数的一般形式为：

```
fputs(字符串,文件指针);
```

函数的功能：将一个字符串写入指定的文件中。如果写入成功，函数返回值为 0；否则，返回-1。

例如：

```
fputs("abc",fp);
```

表示将字符串常量"abc"写到文件指针 fp 指向的文件中。

说明：字符串可以是字符串常量、字符数组名或字符指针变量。

2. 字符串读函数 fgets()

调用 fgets()函数的一般形式为：

```
fgets(字符数组名,n,文件指针);
```

函数的功能：从指定的文件中读一个字符串到字符数组中。若读取成功，返回字符数组的首地址；失败或读到文件结尾，返回 NULL。

例如：

```
fgets(str,n,fp);
```

表示从文件指针 fp 所指向的文件中读出 n−1 个字符，并在末尾添加一个字符串结束标记'\0'后，形成一个字符串存到字符数组 str 中。

说明：

（1）n 是一个正整数，表示从文件中读出的字符串不超过 n−1 个字符，然后在读出的最后一个字符之后添加一个字符串结束标记'\0'。

（2）在读出 n−1 个字符前，若遇到了换行符'\n'或 EOF，则读取结束，并将读取的'\n'连同字符串结束标记'\0'一起存到数组中。

【例 11-4】将从键盘输入的一个字符串写到指定的文件中，之后读出在显示器上显示。

分析：先以写方式打开一个文件，用 fputs 函数将输入的字符串写入到打开的文件，之后再用读方式打开文件，用 fgets 函数从打开的文件读取字符串，存到字符数组中，同时用 puts 函数在显示器上显示。

源程序：

```
#include <stdio.h>
#include <stdlib.h>
void main()
{
    FILE *fp;
    char s1[80],s2[80],filename[20];
    printf("输入要写入的文件名：");
```

```
    gets(filename);
    if((fp=fopen(filename,"w"))==NULL)  /* 此处，filename为数组名，不加" " */
    {
        printf("Can't open file:%s\n",filename);
        exit(1);
    }
    printf("输入要写入文件的字符串：");
    gets(s1);
    fputs(s1,fp);                          /* 将s1中的字符串写入文件 */
    fclose(fp);                            /* 写入结束，关闭文件 */
    if((fp=fopen(filename,"r"))==NULL)
                              /* 再次打开文件，文件位置指针指向读/写开头位置 */
    {
        printf("Can't open file:%s\n",filename);
        exit(1);
    }
    fgets(s2,80,fp);                       /* 读出一个字符串到s2中 */
    printf("读出的字符串为：");
    puts(s2);                              /* 读出的字符串在显示器上显示 */
    fclose(fp);
}
```

程序运行结果：

```
输入要写入的文件名：D:\\ff.txt↙
输入要写入文件的字符串：abcd1234↙
读出的字符串为：abcd1234
```

程序运行结束后，会在文件 D:\ff.txt 中存放字符串 abcd1234，可以使用 Windows 操作系统自带的“记事本”程序打开该文本文件查看里面的内容。

11.3.3 格式化读/写函数

格式化读/写函数就是按指定格式对文件进行读/写的函数。C 语言提供了对文件进行格式化读函数 fscanf()和写函数 fprintf()。

1. 格式化写函数 fprintf()

调用 fprintf()函数的一般形式为：

```
fprintf(文件指针,格式控制字符串,输出表列);
```

函数的功能是：将“输出表列中”各个输出项的值按“格式控制字符串”指定的格式输出到指定的文件中。

例如：

```
fprintf(fp,"%d,%.2f",x,f);
```

表示将变量 x 和变量 f 的值，以格式"%d,%.2f"的形式，写到文件指针 fp 指向的文件中。

说明：函数中“格式控制字符串”和“输出表列”的使用方法与 printf 函数的相关内容相同。

2. 格式化读函数 fscanf()

调用 fscanf()函数的一般形式为：

```
fscanf(文件指针,格式控制字符串,地址表列);
```

函数的功能：从指定的文件中，按照“格式控制字符串”指定的格式读出数据，并存到“地址表列”的对应变量中。

例如：

```
fscanf(fp,"%d,%f",&x,&f);
```

表示从文件指针 fp 指向的文件中，按"%d,%f"的格式读出数据，并依次存到变量 x 和变量 f 中。

说明：

（1）函数中“格式控制字符串”和“地址表列”的使用方法与 scanf 函数的相关内容相同。

（2）用 fscanf 函数读文件时，文件用什么格式写入的，就一定用相匹配的格式读出，避免读出的数据出错。

【例 11-5】 将 int a=2;float f=3.5;的值，以格式□□□□□2，3.500000 写到文件 D:\f4.txt 中，然后读出在显示器上显示。（注：□表示空格）

分析：应该将变量 a 和变量 f 的值以格式"%6d,%f"输出到文件，读出的时候以格式"%d,%f"读出数据到变量 a 和变量 f。

源程序：

```
#include <stdio.h>
#include <stdlib.h>
void main()
{
    FILE *fp1;
    int a=2;
    float f=3.5;
    if((fp1=fopen("D:\\f4.txt","w"))==NULL)
    {
        printf("Can't open file\n");
        exit(1);
    }
    fprintf(fp1,"%6d,%f",a,f);
                              /* 将变量a和f的值，按照对应格式输出到fp1指向的文件 */
    printf("数据已写入文件!\n");
    fclose(fp1);
    if((fp1=fopen("D:\\f4.txt","r"))==NULL)
```

```
    {
        printf("Can't open file\n");
        exit(1);
    }
    fscanf(fp1,"%d,%f",&a,&f);  /* 从文件中按指定格式读取数据存到对应变量 */
    printf("读出的数据为：\n");
    printf("a=%d,f=%f\n",a,f);  /* 将变量的值按指定格式在显示器上输出 */
    fclose(fp1);
}
```

程序运行结果：

```
数据已写入文件!
读出的数据为:
a=2,f=3.500000
```

程序运行后，除了在显示器上显示变量 a 和变量 f 的值之外，文件 D:\f4.txt 中写入了数据：□□□□□2，3.500000。

思考题：若将程序中语句：fscanf(fp1,"%d,%f ",&a,&f);里的格式"%d"改成"%2d"是否影响程序运行结果？

11.3.4 数据块读/写函数

数据块读/写函数就是一次对文件读/写一个数据块（若干连续字节）的函数，例如一个结构体类型的数据。C 语言提供了数据块读函数 fread()和写函数 fwrite()。这两个函数一般用于二进制文件的读/写。

fread()函数和 fwrite 函数调用的形式相同，但含义不同。

两个函数调用的一般形式为：

```
fwrite(buffer,size,count,fp);
fread(buffer,size,count,fp);
```

其中，buffer 是一个地址，对 fread()函数来说，表示从文件读出数据的存放地址，对 fwrite()函数来说，表示把此地址存储的数据写入文件；size 表示读/写数据块的字节数；count 表示读/写数据块的个数（每个数据块长度为 size）；fp 为 FILE 类型指针。

例如：

```
fwrite(a,4,6,fp);
```

其中，a 是包含 6 个元素的实型数组，则语句的含义是：将数组 a 首地址开始的数据，连续写 6 次（一次写 4 个字节）到 fp 指向的文件，即将数组 a 的 6 个元素存到文件中。

【例 11-6】 已知三名学生的信息，包括学号、姓名和成绩，将这些信息写到文件 D:\stud.dat 中，然后读出在显示器上显示。

分析：此题是结构体和文件的综合应用，需要定义结构体数组并赋值，用 fwrite 函数将这些信息写入文件，再用 fread 函数从文件读出数据并显示。

源程序：

```
#include <stdio.h>
#include <stdlib.h>
typedef struct student
{
    int num;
    char name[20];
    float score;
}ST;
void main()
{
    FILE *fp1;
    ST  stu[3]={{101,"wang",84.5},{102,"li",98.5},{103,"zhao",70.0}},ss;
    int i;
    if((fp1=fopen("D:\\stud.dat","wb"))==NULL)       /* 二进制写文件 */
    {
        printf("Can't open file\n");
        exit(1);
    }
    for(i=0;i<3;i++)
        fwrite(&stu[i],sizeof(ST),1,fp1);   /* 一次写一名学生的数据到文件 */
    fclose(fp1);
    if((fp1=fopen("D:\\stud.dat","rb"))==NULL)
    {
        printf("Can't open file\n");
        exit(1);
    }
    printf("\nNo   Name   Score\n");
    for(i=0;i<3;i++)
    {
        fread(&ss,sizeof(ST),1,fp1);/* 一次读出一名学生的数据到结构体变量ss */
        printf("%-6d%-8s%.1f\n",ss.num,ss.name,ss.score);
    }
    fclose(fp1);
}
```

程序运行结果：

```
No     Name       Score
101    wang       84.5
102    li         98.5
103    zhao       70.0
```

程序运行后，文件 D:\stud.dat 中存储了 3 名学生的信息，显示器上显示了从文件读出的数据。

思考题：上面程序用循环实现将 3 名学生的信息写到文件 D:\stud.dat 中，写了 3 次，一次写入一名学生的信息，能否不用循环，一次写入 3 名学生的信息？

11.4 文件的随机读/写

11.3 节对文件的读/写都是顺序读/写，即打开文件后，从文件头开始顺序读/写各个数据。但在实际应用中，常需要随机读/写，即直接读/写文件某一位置的数据，而不是按着文件的物理顺序依次读/写。这种可以对文件指定位置进行读/写的操作，需要移动文件位置指针。

11.4.1 文件位置指针的定位

要想对文件进行随机读/写，关键是要将文件位置指针强制移动到要读/写的位置，称为文件位置指针的定位。

关于文件位置指针的操作函数主要有三个：rewind()函数、fseek()函数和 ftell()函数。

1. rewind()函数

rewind()函数调用的一般形式为：

```
rewind(文件指针);
```

函数的功能：把文件位置指针移到文件的开头。

例如：

```
rewind(fp);
```

表示将 fp 所指向的文件的文件位置指针移动到文件的开头。

2. fseek()函数

fseek()函数调用的一般形式为：

```
fseek(文件指针,偏移量,起始位置);
```

函数的功能：将指定文件的文件位置指针移动到指定的位置（起始位置+偏移量）。移动成功，返回当前位置；否则，返回-1。

其中，“文件指针”指向被移动的文件；“偏移量”表示移动的字节数，为正数，表示从当前位置向前（文件尾）移动，为负数，表示从当前位置向后（文件头）移动；“起始位置”表示开始计算偏移量的位置，规定的起始位置可以用符号常量表示，也可以用数字表示，具体含义如表 11-2 所示。

说明：

（1）fseek()函数一般用于二进制文件。因为，文本文件要进行二进制和字符之间的转换，计算的位置可能会出错。

（2）为了使程序在不同的编译系统中，能访问更大的文件，“偏移量”一般用长整型（数值后加 L）表示。

表 11-2　起始位置的表示方法及含义

符号常量表示	数 字 表 示	代表的起始点
SEEK_SET	0	文件首
SEEK_CUR	1	文件当前位置
SEEK_END	2	文件尾

例如：

```
fseek(fp,100L,0);     表示将文件位置指针从文件首向前移动100个字节
fseek(fp,20L,1);      表示将文件位置指针从当前位置向前移动20个字节
fseek(fp,-10L,2);     表示将文件位置指针从文件尾向后移动10个字节
```

3. ftell()函数

ftell()函数调用的一般形式为：

```
ftell(文件指针);
```

函数的功能：返回文件指针所指向文件的当前读/写位置，用相对于文件首部的位移量（字节数）表示。

说明：ftell()函数的返回值为长整型，如果调用出错，函数返回值为-1L。

【例 11-7】 测试文件位置指针的当前位置。

源程序：

```
#include <stdio.h>
void main()
{
    FILE *fp;
    long position;
    int i;
    fp=fopen("f1.txt","w");
    position=ftell(fp);                    /* 文件打开后的读/写位置 */
    printf("position=%ld\n",position);
    for(i=1;i<5;i++)
        fputc(i+'0',fp);                   /* 向文件写4个字符 */
    position=ftell(fp);                    /* 写文件后，文件的读/写位置 */
    printf("position=%ld\n",position);
    fclose(fp);
}
```

程序运行结果：

```
position=0
position=4
```

程序打开后，文件位置指针指向文件首，所以相对文件首，位移量为 0，向文件写 1 个字符后，文件位置指针自动向前移动 1 个字节，写 4 个字符后，文件位置指针共向前移

动 4 个字节。

11.4.2 文件的随机读/写

调用文件位置指针定位函数 fseek()可以将文件位置指针定位到想要读/写的位置，然后就可对指定位置进行读/写。

【例 11-8】 在例 11-6 磁盘文件 D:\stud.dat 中存储 3 名学生信息，要求将第 2 名学生的信息读出。

分析：按“二进制只读”方式打开指定的磁盘文件，则文件位置指针指向文件的开头，然后将文件位置指针向前移动 sizeof(ST)字节，即定位到第 2 名学生的数据区起始位置，从当前位置读出该学生的信息即可。

源程序：

```
#include <stdio.h>
#include <stdlib.h>
typedef struct student
{
    int num;
    char name[20];
    float score;
}ST;
void main()
{
    FILE *fp;
    ST ss;
    if((fp=fopen("D:\\stud.dat","rb"))==NULL)    /* 二进制只读方式打开文件 */
    {
        printf("Can't open file\n");
        exit(1);
    }
    fseek(fp,sizeof(ST),0);    /* 文件位置指针定位到第2名学生的数据区起始位置 */
    printf("\nNo    Name    Score\n");
    fread(&ss,sizeof(ST),1,fp);           /* 读出当前位置学生的数据到变量ss */
    printf("%-6d%-8s%.1f\n",ss.num,ss.name,ss.score);
    fclose(fp);
}
```

程序运行结果：

```
No      Name    Score
102     li      98.5
```

本程序中，一名学生的数据占 sizeof(ST)字节的空间，所以调用函数 fseek(fp,sizeof(ST),0)即将文件位置指针定位到第 2 名学生数据区的起始位置，接下来读出的数据就是第 2 名学生的信息。例 11-6 实现的是顺序读，而本题实现的是随机读。

思考题：若要读出第 3 名学生的信息，上述程序应如何修改？

11.5　文件操作的出错检测

在对文件进行读/写操作的过程中，由于各种各样的原因，不可避免地会出现错误。可以通过函数的返回值检测这类错误，此外，还可以通过 C 语言提供的检查、处理文件读/写错误的函数实现。

11.5.1　ferror 函数

调用 ferror()函数的一般形式为：

```
ferror(文件指针);
```

函数的功能：检查文件读/写操作是否出错。

说明：

（1）ferror()函数返回值为 0，表示未出错；返回值为非零，表示出错。

（2）对同一个文件调用一次输入/输出函数就产生一个新的 ferror()值。因此，对文件执行一次读/写操作，就应及时检查 ferror()函数的值，以免数据丢失。

（3）执行 fopen()函数时，ferror()函数的初值自动置为 0。

11.5.2　clearerr 函数

调用 clearerr()函数的一般形式为：

```
clearerr(文件指针);
```

函数的功能：使文件指针所指向文件的出错标志和文件结束标志都置为 0。

说明：

（1）若对文件进行读/写出现错误，ferror()函数返回值为非零。调用 clearerr()函数后，ferror()函数的值变为 0。

（2）只要对文件进行读/写出现错误，错误标志就一直保留，除非对该文件调用 clearerr()函数或 rewind()函数或任何一个输入/输出函数。

本 章 小 结

1. 文件是计算机中的一个重要概念，是指存储在外部介质上的数据集合。C 语言中，根据文件的存储形式，可将文件分为 ASCII 码文件（文本文件）和二进制文件。

2. C 语言中，用一个文件指针变量指向一个文件。文件指针变量的类型是 FILE 型（必须大写），它是在 stdio.h 中定义的一种结构体类型。C 语言通过文件指针变量实现对文件的读、写和其他操作。

3. 文件使用前要用 fopen()函数打开。打开时，必须指明使用的方式，可以是只写、只读、追加和读写方式，同时必须指定文件的类型是二进制文件还是文本文件。文件使用后要用 fclose()函数关闭，以防数据丢失。

4．文件指针指向一个文件（文件信息区），文件读/写不会改变其指向。文件位置指针指向文件的当前读/写位置，文件读/写操作后，文件位置指针会发生变化。

5．C 语言提供了对文件进行顺序读/写的函数：fgetc()和 fputc()函数按字符读/写文件；fgets()和 fputs()函数按字符串读/写文件；fscanf()和 fprintf()函数按指定格式读/写文件；fread()和 fwrite()函数按数据块读/写文件，这两个函数一般用于二进制文件。

6．EOF 或−1 表示到达文本文件的末尾；用 feof()函数既可测试文本文件又可测试二进制文件的结束状态，feof(文件指针)为非 0 说明到达文件末尾。

7．C 语言可以对文件进行随机读/写，但需要通过调用 fseek()或 rewind()函数，将文件位置指针定位到需要的位置，再进行读/写。

习 题 十 一

一、单项选择题

1．在 C 语言中，关于数据文件的描述正确的是（　　）。

A．文件由二进制数据序列组成，C 语言只能读/写二进制文件

B．文件由 ASCII 码字符序列组成，C 语言只能读/写文本文件

C．文件由记录序列组成，按数据的存储形式分为二进制文件和文本文件

D．文件由数据流组成，按数据的存储形式分为二进制文件和文本文件

2．若要打开 D 盘中 user 子目录下名为 exp.txt 的文本文件进行读/写操作，符合此要求的函数调用是（　　）。

A．fopen("D:\user\exp.txt","r")　　B．fopen("D:\\user\\exp.txt","r+")

C．fopen("D:\user\exp.txt","rb")　　D．fopen("D:\user\\exp.txt","w")

3．在 C 语言程序中，可以把整型数以二进制形式存放到文件中的函数是（　　）。

A．fprintf 函数　　B．fread 函数

C．fwrite 函数　　D．fputc 函数

4．fscanf 函数的正确调用形式是（　　）。

A．fscanf(fp,格式字符串,输出表列)

B．fscanf(格式字符串,输出表列,fp)

C．fscanf(格式字符串,文件指针,输出表列)

D．fscanf(文件指针,格式字符串,输入表列)

5．函数 ftell(fp)的作用是（　　）。

A．得到流式文件中的当前位置　　B．移动流式文件的位置指针

C．初始化流式文件的位置指针　　D．以上答案均正确

6．函数调用语句：fseek(fp,−20L,2);的含义是（　　）。

A．将文件位置指针移到距离文件头 20 个字节处

B．将文件位置指针从当前位置向后移动 20 个字节

C．将文件位置指针从文件末尾处向后移动 20 个字节

D．将文件位置指针从当前位置向前移动 20 个字节

7．设 int a[5];，fp 是某个打开文件的文件指针，则下面函数调用语句中不正确的是（　　）。

A．fread(a,sizeof(int),5,fp);　　B．fread(&a[0],5*sizeof(int),1,fp);

C．fread(a[0],sizeof(int),5,fp);　　D．fread(a,5*sizeof(int),1,fp);

8．对文件操作的一般步骤是（　　）。

A．打开文件→操作文件→关闭文件　　B．操作文件→修改文件→关闭文件

C．读/写文件→打开文件→关闭文件　　D．读文件→写文件→关闭文件

9．已知函数的调用形式：fread(buffer,size,count,fp);，其中，buffer 代表的是（　　）。

A．一个整数，代表要读出的数据项总数

B．一个文件指针，指向要读的文件

C．一个指针，指向要读出数据的存放地址

D．一个变量，存放从文件读出的数据

10．下列对 C 语言文件读/写方式的叙述中正确的是（　　）。

A．只能顺序读/写　　B．只能随机读/写

C．可以顺序读/写，也可以随机读/写　　D．只能从文件的开头读/写

11．fgetc 函数的作用是从指定文件读出一个字符，该文件的打开方式必须是（　　）。

A．只写　　B．追加

C．读或读写　　D．答案 B 和 C 都正确

12．若 fp 已定义并指向某个文件，当未遇到该文件结束标志时，函数 feof(fp)的值为（　　）。

A．0　　B．1　　C．−1　　D．一个非 0 值

二、填空题

1．下面程序的功能是统计文件 t1.txt 中的字符数，请在程序中横线位置填入适当的代码。

```
#include <stdio.h>
#include <stdlib.h>
void main()
{
    ____①____;
    int n=0;
    if((fp=fopen("t1.txt","r"))==NULL)
    {
        printf("Can not open the file\n");
        exit(1);
    }
    while(____②____)
    {
        fgetc(fp);
        n++;
    }
    printf("Total=%d\n",n);
    ____③____;
}
```

2. 以下程序执行后的输出结果是________。

```
#include <stdio.h>
void main()
{
    FILE *fp;
    int i,k=0,n=0;
    fp=fopen("d1.dat","w");
    for(i=1;i<4;i++)
        fprintf(fp,"%d",i);
    fclose(fp);
    fp=fopen("d1.dat","r");
    fscanf(fp,"%d%d",&k,&n);
    printf("%d %d\n",k,n);
    fclose(fp);
}
```

3. 执行下列程序后，text.txt 文件的内容是________（假设文件能够正常打开）。

```
#include <stdio.h>
#include <stdlib.h>
void main()
{
    FILE *fp;
    char *s1="fortran",*s2="basic";
    if((fp=fopen("D:\\test.txt","wb"))==NULL)
    {
        printf("Can not open the file\n");
        exit(1);
    }
    fwrite(s1,7,1,fp);
    fseek(fp,0L,SEEK_SET);
    fwrite(s2,5,1,fp);
    fclose(fp);
}
```

三、编程题

1. 编写一个程序，从键盘键入一个文件名，然后将该文件中的小写字母替换成大写字母。

2. 有两个磁盘文件 file1.txt 和 file2.txt，各存放一串字符，要求把这两个文件中的信息按字符 ASCII 码升序合并，然后输出到一个新文件 file3.txt 中去。

3. 设计一个程序，实现任意文本文件的复制。

4. 从键盘输入若干名学生的信息（姓名、学号、三门课成绩），计算出每名学生的平均成绩，将输入数据及平均成绩存到磁盘文件 D:\stud.dat 中。

5. 将上题文件中的所有学生信息读出，平均成绩大于等于 60 分的学生记录存到文件 D:\pass.dat 中，平均成绩小于 60 分的学生记录存到另一文件 D:\fail.dat 中。

第 12 章　位　运　算

学习目标

1．理解位运算的概念，掌握各种位运算的规则。

2．掌握位运算常用的基本操作。

3．理解位段的概念。

4．利用位运算解决实际问题。

所谓“位运算”是指对二进制位进行的运算，前面各章学过的各种运算都是以字节为基本单位进行的。C 语言提供了位运算符，能够针对二进制位进行运算，例如，设置或屏蔽一个字节中的某一个或几个二进制位，使编程者能够方便地编写出各种控制程序、通信程序、设备驱动程序等。此外，为了节省信息的存储空间，使处理简便，C 语言还提供了一种称为“位段”的数据结构。本章主要介绍 6 个常用位运算符的运算规则及其应用，并简要介绍位段的基本概念。

12.1　位的基础知识

1. 位与字节

内存存储数据的基本单位是字节（Byte），一个字节由 8 个二进制位（bit）组成，每位的取值为 0 或 1，位是计算机中最小的存储单位。所有二进制位从右到左依次编号，最右侧的一位称为“最低位”，编号为 0，最左侧的一位称为“最高位”。

2. 数值数据在计算机中的表示

所有数据在计算机内都是以二进制形式存储的。数值数据可以有原码、反码和补码三种不同的表示形式，具体表示方法见附录 F，但在计算机内是以二进制补码形式进行运算、存储的（本章整型数据都以 16 位存储空间为例）。采用补码的原因是：

（1）能够统一+0 和−0 的表示。

+0 和−0 的原码和反码都不相同，而+0 和−0 的补码相同，都是 0000000000000000。

（2）对于有符号整数的运算，能够把符号位同数值位一起处理。

例如：−2+3=1，采用补码计算：1111111111111110($[-2]_{\text{补}}$)+ 0000000000000011($[3]_{\text{补}}$)=10000000000000001($[1]_{\text{补}}$)（左侧最高位 1 溢出、丢弃），结果是正确的。而采用原码和反码计算时结果都是错误的。

（3）能够简化运算规则。

例如：−2+3 相当于$[3]_{\text{补}}+[-2]_{\text{补}}=[1]_{\text{补}}$。这样能把减法计算转化为加法计算，在设计电子器件时，只需要设计加法器即可，不需要再单独设计减法器，简化了电子器件的设计。

12.2 位运算概述

与其他运算不同的是，位运算是以单独的二进制位为操作对象进行的。C 语言能够对整型数据和字符型数据的数据“位”直接操作，例如，将数据的某位设置为 1 或 0、查询某位的状态（1 或 0）。

12.2.1 位运算符

C 语言具有位运算的功能，因此，它可以像汇编语言一样，用于编写系统程序。C 语言提供了 6 个位运算符，这 6 个运算符及其说明如表 12-1 所示。

表 12-1 位运算符

<table>
<tr><th>运 算 符</th><th>含 义</th><th>结 合 性</th><th>目 数</th><th>使 用 格 式</th></tr>
<tr><td>～</td><td>按位取反</td><td>从右至左</td><td>单目</td><td>～a</td></tr>
<tr><td>&</td><td>按位与</td><td>从左至右</td><td>双目</td><td>a&b</td></tr>
<tr><td>|</td><td>按位或</td><td>从左至右</td><td>双目</td><td>a|b</td></tr>
<tr><td>^</td><td>按位异或</td><td>从左至右</td><td>双目</td><td>a^b</td></tr>
<tr><td><<</td><td>按位左移</td><td>从左至右</td><td>双目</td><td>a<<位数</td></tr>
<tr><td>>></td><td>按位右移</td><td>从左至右</td><td>双目</td><td>a>>位数</td></tr>
</table>

说明：

（1）表中的 a、b 和位数均为整型或字符型数据。按位取反为单目运算符，其余均为双目运算符。

（2）实际运算时，给定的操作数通常是八进制、十进制或十六进制形式，要将其转换成二进制后再进行位运算。

（3）参与位运算的数都是以补码形式出现的。

12.2.2 位运算符使用方法

设 a、b 是两个二进制位，a、b 的取值以及它们的按位逻辑运算规则如表 12-2 所示。

表 12-2 按位逻辑运算规则

<table>
<tr><th>a</th><th>b</th><th>～a</th><th>a&b</th><th>a^b</th><th>a|b</th></tr>
<tr><td>0</td><td>0</td><td>1</td><td>0</td><td>0</td><td>0</td></tr>
<tr><td>0</td><td>1</td><td>1</td><td>0</td><td>1</td><td>1</td></tr>
<tr><td>1</td><td>0</td><td>0</td><td>0</td><td>1</td><td>1</td></tr>
<tr><td>1</td><td>1</td><td>0</td><td>1</td><td>0</td><td>1</td></tr>
</table>

1. 按位取反运算符（～）

按位取反运算的功能是：对参与运算的数的各二进制位“取反”，即将原来的 0 变为 1，原来的 1 变为 0。

例如，若 char a=12;，则～a=−13，求～a 的算式如下：

```
  a:    ( 0 0 0 0 1 1 0 0 )  →12 的补码
～ a:   ( 1 1 1 1 0 0 1 1 )  →−13 的补码
```

其中，a=12 为正数，补码为：00001100。而按位取反后的 11110011 也是补码，根据补码求原码方法，由于符号位为 1，所以，～a 是个负数，只要将二进制数 11110011 补码的数值位按位取反末尾加 1，就是～a 的数值，得到数值为 13。所以，～a=−13。

利用按位取反运算，可实现对一个数据的各二进制位翻转。

2. 按位与运算符（&）

按位与运算的功能是：对参加运算的两个数，按二进制对应位进行“与”运算。只有对应的两个二进制位都为 1，结果位才为 1，否则为 0。即

0&0=0　1&0=0　（一个二进制位和 0 按位与，结果清零）

0&1=0　1&1=1　（一个二进制位和 1 按位与，保留原数）

例如，若 char a=41,b=14;，则 a&b=8，求 a &b 的算式如下：

```
     a:    ( 0 0 1 0 1 0 0 1 )  →41 的补码
     b:    ( 0 0 0 0 1 1 1 0 )  →14 的补码
-----------------------------------
  a &b:    ( 0 0 0 0 1 0 0 0 )  → 8 的补码
```

按位与运算的用途：

利用按位与运算，可实现保留（或清零）一个数的指定位。

例如，设操作数为 char a=41;，要求借助掩码 mask，通过“&”运算，保留操作数 a 的低 4 位，清零 a 的高 4 位。

分析：根据“&”的运算规则，对于操作数 a 中需保留的位，使 mask 对应位为 1，而操作数 a 中要清零的位，使 mask 对应位为 0 即可，故符合条件的 mask=00001111，a &mask 的算式如下：

```
      a:    ( 0 0 1 0 1 0 0 1 )  →41 的补码
   mask:    ( 0 0 0 0 1 1 1 1 )  →15 的补码
-----------------------------------
a &mask:    ( 0 0 0 0 1 0 0 1 )  → 9 的补码
```

思考题：如果想保留一个操作数的 0、7 位，而清零其他位，则掩码 mask 为多少？

3. 按位或运算符（|）

按位或运算的功能是：对参加运算的两个数，按二进制对应位进行“或”运算。只要对应的两个二进制位有一个为 1，该位的结果就为 1。即

0|0=0　1|0=1　（一个二进制位和 0 按位或，结果不变）

0|1=1　1|1=1　（一个二进制位和 1 按位或，结果置 1）

例如，若 char a=41,b=14;，则 a|b=47，求 a |b 的算式如下：

```
     a:    ( 0 0 1 0 1 0 0 1 )  →41 的补码
     b:    ( 0 0 0 0 1 1 1 0 )  →14 的补码
-----------------------------------
   a|b:    ( 0 0 1 0 1 1 1 1 )  →47 的补码
```

按位或运算的用途：

利用按位或运算，可实现将一个数的指定位置 1，其余位不变。

例如，设操作数为 char a=41;，要求借助掩码 mask，通过“|”运算，将 a 的高四位置 1，其余位不变。

分析：根据“|”的运算规则，对于操作数 a 中需置 1 的位，使 mask 对应位为 1，而

操作数 a 中不变的位，使 mask 对应位为 0 即可，故符合条件的 mask=11110000，a |mask 的算式如下：

a:	（ 0 0 1 0 1 0 0 1 ）	→41 的补码
mask:	（ 1 1 1 1 0 0 0 0 ）	→-16 的补码
a |mask:	（ 1 1 1 1 1 0 0 1 ）	→ -7 的补码

思考题：如果想保留一个操作数的高 3 位，而将低 5 位置 1，则掩码 mask 为多少？

4. 按位异或运算符（^）

按位异或运算的功能是：对参加运算的两个数，按二进制对应位进行“异或”运算。只要对应的两个二进制位不相同，则结果位为 1，否则为 0。即

0^0=0　　1^0=1　　（一个二进制位和 0 按位异或，结果不变）

0^1=1　　1^1=0　　（一个二进制位和 1 按位异或，结果翻转）

例如，若 char a=41,b=14;，则 a ^b=39，求 a ^b 的算式如下：

a:	（ 0 0 1 0 1 0 0 1 ）	→41 的补码
b:	（ 0 0 0 0 1 1 1 0 ）	→14 的补码
a ^b:	（ 0 0 1 0 0 1 1 1 ）	→39 的补码

按位异或运算的用途：

利用按位异或运算，可实现将一个数的指定位翻转，其余位不变。

例如，设操作数为 char a=41;，要求借助掩码 mask，通过“^”运算，将 a 的高 4 位翻转，其余位不变。

分析：根据“^”的运算规则，对于操作数 a 中需要翻转的位，使 mask 对应位为 1，而操作数 a 中不变的位，使 mask 对应位为 0 即可，故符合条件的 mask=11110000，a ^mask 的算式如下：

a:	（ 0 0 1 0 1 0 0 1 ）	→41 的补码
mask:	（ 1 1 1 1 0 0 0 0 ）	→-16 的补码
a ^mask:	（ 1 1 0 1 1 0 0 1 ）	→-39 的补码

此外，利用按位异或运算，可交换两个变量的值，而不需要借助临时变量。

例如：char a=5,b=8;，想要交换 a 和 b 的值，可用以下赋值语句实现：

a＝a^b;　　b＝b^a;　　a＝a^b;（注：a^b 等价于 b^a）

计算过程如下：

a: 5	（0 0 0 0 0 1 0 1）	
^b: 8	（0 0 0 0 1 0 0 0）	
a :13	（0 0 0 0 1 1 0 1）	→（a=a^b 的结果，a 由 5 变成了 13）
^b :8	（0 0 0 0 1 0 0 0）	
b:5	（0 0 0 0 0 1 0 1）	→（b=b^a 的结果，b 由 8 变成了 5）
^a :13	（0 0 0 0 1 1 0 1）	
a :8	（0 0 0 0 1 0 0 0）	→（a=a^b 的结果，a 由 13 变成了 8）

通过三次按位异或运算，变量 a 的值由 5 变成了 8，变量 b 的值由 8 变成了 5，即实现了 a 和 b 值的交换。

5. 左移运算符（<<）

左移运算的功能是：把运算符“<<”左侧运算数的各二进制位全部左移若干位，移动的位数由运算符“<<”右侧的数指定。其中，移出的高位被丢弃，空出的低位补 0。

例如：char a=15;，则 a<<2=60，求 a<<2 的算式如下：

```
      a:       ( 0 0 0 0 1 1 1 1 )  →15 的补码
  ------------------------------------
  a<<2:  ( 0 0|0 0 1 1 1 1|0 0 )    →60 的补码
              ↑              ↑
             丢弃            补 0
```

注意：左移会引起数据的变化，移出的高位被丢弃，低位补 0。

6. 右移运算符（>>）

右移运算的功能是：把运算符“>>”左侧运算数的各二进制位全部右移若干位，移动的位数由运算符“>>”右侧的数指定。其中，移出的低位被丢弃，空出的高位补位则分两种情况：

（1）对无符号数或有符号的正数，空出的高位补 0。

（2）对有符号的负数，右移时左边高位补 0 还是 1，取决于编译系统。若补 0，称为“逻辑右移”；若补 1，称为“算术右移”。

例如：char a=20;，则 a>>2=5，求 a>>2 的算式如下：

```
      a:        ( 0 0 0 1 0 1 0 0 )     →20 的补码
  ------------------------------------
  a>>2:         ( 0 0|0 0 0 1 0 1 |0 0)  →5 的补码
                    ↑              ↑
                   补 0            丢弃
```

注意：右移会引起数据的变化，移出的低位被丢弃，高位补 0 还是 1，取决于数据的类型和编译系统。

7. 关于位运算的几点说明

（1）除按位取反运算符外，其他几个位运算符都可以与赋值运算符组合使用，构成复合赋值运算符。

例如：&=，|=，^=，<<=，>>=。

其中，a & = b 相当于 a = a & b，a << =2 相当于 a = a << 2。

（2）不同长度的数据进行位运算时，系统会将二者按右端对齐。位数少的数据要补满高位，使其和位数多的数据长度相同。若位数少的数为有符号正数或无符号数，则左侧空位应补满 0；若位数少的数为负数，则左侧空位应补满 1。

12.2.3 应用举例

【例 12-1】 取一个整数 a 从右端开始的 3～7 位。

分析：要取出 a 从右端开始的 3～7 位，需要分以下几步进行：

（1）先将 a 右移 3 位，使要取出的那 5 位移到最右端，如图 12-1 所示。

实现方法：a >> 3。

（2）设置一个低 5 位全为 1，其余位全为 0 的数。

实现方法：～(～0<<5)。

（3）对上面的两个运算结果进行“&”运算，就能将这 5 位保留下来。

即：(a >> 3)&(～(～0<<5))。

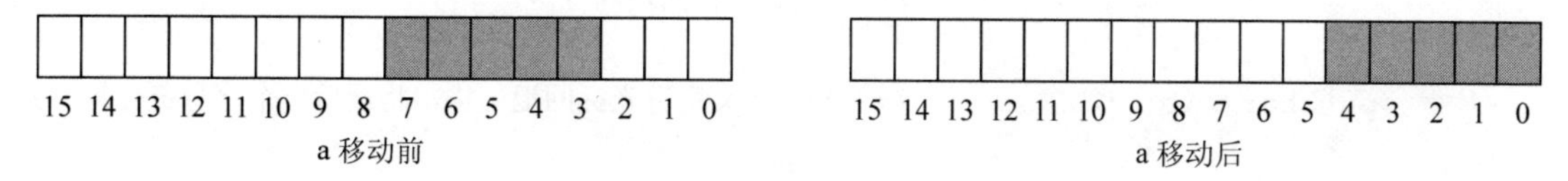

图 12-1 a 移动前后示意图

源程序：

```
void main()
{
    unsigned a,b,c,d;
    scanf("%u",&a);              /* 输入一个无符号十进制数a */
    b=a>>3;                      /* 将a右移3位 */
    c=～(～0<<5);                 /* 构造一个低5位全为1、其余位全为0的数c */
    d=b&c;                       /* 取出a从右端开始的3～7位 */
    printf("a:十进制%u,八进制%o\n",a,a);
    printf("d:十进制%u,八进制%o\n",d,d);
}
```

程序运行结果：

```
88↙
a:十进制88,八进制130          /* a的二进制位为：00000000 01011000 */
d:十进制11,八进制13           /* d的二进制位为：00000000 00001011 */
```

输出结果 d 的低 5 位就是原来的数 a 从右端开始的 3～7 位。

【例 12-2】 从键盘输入一个正整数，按二进制形式输出这个数。

分析：要输出一个数的二进制形式，即将这个数的二进制位从高位到低位一位一位的输出，可以用位运算实现。每次取出这个二进制数的最高位输出，然后再将这个数左移一位，继续取出最高位并输出，直到输出所有二进制位为止。

源程序：

```
void main()
{
    unsigned n,b,i;
    printf("input n:");
    scanf("%u",&n);
    printf("十进制:%u\n",n);
    b=1<<15;                          /* 构造一个最高位为1，其余位为0的数 */
    printf("对应二进制:");
    for(i=1;i<=16;i++)
    {
        putchar(n&b?'1':'0');         /* 输出最高位：0或1 */
```

```
        if(i%4==0)
            putchar(',');    /* 4个二进制位为一组，用逗号分隔 */
        n<<=1;               /* 将次高位移到最高位 */
    }
    putchar('\b');           /* '\b'转义字符光标回退一格，将最后一个逗号覆盖掉 */
}
```

程序运行结果：

```
input n:524↙
十进制:524
对应二进制:0000,0010,0000,1100
```

12.3 位　段

信息的存取一般以字节为单位。实际上，有时存储一个信息不必用一个或多个字节，例如：存放一个开关量，只有 0 和 1 两个状态，只需一个二进制位即可；计算机用于过程控制、参数检测等领域时，控制信息往往只占一个字节中的一个或几个二进制位。那么，怎样对一个二进制位或几个二进制位进行读写？可以人为地将一个整型变量分为几部分，但是，这种方法太麻烦，而用位段实现则比较方便。

1. 位段的定义

为了节省存储空间，并使处理简便，C 语言提供了一种称为“位域”或“位段”的数据结构。所谓位段，是把一个字节中的二进制位划分为几个不同的区域，并说明每个区域的位数。每个域有一个域名，允许在程序中按域名进行操作。这样就可以把几个不同的对象用一个字节的二进制位段来表示。

位段本质上是一种结构体类型，不过其成员是按二进制位分配的，以位为单位来指定其成员所占内存长度。

位段定义的一般形式为：

```
struct 位段结构名
{    位段列表 };
```

其中，位段列表的一般形式为：

```
类型说明符 位段名:位段长度;
```

例如：

```
struct bits
{
    int a:2;
    int b:6;
    int c:4;
    int d:4;
};
```

2. 位段变量的说明

位段变量的定义与结构体变量的定义类似，可以采用先定义后声明、定义同时声明或直接声明三种方式。

例如：

```
struct bits
{
    int a:2;
    int b:6;
    int c:4;
    int d:4;
};
struct bits data;
```

位段变量 data 的定义，采用先定义后声明的方式，声明 data 为 struct bits 类型变量，共占 2 个字节，如图 12-2 所示。其中，位段 a 占 2 位，位段 b 占 6 位，位段 c 占 4 位，位段 d 占 4 位。

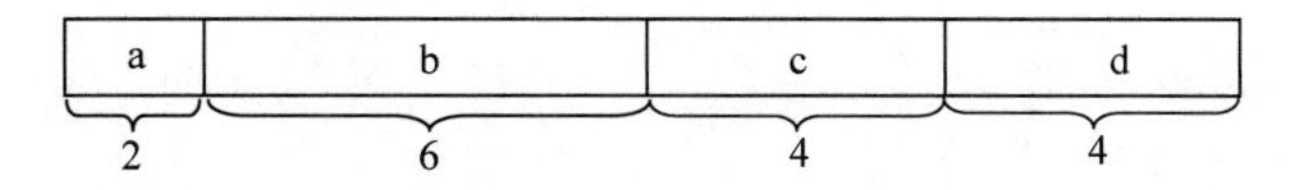

图 12-2　位段变量 data 各成员的存储

3. 关于位段定义的几点说明

（1）位段成员的类型必须为 unsigned 类型或 int 类型。

（2）一个位段必须存储在同一个字节中，不能跨两个字节。若一个字节所剩空间不够存放另一位段时，应从下一单元起存放该位段。也可以有意使某位段从下一单元开始。

例如：

```
struct bits
{
    unsigned a :6;
    unsigned   :0;       /* 空域 */
    unsigned b :4;       /* 从本单元开始存放 */
    unsigned c :4;
};
```

在这个位段定义中，a 占第一字节的前 6 位，后 2 位填 0 表示不使用，b 从第二字节开始，占用前 4 位，c 占用后 4 位。

（3）由于位段不允许跨两个字节，因此，位段的长度不能大于一个字节的长度，也就是说不能超过 8 位二进制位。

（4）位段可以无位段名，这时它只用来填充或调整位置。无名的位段是不能使用的。

例如：

```
struct ps
```

```
{
    int a :3;
    int   :2;                  /* 这2位不能使用 */
    int b :2;
    int c :1;
};
```

4. 位段的使用

位段的使用和结构体成员的使用相同，其一般形式为：

位段变量名.位段名

【例 12-3】 位段的使用。

源程序：

```
void main()
{
    struct bits
    {
        unsigned a:2;
        unsigned b:2;
        unsigned c:4;
    }bs;
    bs.a=1;                 /* 本位置开始的三条语句给各位段赋值 */
    bs.b=3;
    bs.c=5;
    printf("位段原值: %u,%u,%u\n",bs.a,bs.b,bs.c);
    bs.a+=1;                /* 本位置开始的三条语句对各位段值进行运算 */
    bs.b&=1;
    bs.c<<=1;
    printf("位段新值: %u,%u,%u\n",bs.a,bs.b,bs.c);
}
```

程序运行结果：

```
位段原值: 1,3,5
位段新值: 2,1,10
```

本 章 小 结

1. 位运算是以二进制位为单位进行的。位运算有逻辑运算和移位运算两类。除按位取反运算符外，其他 5 个位运算符都可以与赋值符组合在一起构成复合赋值符。

2. 参与位运算的数据都是以补码形式出现的，利用位运算可以实现对数据的置位、位清零、移位等操作。

3. 位段在本质上也是结构体类型，不过，其成员是按二进制位分配内存的。其定义、说明及使用的方式都与结构体类似。使用位段可以节省存储空间，同时提高程序的效率。

习 题 十 二

一、单项选择题

1. 下面程序的输出结果是（　　）。

```
void main()
{
    char x=15;
    printf("%d",x<<2);
}
```

A. 30　　B. 60　　C. 13　　D. 150

2. 下面程序段中，c 的二进制值是（　　）。

```
char a=3,b=5,c;
c=a|b<<2;
```

A. 00000111　　B. 00010110　　C. 00010111　　D. 00011111

3. 下面程序的输出结果是（　　）。

```
void main()
{
    int a=5,b=6,c=1,d=2,m=3,n=4;
    printf("%d",(m=a>b)|(n=c>d));
}
```

A. 0　　B. 1　　C. 2　　D. 3

4. 以下叙述中不正确的是（　　）。

A. a&=b 等价于 a=a&b　　B. a|=b 等价于 a=a|b

C. a!=b 等价于 a=a!b　　D. a^=b 等价于 a=a^b

5. 设有定义语句：char a=5,b=5;，则以下表达式中值为 0 的是（　　）。

A. a^b　　B. a&b　　C. ～a　　D. a|b

二、填空题

1. 设 x=11001110，若要通过 x&y 运算，使 x 的低 4 位不变，高 4 位清零，则 y 的二进制数是________。

2. 下面程序的运行结果是________。

```
void main()
{
    int a=1,b=2;
    if(a&b) printf("****\n");
    else   printf("####\n");
}
```

3．下面程序的运行结果是________。

```
void main()
{
    int x=3,y=2,z=2;
    printf("%d",x/y&~z);
}
```

4．下面程序的运行结果是________。

```
void main()
{
    int x=3,y=2;
    x=x^y;
    y=y^x;
    x=x^y;
    printf("%d,%d\n",x,y);
}
```

三、编程题

1．将无符号字符型数据c的右数第1、3、5、6位保留（右起最低位为第0位），其他位翻转，构成一个新的数c，并输出。

2．输入两个无符号字符型数据a和b，由a和b生成一个新的数c。要求：

（1）将a的低4位作为c的高4位，b的高4位作为c的低4位。

（2）分别用十进制和十六进制输出a、b、c的值。

附录 A C 语言中的关键字

关键字	作　用	关键字	作　用
auto	声明自动变量	break	跳出当前循环或 switch 语句
case	开关语句分支	char	声明字符型变量、数组或函数
const	声明只读变量	continue	结束本轮循环，进入下一轮循环
default	开关语句中的“其他”分支	do	循环语句的循环体
double	声明双精度浮点型变量、数组或函数	else	条件语句否定分支（与 if 连用）
enum	声明枚举类型	extern	声明变量或函数在其他文件或本文件的其他位置定义
float	声明单精度浮点型变量、数组或函数	for	一种循环语句
goto	无条件跳转语句	if	条件语句
int	声明整型变量、数组或函数	long	声明长整型变量、数组或函数
register	声明寄存器变量	return	函数返回语句
short	声明短整型变量、数组或函数	signed	声明有符号类型变量、数组或函数
sizeof	计算数据类型或变量的长度（即所占字节数）	static	声明静态变量
struct	声明结构体类型	switch	用于开关语句
typedef	给数据类型取别名	union	声明共用体类型
unsigned	声明无符号类型变量、数组或函数	void	声明函数无返回值或无参数，声明无类型指针
volatile	说明变量在程序执行中可被隐含地改变	while	循环语句的循环条件

注：上面列出的 32 个关键字是 ANSI C 规定的，不同的编译系统可能会增加一些关键字。

附录B 运算符的优先级与结合性

<table>
<tr><th>优先级</th><th>运 算 符</th><th>含 义</th><th>类 型</th><th>结合方向</th><th>示 例</th></tr>
<tr><td>1
（最高）</td><td>()
[]
→
.</td><td>圆括号，函数参数表
数组元素下标
指向结构体成员
结构体成员</td><td></td><td>自左至右</td><td>(a+b)/2
a[3]
p→x
x.data</td></tr>
<tr><td>2</td><td>!
~
++（前缀）
--（前缀）
+
-
(类型)
*
&
sizeof</td><td>逻辑非
按位取反
自增1
自减1
正运算符
负运算符
强制类型转换
指针运算符
求地址运算符
求长度运算符</td><td>单目运算符</td><td>自右至左</td><td>!x
~x
++i
--i
+2
-3
(int)(2.5+a)
*p=2
&a[i]
sizeof(int)</td></tr>
<tr><td>3</td><td>*
/
%</td><td>乘法
除法
求余</td><td>双目运算符</td><td>自左至右</td><td>x=a*b
x=1/2.0
r=m%n</td></tr>
<tr><td>4</td><td>+
-</td><td>加法
减法</td><td>双目运算符</td><td>自左至右</td><td>y=x+1
a=b-1</td></tr>
<tr><td>5</td><td><<
>></td><td>左移
右移</td><td>双目运算符</td><td>自左至右</td><td>a<<2
b>>1</td></tr>
<tr><td>6</td><td><
<=
>
>=</td><td>小于
小于等于
大于
大于等于</td><td>双目运算符</td><td>自左至右</td><td>a<b
a<=b
x>y
x>=y</td></tr>
<tr><td>7</td><td>==
!=</td><td>等于
不等于</td><td>双目运算符</td><td>自左至右</td><td>a==b
x!=y</td></tr>
<tr><td>8</td><td>&</td><td>按位与</td><td>双目运算符</td><td>自左至右</td><td>a&b</td></tr>
<tr><td>9</td><td>^</td><td>按位异或</td><td>双目运算符</td><td>自左至右</td><td>a^b</td></tr>
<tr><td>10</td><td>|</td><td>按位或</td><td>双目运算符</td><td>自左至右</td><td>a|b</td></tr>
<tr><td>11</td><td>&&</td><td>逻辑与</td><td>双目运算符</td><td>自左至右</td><td>a>b&&x>y</td></tr>
<tr><td>12</td><td>||</td><td>逻辑或</td><td>双目运算符</td><td>自左至右</td><td>a>b||x>y</td></tr>
<tr><td>13</td><td>? :</td><td>条件运算</td><td>三目运算符</td><td>自右至左</td><td>y=a>b?a:b</td></tr>
</table>

续表

优先级	运 算 符	含 义	类 型	结合方向	示 例
14	= += -= *= /= %= >>= <<= &= ^= |=	赋值与复合赋值运算	双目运算符	自右至左	y=x x%=a+1
15	++（后缀） --（后缀）	自增 1 自减 1	单目运算符	自右至左	i++ i--
16 （最低）	,	逗号运算		自左至右	x=(a=1,b=2,a+b)

注：

（1）不同优先级的运算符混合运算，先计算优先级高的，后计算优先级低的。

（2）对于相同级别的运算符，按结合方向进行计算。

（3）不同的运算符要求的操作对象不同。单目运算符需要一个运算对象，双目运算符需要两个运算对象，条件运算符是唯一的三目运算符，要求三个操作对象。

附录 C 常用标准库函数

ANSI C 标准提供了数百个库函数，本附录只列出最基本的常用库函数，包括数学函数、字符函数、输入/输出函数、字符串函数、时间函数等，其他函数的使用请参考有关手册。

1. 数学函数（使用时要求在源文件开头包含头文件 math.h）

函数名	函 数 原 型	功 能	返 回 值
abs	int abs(int x)	求|x|的值	计算结果
acos	double acos(double x)	求 arccos(x)的值（-1≤x≤1）	计算结果
asin	double asin(double x)	求 arcsin(x)的值（-1≤x≤1）	计算结果
atan	double atan(double x)	求 arctan(x)的值	计算结果
atan2	double atan2(double x,double y)	求 arctan(x/y)的值	计算结果
cos	double cos(double x)	求 cos(x)的值（x 为弧度）	计算结果
cosh	double cosh(double x)	求 cosh(x)的值	计算结果
exp	double exp(double x)	求 e^x 的值	计算结果
fabs	double fabs(double x)	求|x|的值	计算结果
floor	double floor(double x)	求不大于 x 的最大整数	该整数的双精度实数
fmod	double fmod(double x,double y)	求 x/y 的余数	返回余数的双精度数
frexp	double frexp(double val,int *eptr)	将双精度数 val 分解为数字部分 x 和以 2 为底的指数 n，即 val=2^n。n 存放在 eptr 指向的整型变量中	返回数字部分 x（0.5≤x<1）
log	double log(double x)	求 $\log_e x$ 的值，即 lnx	计算结果
log10	double log10(double x)	求 $\log_{10} x$ 的值	计算结果
modf	double modf(double val,double *iptr)	将双精度数 val 分解为整数部分和小数部分，整数部分存放在 iptr 指向的整型变量中	val 的小数部分
pow	double pow(double x,double y)	求 x^y 的值	计算结果
sin	double sin(double x)	求 sin(x)的值（x 为弧度）	计算结果
sinh	double sinh(double x)	求 sinh(x)的值	计算结果
sqrt	double sqrt(double x)	求 $\sqrt{x}$ 的值（x≥0）	计算结果
tan	double tan(double x)	求 tan(x)的值（x 为弧度）	计算结果
tanh	double tanh(double x)	求 tanh(x)的值	计算结果

2. 字符函数（使用时要求在源文件开头包含头文件 ctype.h）

函数名	函数原型	功　　能	返　回　值
isalnum	int isalnum(int ch)	检查 ch 是否是字母或数字	是，返回非 0；不是，返回 0
isalpha	int isalpha (int ch)	检查 ch 是否是字母	是，返回非 0；不是，返回 0
iscntrl	int iscntrl (int ch)	检查 ch 是否是控制字符	是，返回非 0；不是，返回 0
isdigit	int isdigit (int ch)	检查 ch 是否是数字	是，返回非 0；不是，返回 0
isgraph	int isgraph(int ch)	检查 ch 是否是可打印字符，不包括空格	是，返回非 0；不是，返回 0
islower	int islower(int ch)	检查 ch 是否是小写字母	是，返回非 0；不是，返回 0
isprint	int isprint(int ch)	检查 ch 是否是打印字符，包括空格	是，返回非 0；不是，返回 0
ispunct	int ispunct(int ch)	检查 ch 是否是标点字符	是，返回非 0；不是，返回 0
isspace	int isspace(int ch)	检查 ch 是否是空格、跳格符或换行符	是，返回非 0；不是，返回 0
isupper	int isupper(int ch)	检查 ch 是否是大写字母	是，返回非 0；不是，返回 0
isxdigit	int isxdigit(int ch)	检查 ch 是否是一个 16 进制数字字符	是，返回非 0；不是，返回 0
tolower	int tolower(int ch)	将 ch 字符转换为小写字母	返回 ch 字符的小写字母
toupper	int toupper(int ch)	将 ch 字符转换为大写字母	返回 ch 字符的大写字母

3. 输入/输出函数（使用时要求在源文件开头包含头文件 stdio.h）

函数名	函数原型	功　　能	返　回　值
fclose	int fclose(FILE *fp)	关闭 fp 所指的文件，释放文件缓冲区	出错，返回非 0 值；否则，返回 0
feof	int feof(FIEL *fp)	判断文件是否结束	遇文件结束，返回非 0 值；否则，返回 0
fgetc	int fgetc(FIEL *fp)	从 fp 所指的文件中读取一个字符	出错，返回-1；否则，返回所读字符
fgets	char *fgetc(char *s, int n, FILE *fp)	从 fp 所指的文件中读取一个长度为 n–1 的字符串，存入 s 所指的存储区	返回 s 所指存储区地址；若遇文件结束或出错，返回 NULL
fopen	FILE *fopen(char *filename, char *mode)	以 mode 指向的方式打开名为 filename 的文件	成功，返回文件信息区的起始地址；否则，返回 NULL
fprintf	int fprintf(FILE *fp, char *format, args,…)	把 args 的值以 format 指定的格式输出到 fp 指向的文件中	成功，返回实际输出的字符数；否则，返回-1
fputc	int fputc(char c, FILE *fp)	将 c 中的字符输出到 fp 指向的文件	成功，返回该字符；否则，返回-1
fputs	int fputs(char *s,FILE *fp)	将 s 所指字符串输出到 fp 指向的文件	成功，返回 0；否则，返回非 0
fread	int fread(char *buffer,unsigned size,unsigned n,FILE *fp)	从 fp 指向的文件中读取长度为 size 的 n 个数据块存到 buffer 指向的存储区	返回读取的数据块个数；若遇文件结束或出错，返回 0

续表

函数名	函数原型	功　能	返回值
fscanf	int fscanf(FILE *fp,char *format,args,…)	从 fp 指向的文件中按 format 指定的格式把输入数据存入到 args 所指的内存区	成功，返回读入的数据个数；否则，返回-1
fseek	int fseek(FILE *fp,long offset, int base)	将 fp 指向文件的位置指针移到以 base 位置为基准、offset 为偏移量的位置	成功，返回当前位置；否则，返回-1
ftell	long ftell(FILE *fp)	求出 fp 所指文件当前的读写位置	读/写位置
fwrite	int fwrite(char *buffer,unsigned size,unsigned n,FILE *fp)	把 buffer 指向的 n*size 个字节内容输出到 fp 所指向的文件	写到 fp 文件中的数据项个数
getchar	int getchar(void)	从标准输入设备读取一个字符	返回所读字符；若出错或文件结束，返回-1
gets	char *gets(char *str)	从标准输入设备读取一个字符串，并存入 str 指向的存储区	成功，返回 str 的值；否则，返回 NULL
printf	int printf(char *format,args,…)	把 args 的值以 format 指定的格式输出到标准输出设备	输出字符的个数；若出错，返回负数
putchar	int putchar(char c)	把 c 中的字符输出到标准输出设备	返回输出的字符；若出错，返回-1
puts	int puts(char *s)	把 s 指向的字符串输出到标准输出设备，将'\0'转换成回车换行符	返回换行符；若失败，返回-1
rename	int rename(char *oldname,char *newname)	将 oldname 指向的文件名改为由 newname 指向的文件名	成功，返回 0；出错，返回-1
rewind	void rewind(FILE *fp)	将文件位置指针置于文件开头位置	无
scanf	int scanf(char *format,args,…)	从标准输入设备按 format 指定的格式把输入数据存入到 args 指向的内存中	返回已输入的数据个数；出错，返回 0

4. 字符串函数（使用时要求在源文件开头包含头文件 string.h）

函数名	函数原型	功　能	返回值
strcat	char *strcat(char *s1,char *s2)	将字符串 s2 连接到字符串 s1 后面，原来 s1 的'\0'被取消	返回指向 s1 的指针
strchr	char *strchr(char *s,int c)	在字符串 s 中找出第一次出现 c 的位置	返回该位置的指针；若找不到，返回空指针
strcmp	int strcmp(char *s1,char *s2)	比较字符串 s1 和字符串 s2	s1<s2，返回负数 s1=s2，返回 0 s1>s2，返回正数
strcpy	char *strcpy(char *s1,char *s2)	将字符串 s2 拷贝到 s1 中	返回 s1 的指针
strlen	unsigned int strlen(char *s)	统计字符串 s 中'\0'之前字符个数	返回字符个数

续表

函数名	函数原型	功　能	返　回　值
strlwr	char *strlwr(char *s)	将字符串 s 中大写字母转换为小写字母	返回 s 的指针
strstr	char *strstr(char *s1,char *s2)	在字符串 s1 中找出字符串 s2 第一次出现的位置	返回该位置的指针；若找不到，返回空指针
strupr	char *strupr(char *s)	将字符串 s 中小写字母转换为大写字母	返回 s 的指针

5. 其他函数（使用时要求在源文件开头包含头文件 stdlib.h）

函数名	函数原型	功　能	返　回　值
malloc	void *malloc(unsigned s)	分配一个 s 字节的存储空间	返回分配存储空间的地址；若不成功，返回 0
calloc	void *calloc(unsigned n, unsigned s)	分配 n 个数据项的内存空间，每个数据项的大小为 s 字节	返回分配存储空间的地址；若不成功，返回 0
realloc	void *realloc(void *p, unsigned s)	将 p 指向的内存区大小改为 s 字节	新分配存储空间的地址；若不成功，返回 0
free	void free(void *p)	释放 p 指向的内存区	无
rand	int rand(void)	产生伪随机数	返回所产生的整数
exit	void exit(int status)	使程序立刻终止	无

附录 D　C 语言常见语法符

符号	名　称	用　法	功　能	说明及示例
;	语句结束符	语句末尾	一个语句的结束	如：int a,b;
	for 语句控制分隔符	for 控制部分，使用两个;	3 个控制表达式的分隔	如：for(i=1;i<=10;i++)
,	参数分隔符	多个形参之间、实参之间	参数分隔	如：int max(int x,int y) max(a,b)
	变量分隔符	定义同类型多个变量之间	变量分隔	如：int a,b,c;
	表达式分隔符	多个表达式之间	表达式分隔	如：a=2,a+2,a+b
:	语句行符	语句行号与语句之间	语句行号与语句分隔	如：loop:s=s+i;
		switch 语句各入口与语句之间	switch 语句入口与语句分隔	如：switch(x) { case 0: y=y+1; case 1: y=y−1; }
空格	空格符	关键字和变量名之间必须加空格	语法规定	如：int a, b;

		逗号后面、二目运算符的两边、类型与指针说明符*之间以及代码中间的分号后面建议加空格	提高程序的可读性	如：int x, y;
				a += b;
				char　*p;
				for(i=1; i<=10; i++)

Tab	Tab 符	常用于下一层次相对于上一层次的缩进	层次清楚，提高程序的可读性	一次使用个数不限，如：
				for(i=1;i<=10;i++)
				s+=i;

回车	回车符	常用于一条语句的末尾	防止一行代码过长，提高程序的可读性	习惯上一行一条语句、一条语句一行
\	转义字符符号	\1 个特定字符	表示一个特定的可见或不可见字符	如：'\n'表示"换行"
		\不超过 3 位的 8 进制数	表示以这个 8 进制数为 ASCII 码的字符	如：'\101'表示字符'A'
		\x 不超过 2 位的 16 进制数	表示以这个 16 进制数为 ASCII 码的字符	如：'\41'表示字符'A'
		\\	\字符	
' '	单字符符号	一个字符或转义字符的两侧	一个字符	如：'a'、'\0'
		\'	'字符	

续表

符号	名　　称	用　　法	功　　能	说明及示例
" "	字符串符号	一个字符串的两侧，空字符串的两侧	一个字符串	存储时末尾自动加串结束标记'\0'，如："abcd"、""
		\"	"字符	
%	格式符号	%特定字符	输入输出格式	符号同求余运算符，如：%d、%c、%f
		%%	%字符	
()	函数符号	定义函数时，标识符()	表示这个标识符是函数名	符号同优先级提高运算符，如：max(a,b)
[]	数组符号	定义数组时，标识符[]	表示这个标识符是数组名	符号同访问数组元素时的下标运算符，如：int a[10];
*	指针符号	定义变量时，放在变量名前面	表示这个变量是指针变量	符号同间接访问运算符、乘法运算符，如：int *p;

附录 E　标准 ASCII 字符编码表

十进制	十六进制	字符	十进制	十六进制	字符	十进制	十六进制	字符
0	0	(null)	29	1D	↔	58	3A	:
1	1	☺	30	1E	▲	59	3B	;
2	2	☻	31	1F	▼	60	3C	<
3	3	♥	32	20	(space)	61	3D	=
4	4	♦	33	21	!	62	3E	>
5	5	♣	34	22	"	63	3F	?
6	6	♠	35	23	#	64	40	@
7	7	(beep)	36	24	$	65	41	A
8	8	◘	37	25	%	66	42	B
9	9	(tab)	38	26	&	67	43	C
10	A	(line feed)	39	27	'	68	44	D
11	B	(home)	40	28	(	69	45	E
12	C	(form feed)	41	29	)	70	46	F
13	D	(carriage return)	42	2A	*	71	47	G
14	E	♫	43	2B	+	72	48	H
15	F	☼	44	2C	,	73	49	I
16	10	►	45	2D	–	74	4A	J
17	11	◄	46	2E	.	75	4B	K
18	12	↨	47	2F	/	76	4C	L
19	13	‼	48	30	0	77	4D	M
20	14	¶	49	31	1	78	4E	N
21	15	§	50	32	2	79	4F	O
22	16	▬	51	33	3	80	50	P
23	17	↨	52	34	4	81	51	Q
24	18	↑	53	35	5	82	52	R
25	19	↓	54	36	6	83	53	S
26	1A	→	55	37	7	84	54	T
27	1B	←	56	38	8	85	55	U
28	1C	∟	57	39	9	86	56	V

续表

十进制	十六进制	字符	十进制	十六进制	字符	十进制	十六进制	字符
87	57	W	101	65	e	115	73	s
88	58	X	102	66	f	116	74	t
89	59	Y	103	67	g	117	75	u
90	5A	Z	104	68	h	118	76	v
91	5B	[	105	69	i	119	77	w
92	5C	\	106	6A	j	120	78	x
93	5D	]	107	6B	k	121	79	y
94	5E	^	108	6C	l	122	7A	z
95	5F	_	109	6D	m	123	7B	{
96	60	`	110	6E	n	124	7C		
97	61	a	111	6F	o	125	7D	}
98	62	b	112	70	p	126	7E	~
99	63	c	113	71	q	127	7F	DEL
100	64	d	114	72	r			

注：十进制 0～31 之间的字符为控制字符，十进制 32～127 之间的字符为非控制字符。

附录 F　进制及其转换，原码、反码与补码

在计算机中，存储、传输、处理的都是二进制数据。同时，为了方便负数的处理，采用了原码、反码和补码三种不同的编码方式。

在 C 语言程序中，可以使用十进制、八进制和十六进制数据。

1. 进制及其转换

（1）进制

进制也称为进位计数制，主要有进位规则、采用的基本数码和位权。

采用的基本数码的个数称为进制数的基数。位权是以基数为底的幂，数码所在的位置越高对应的位权也越大。例如，十进制数中，小数点左边第 1 位即个位的位权是 10^0、左边第 2 位即十位的位权是 10^1……小数点右边第 1 位的位权为 10^{-1}，右边第 2 位的位权是 10^{-2}，依此类推。

① 十进制

十进制的进位规则是逢十进一，使用 0～9 共十个数码。从小数点左侧第 1 位开始，向左各位的位权依次是 10^0、10^1……从小数点右边第 1 位开始，向右各位的位权依次为 10^{-1}、10^{-2}……。

例如，十进制数 7436.29 可以表示为：

$$7436.29= 7\times10^3+4\times10^2+3\times10^1+6\times10^0+2\times10^{-1}+9\times10^{-2}$$

② 二进制

二进制的进位规则是逢二进一，使用 0 和 1 两个数码。从小数点左侧第 1 位开始，向左各位的位权依次是 2^0、2^1……从小数点右边第 1 位开始，向右各位的位权依次为 2^{-1}、2^{-2}……。

③ 八进制

八进制的进位规则是逢八进一，使用 0～7 共八个数码。从小数点左侧第 1 位开始，向左各位的位权依次是 8^0、8^1……从小数点右边第 1 位开始，向右各位的位权依次为 8^{-1}、8^{-2}……。

④ 十六进制

十六进制的进位规则是逢十六进一，使用十六个数码，分别是 0～9、A～F（或 a~f）。从小数点左侧第 1 位开始，向左各位的位权依次是 16^0、16^1……从小数点右边第 1 位开始，向右各位的位权依次为 16^{-1}、16^{-2}……。

二进制、十进制、八进制和十六进制这 4 种进制之间的对应关系如表 F-1 所示。

表 F-1　4 种进制之间的对应关系

十进制	二进制	八进制	十六进制	十进制	二进制	八进制	十六进制
0	0000	0	0	8	1000	10	8
1	0001	1	1	9	1001	11	9
2	0010	2	2	10	1010	12	A
3	0011	3	3	11	1011	13	B
4	0100	4	4	12	1100	14	C
5	0101	5	5	13	1101	15	D
6	0110	6	6	14	1110	16	E
7	0111	7	7	15	1111	17	F

为了区分不同进制的数，在书写时可以使用两种不同的表示方法。

一种方法是将数字用括号括起来，在括号的右下角写上基数。例如，$(1011)_2$、$(375)_8$、$(129)_{10}$、$(2F)_{16}$。

另一种方法是在数的后面加上一个代表进制数的字母。B 表示二进制、O 表示八进制、D 表示十进制、H 表示十六进制。例如，1011B、375O、129D、2FH。

（2）不同进制间的转换

① r 进制数转换成十进制数

这里 r 表示二进制、八进制、十六进制。

把 r 进制数转换成十进制数，通常采用按权展开相加的方法，即将 r 进制数的各位数码乘以该位的位权后累加。

例如：

$$(1011.11)_2 = 1\times2^3 + 0\times2^2 + 1\times2^1 + 1\times2^0 + 1\times2^{-1} + 1\times2^{-2} = (11.75)_{10}$$

$$(123.4)_8 = 1\times8^2 + 2\times8^1 + 3\times8^0 + 4\times8^{-1} = (83.5)_{10}$$

$$(3AF.4)_{16} = 3\times16^2 + 10\times16^1 + 15\times16^0 + 4\times16^{-1} = (943.25)_{10}$$

② 十进制数转换成 r 进制数

把十进制数转换成 r 进制数需要分为两部分进行。

整数部分采用除以 r 取余数的方法。“除 r 取余法”的转换规律是：用十进制数的整数部分整除 r，得到一个商数和一个余数；再将商数继续整除 r，又得到一个商数和一个余数。继续这个过程，直到商为 0 时停止。将第 1 次得到的余数作为最低位，最后一次得到的余数作为最高位，依次排列就是 r 进制数的整数部分。

小数部分采用乘以 r 取整数的方法。“乘 r 取整法”的转换规律是：用 r 乘以十进制数的小数部分，得到一个整数和一个小数；再用 r 乘以小数部分，又得到一个整数和一个小数。继续这个过程，直到小数部分为 0 或满足精度要求为止。将第 1 次得到的整数部分作为最高位，最后一次得到的整数部分作为最低位，依次排列就是 r 进制数的小数部分。

例如，将十进制数$(123.625)_{10}$转换为二进制数的过程如下。

整数部分：除以 2 取余数。

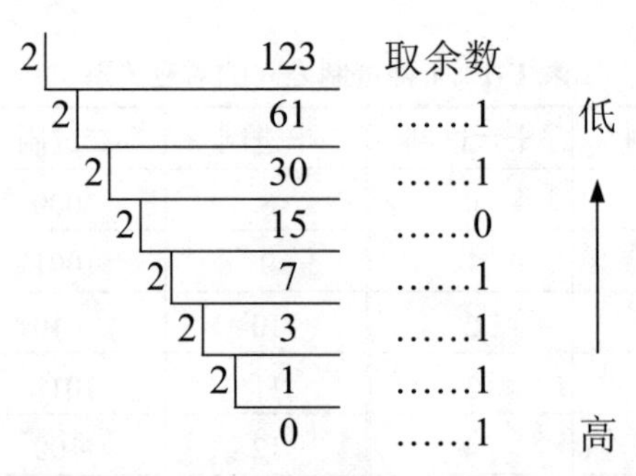

小数部分：乘以 2 取整数。

0.625	取整数	
× 2		高
1.250	……1	
× 2		
0.500	……0	↓
× 2		
1.000	……1	低

转换结果为：$(123.625)_{10}=(1111011.101)_2$

仿照上例的转换过程，将十进制数$(123.8125)_{10}$分别转换为八进制数和十六进制数。转换结果如下：

$$(123.8125)_{10} = (173.64)_8 \qquad (123.8125)_{10} = (7B.D)_{16}$$

③ 二进制数与八进制数之间的相互转换

二进制数转换成八进制数的方法：以小数点为界，将二进制数的整数部分从右到左每 3 位一分隔，最后一组不足 3 位时在最高位之前补 0；小数部分从左到右每 3 位一分隔，最后一组不足 3 位时，在最低位之后补 0。然后参照表 F-1 将二进制数的每个分组直接转换为八进制数。

八进制数转换成二进制数的方法：参照表 F-1 的对应关系，将八进制数的每一个数据位直接转换为 3 位二进制数。

例如：

$$(173.64)_8 = (1111011.1101)_2。$$

④ 二进制数与十六进制数之间的相互转换

二进制数转换成十六进制数的方法：以小数点为界，将二进制数的整数部分从右到左每 4 位一分隔，最后一组不足 4 位时在最高位之前补 0；小数部分从左到右每 4 位一分隔，最后一组不足 4 位时，在最低位之后补 0。然后参照表 F-1 将二进制数的每个分组直接转换为十六进制数。

十六进制数转换成二进制数的方法：参照表 F-1 的对应关系，将十六进制数的每一个数据位直接转换为 4 位二进制数。

例如：

$$(7B.D)_{16} = (1111011.1101)_2。$$

2. 原码、反码与补码

（1）机器数

在计算机中，所有的信息都被表示成 0 和 1，那么在计算机中如何表示数值呢？我们以十进制数−57.375为例说明。首先，将十进制数−57.375转化为二进制数−111001.011，以这种形式表示的二进制数称为真值数。上述真值数中包含符号和小数点，是不能直接存放在计算机内的，需要规范化。经过规范化后能够直接存放在计算机内的数据称为机器数。

机器数具有以下特点：

① 机器数表示的数值范围受计算机字长的限制。

② 机器数的符号位被数值化。一般约定机器数的最高位为符号位，用0表示正，用1表示负，称为数符。

③ 机器数的小数点位置预先约定。主要有两种方式：

定点数，是预先在存储空间上约定好小数点的位置，然后将数值对应存放的方法。同样字长情况下，定点数表示的数值精度较高，但数值大小范围有限。

浮点数，是不约定小数点的位置，但需要预先将一个二进制数转换成 $a \times 2^n$（科学计数法）的形式后，再按照固定格式存放至存储空间。同样字长情况下，浮点数可以表示的数值范围较大，但数值精度有限。

（2）原码、反码与补码

在计算机中，数值型数据不论正负或者是否有小数位，都要经过一系列格式转换，形成二进制“补码”形式，然后再保存到存储空间中去。在转换过程中，派生出三种码制，分别是原码、反码与补码。以8位存储空间、二进制整数（+10010）和（−10010）为例，三种码制的转换规则如下：

① 原码：最高位（左起第1位）表示数值的符号位，其余各位表示数值的绝对值大小，右对齐书写，空余位置补0。

真值	二进制（+10010）								二进制（−10010）							
原码	0	0	0	1	0	0	1	0	1	0	0	1	0	0	1	0

② 反码：正数的反码与原码相同；负数的反码是在原码的基础上符号位不变，其余各位取反。

真值	二进制（+10010）								二进制（−10010）							
反码	0	0	0	1	0	0	1	0	1	1	1	0	1	1	0	1

③ 补码：正数的补码与原码相同，负数的补码是在其反码的基础上加1（符号位参与运算）。

真值	二进制（+10010）								二进制（−10010）							
补码	0	0	0	1	0	0	1	0	1	1	1	0	1	1	1	0

需要说明的是，+0和−0的补码都是00000000，−0的补码在转换中产生的更高位的进位忽略不计。

参 考 答 案

第 1 章

一、单项选择题

1. A　2. C　3. C　4. C　5. C　6. C　7. C

二、填空题

1．库函数
2．有穷性，零个（0 个）或多个
3．伪代码
4．.c,　.obj,　.exe,　.cpp

第 2 章

一、单项选择题

1. A　2. C　3. A　4. D　5. B　6. C　7. B　8. D
9. C　10. B

二、填空题

1．97,c
2．16,6f
3．27.0

第 3 章

一、单项选择题

1. C　2. A　3. A　4. D　5. C　6. D　7. A　8. C
9. B　10. A　11. A　12. B　13. D　14. D　15. D

二、填空题

1．一对大括号{}，一或 1
2．格式控制字符串，输出项列表
3．%d，%c，%s
4．变量地址，变量名
5．向终端输出一个字符，从终端输入一个字符

6．stdio.h

第 4 章

一、单项选择题

1．C　2．C　3．B　4．A　5．B　6．B　7．D　8．D　9．C
10．C　11．B

二、填空题

1．−6
2．20
3．4

第 5 章

一、单项选择题

1．B　2．C　3．D　4．A　5．A　6．B　7．C　8．D

二、填空题

1．** ** **
2．22
3．2　3　4　5
4．① x>=0　② amax=x　③ amin=x
5．① i<=100　② i%2==0
6．① i<10　② j%3!=0

第 6 章

一、单项选择题

1．D　2．D　3．B　4．B　5．A　6．C　7．B　8．B
9．D　10．A　11．C　12．D　13．C　14．B　15．A

二、填空题

1．75
2．① i++或++i 或 i=i+1 或 i+=1 ② 'A'+ i 或 i+'A' 或 65 + i 或 i+65 ③ string
3．① m%j==0　② a[k++]　③ j<k 或 k>j
4．%#*#%#

第 7 章

一、单项选择题

1．A　2．B　3．A　4．B　5．C　6．D　7．C　8．C　9．D
10．B　11．D　12．D　13．C　14．A　15．D　16．C　17．B　18．A

二、填空题

1．double f(double a,double b);或 double f(double ,double);

2．void f(int n,int m,char c)

3．return an 或 return (an)

4．f(b,m)

5．return

6．a,i,a[i]

7．((2*n−1)*x*p(n−1,x)−(n−1)*p(n−2,x))/n

第 8 章

一、单项选择题

1．A　　2．D　　3．B

二、填空题

1．c

2．1000　10

3．a=12,b=5,a+b=17

第 9 章

一、单项选择题

1．A　2．D　3．D　4．C　5．D　6．B　7．D　8．C　9．C

10．A　11．D

二、填空题

1．1,6

2．① *p　　② p+n−1

3．① s1++　　② *s2　　③ *s1='\0'

4．① *q=x−y　　② &a,&b　　③ hc(a,b,&c,&d)

第 10 章

一、单项选择题

1．B　2．A　3．D　4．A　5．D　6．C　7．B　8．B　9．B

10．A

二、填空题

1．wang

2．50,40,30,20,10,

3．61,20

第 11 章

一、单项选择题

1．D　2．B　3．C　4．D　5．A　6．C　7．C　8．A　9．C

10．C　11．C　12．A

二、填空题

1．① FILE *fp　② !feof(fp)或 feof(fp)==0　③ fclose(fp)

2．123 0

3．basican

第 12 章

一、单项选择题

1．B　2．C　3．A　4．C　5．A

二、填空题

1．00001111

2．####

3．1

4．2,3

参考文献

[1] 张磊. C 语言程序设计[M]. 北京：高等教育出版社，2009.
[2] 梅创社，李培金. C 语言程序设计[M]. 北京：北京理工大学出版社，2014.
[3] 郭有强，王磊，姚保峰，等. C 语言程序设计[M]. 北京：人民邮电出版社，2016.
[4] 贾宗璞，许合利. C 语言程序设计（第 2 版）[M]. 北京：人民邮电出版社，2014.
[5] 田静. C 语言程序设计教程[M]. 北京：北京交通大学出版社，2013.
[6] 王晓丹. C 语言程序设计课程与考试辅导[M]. 西安：西安电子科技大学出版社，2007.
[7] 苏小红，王宇颖，孙志岗. C 语言程序设计[M]. 北京：高等教育出版社，2012.
[8] 张敏霞，孙丽凤. C 语言程序设计教程（第 3 版）[M]. 北京：电子工业出版社，2013.

图书资源支持

感谢您一直以来对清华版图书的支持和爱护。为了配合本书的使用，本书提供配套的素材，有需求的用户请到清华大学出版社主页（http://www.tup.com.cn）上查询和下载，也可以拨打电话或发送电子邮件咨询。

如果您在使用本书的过程中遇到了什么问题，或者有相关图书出版计划，也请您发邮件告诉我们，以便我们更好地为您服务。

我们的联系方式：

地　　址：北京海淀区双清路学研大厦 A 座 707

邮　　编：100084

电　　话：010－62770175－4604

资源下载：http://www.tup.com.cn

电子邮件：weijj@tup.tsinghua.edu.cn

QQ：883604（请写明您的单位和姓名）

扫一扫

资源下载、样书申请

新书推荐、技术交流

用微信扫一扫右边的二维码，即可关注清华大学出版社公众号“书圈”。

质检